中国区域环境保护丛书

上海环境保护丛书

上海生态保护

《上海环境保护丛书》编委会　编著

中国环境出版社·北京

图书在版编目（CIP）数据

上海生态保护/《上海环境保护丛书》编委会编著. —
北京：中国环境出版社，2014.8
（中国区域环境保护丛书. 上海环境保护丛书）
ISBN 978-7-5111-1869-1

Ⅰ. ①上… Ⅱ. ①上… Ⅲ. ①区域生态环境—
环境保护—研究—上海市 Ⅳ. ①X321.251

中国版本图书馆 CIP 数据核字（2014）第 105161 号

出 版 人	王新程
责任编辑	周 煜
文字编辑	曹 玮
责任校对	尹 芳
封面设计	彭 杉

出版发行	中国环境出版社
	（100062 北京市东城区广渠门内大街 16 号）
	网 址：http://www.cesp.com.cn
	电子邮箱：bjgl@cesp.com.cn
	联系电话：010-67112765（编辑管理部）
	010-67174097（区域图书出版中心）
	发行热线：010-67125803，010-67113405（传真）
印 刷	北京中科印刷有限公司
经 销	各地新华书店
版 次	2014 年 11 月第 1 版
印 次	2014 年 11 月第 1 次印刷
开 本	787×960 1/16
印 张	23.25
字 数	311 千字
定 价	68.00 元

《中国区域环境保护丛书》

总编委会

《中国区域环境保护丛书》

总编委会办公室

顾　　问　刘志荣
主　　任　王新程
常务副主任　阚宝光
副　主　任　李东浩　周　煜　吴振峰

《上海环境保护丛书》

编委会

《上海生态保护》

编写人员

王　敏　王　卿　黄宇驰　唐　浩　苏敬华

吴　健　吴建强　鄢忠纯　沙晨燕　熊丽君

阮俊杰　白　杨　谭　娟

总序

继承历史，不断创新，努力探索中国环保新道路

环境保护事业伴随着中国改革开放的进程已经走过了 30 多年的历史，这 30 多年来，几代环保人经过艰苦卓绝的探索、奋斗，使我国的环境保护事业从无到有，从小到大，从弱到强，从默默无闻到进入国家经济政治社会生活的主干线、主战场和大舞台，我们的环保人创造了属于自己的辉煌历史。

毛泽东说过，"看历史，就会看到前途"，"马克思主义者是善于学习历史的"。从过去的 30 多年，我们能切实感受到环境保护事业的发展壮大，更切实感受到环境保护事业的美好前景和未来；作为继往开来的环保人，我们同样感受着我们这一代环保人必须承担起的历史责任。我们必须继承前辈们的优良传统，继承他们积累的丰富经验，根据新的形势、新的任务、新的要求，在探索中国环保新道路的征程中奋力前行，全面开创环境保护的新局面。

可以说，中国环境保护的历史就是不断探索中国环保新道路的历史。20 世纪 70 年代初，立足于工业化起步和局部地区环境污染有所显现的现实，我们开始探索避免走先污染后治理的环保道路。特别是改革开放 30 多年来，付出了艰辛的努力，在新道路的探索中，环保

事业不断发展，探索重点与时俱进，国家环保机构也实现了"三次跨越"。在1973年第一次全国环保会议上提出的"全面规划、合理布局、综合利用、化害为利、依靠群众、大家动手、保护环境、造福人民"的32字方针的基础上，20世纪80年代确立了环境保护的基本国策地位，明确了"预防为主、防治结合，谁污染谁治理，强化环境管理"的三大政策体系，制定了八项环境管理制度，向环境管理要效益。进入90年代后，提出由污染防治为主转向污染防治和生态保护并重；由末端治理转向源头和全过程控制，实行清洁生产，推动循环经济；由分散的点源治理转向区域流域环境综合整治和依靠产业结构调整；由浓度控制转向浓度控制与总量控制相结合，开始集中治理流域性区域性环境污染。步入"十一五"以来，我们按照历史性转变的要求，确立了全面推进、重点突破的工作思路，提出从国家宏观战略层面解决环境问题，从再生产全过程制定环境经济政策，让不堪重负的江河湖泊休养生息，努力促进环境与经济的高度融合，积极实践以保护环境优化经济增长的路子。这一系列重大决策部署和环保系统坚持不懈的努力，大大推进了探索环保新道路的历程，积累了丰富的经验。历任环保部门的老领导都是探索中国环保新道路的先行者，几代环保人都是探索中国环保新道路的实践者。

历史是宝贵的财富，继承历史才能创造未来。探索中国环保新道路必须继承几代环保人积累下来的宝贵财富。有了继承才有创新，因为每一个创新都是对过去实践经验的总结和升华。因此，学习和掌握环境保护的历史，既是我们工作的需要，也是我们作为环保人的责任。

《中国区域环境保护丛书》（以下简称《丛书》）的编纂出版为我们了解、学习环境保护的历史提供了独特的平台。《丛书》是2008年在我国实施改革开放30周年和我国环境保护工作开创35周年之际启动的一项重大环境文化建设工程，第一次从区域环境的角度，对我国环境保护的历史进行了全面系统的总结、归纳和梳理，充分展现了 30 多年来我国各省市自治区环境保护工作取得的卓越成就，展现了环境保护事业不断发展壮大的历史，展现了几代环保人不懈奋斗和追求的历程。

要继续探索中国环保新道路，继承是基础，创新是动力。当前，积极探索中国环保新道路，已经成为环保系统的普遍共识和自觉行动。我们要努力用新的理念深化对环境保护的认识，用新的视野把握环境保护事业发展的机遇，用新的实践推动环境保护取得更大的实际成效，用新的体制机制保障环境保护的持续推进，用新的思路谋划环境保护的未来。以环境保护优化经济发展，以环境友好促进社会和谐，以环境文化丰富精神文明，为经济社会全面协调可持续发展作出更大贡献。

环境保护新道路是一个海纳百川、崇尚实践、高度开放的系统工程，是一个不断丰富、不断发展、不断提高的过程，在探索的道路上需要所有环保人前赴后继、永不停息。当前，新的探索已经起步，前进的路途坎坷不平。越是身处逆境，越是形势复杂，越要无所畏惧，越要勇于创新。要以海洋一样博大的胸怀，给那些勇于探索、大胆实践的地方、单位、个人创造更加宽松的环境，提供施展才华的舞台，让他们轻装上阵、纵横驰骋。要继承 30 多年来探索环境保护新道路实践的伟大成果，借鉴人类社会一切保护环境的有益经验，站在新的历史起点上，大胆实践，不断创新，将中国环境保护新道路的探索推向一个新的阶段！

环境保护部部长
《中国区域环境保护丛书》总编委会主任

二〇一一年六月

目录

第一章 绪 论

生态环境是指由生物群落及非生物自然因素组成的各种生态系统所构成的整体，主要或完全由自然因素形成，并间接地、潜在地、长远地对人类生存和发展产生影响。生态环境的破坏，最终会导致人类生活环境的恶化。因此，要保护和改善生活环境，就必须保护和改善生态环境。我国环境保护法把保护和改善生态环境作为其主要任务之一，正是基于生态环境与生活环境的这一密切关系。

上海是我国的经济、金融、贸易和航运中心，地理位置优越，经济发达。自开埠通商以来，城市不断扩张，人口剧增，近代工业逐渐兴起，并带动了社会经济的全面发展，而生态与环境问题也随之产生。此后数十年间，随着全市经济的发展、人口规模的扩大，上海市的生态环境受到了前所未有的压力。因此，保护上海市生态环境，成为近十年来政府和公众关心的问题。

第一节 自然地理概况

自然环境是地貌、气候、水文、植被、土壤等自然环境各要素相互联系、相互影响而构成的综合体，区域生物多样性与该区域自然环境密切相关。

一、自然区位

上海市简称"沪"、"申"，位于北纬 30°40′—31°53′，东经 120°51′—122°12′，北接长江，东濒东海，南接杭州湾，西接江苏和浙江两省（图 1-1）。

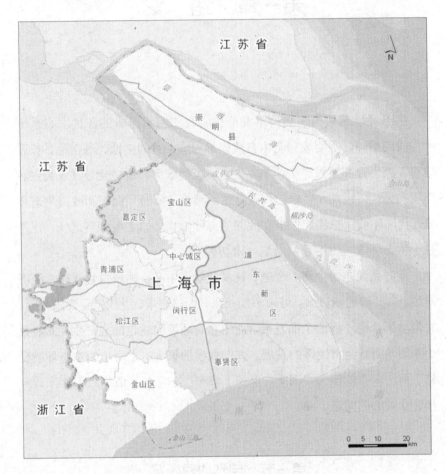

图 1-1　上海市行政区划图

上海地处长江三角洲东缘、太平洋西岸、亚洲大陆东沿，是中国南北海岸中心点、长江和钱塘江入海汇合处，交通便利，腹地广阔，地理位置优越，是一个良好的江海港口。全境除西南部有少数剥蚀残丘外，全为坦荡低平的长江三角洲平原，平均海拔 4 m 左右。

上海市北起崇明岛西北端，南至金山县的大金山岛附近，南北长约 120 km；西起青浦县西的商榻镇，东至崇明县佘山岛以东的鸡骨礁，东西宽约 140 km。全市总面积 7 832.47 km²，其中全市土地总面积为 6 340.50 km²，占 82.1%；沿江滨海的滩涂面积 375.99 km²，占 4.8%；长江水面面积 1 106.98 km²，占 14.2%。天然河流密布，多属太湖流域水系，主要河流有黄浦江及其支流吴淞江（苏州河）等。其大陆岸线长约 172 km，岛屿海岸线长达 277 km，外围有崇明岛、长兴岛、横沙岛、佘山岛和大、小金山岛等岛屿以及沙洲。

二、气候条件

上海地区属北亚热带季风气候。夏半年受东亚季风的影响，雨量充沛；冬半年受冷暖空气的交替影响，天气多变。全年气候表现出显著的海洋性特征：冬冷夏热，四季分明，光照充足，雨热同季，降水充沛。冬季长于春秋季，严寒酷暑时间短暂。春季锋面气旋活跃，降水多于秋季；初夏有梅雨期，盛夏和秋季有暴雨和台风出现；冬季每逢北方寒潮南下，有霜冻和大风，但在降温过程后受海洋调节，回暖较快。

根据常年统计资料，上海地区年平均气温为 15.2～15.9℃，最冷月（1 月）平均气温为 3.1～3.9℃，最热月（7 月）平均气温为 27.2～27.8℃。年平均降水量为 1 048～1 138 mm，年降水日为 129～136 天。年无霜期为 228 天，平均始霜期为 11 月 15 日、终霜期在 4 月 2 日。在冬季强冷空气侵袭下，上海地区可能出现降雪现象，在 12 月至次年 3 月均有发生，但多以 1—2 月为主。

上海地区的自然气候条件对农作物的生长十分有利，但灾害性气候也时有发生。主要的灾害性气候有暴雨、雷击、热带气旋和龙卷风等。这些灾害性气候对于农业生产、城市建设和人民生活都造成了一定影响。

三、地形地貌

上海市大部分地区为长江泥沙堆积而成的典型低平冲积平原和河口沙洲，成陆时间较短，陆地的形成仅有约 5000 年的时间。而上海周边地区的一些岛屿，如崇明岛、长兴岛、横沙岛的成陆历史则更短，仅有 1 000～1 500 年的时间。从地貌上看，上海市可分为四个地貌区：

江口沙洲区，主要指长江夹带的泥沙在长江河口湾淤积所形成的岛屿和沙洲，海拔高度一般只有 3～5 m。

滨海平原区，主要指上海市东部的钦公塘以东沿海地区。该区域成陆时间较短，大约只有 400 年左右的时间，目前仍继续向东淤涨。该区域海拔高度约 4～5 m，水质盐分含量高，土壤沙性重。

碟缘高地，主要是上海市中部的东起钦公塘，西至枫泾、廊下、张堰、庄行、邬桥、马桥、徐泾、重固、赵屯的连线，海拔高度为 3.5～5 m，尤以冈身地区地势高爽，组成物质较粗，地下水位在 80 m 以下。

淀泖低地，是指碟缘高地以西的地区。该区域是由古泻湖震泽淤塞缩小而成，地形向西倾泻，至青浦西部淀山湖一带，海拔高度为 2～3 m，地势低平，河湖纵横，多湖沼铁矿和泥炭沉积。

由于上海市主要为冲积平原和河口沙洲地貌，因此山体很少，仅在上海市西南部的松江、青浦、金山等县以及海岛有 10 余座低山。其中以大金山最高，海拔高度为 102 m。其余山体的海拔高度均不足 100 m。陆地地势总趋势为由东向西低微倾斜，以西部淀山湖一带的淀泖洼地为最低，海拔仅 2～3 m；在泗泾、亭林、金卫一线以东的黄浦江两岸地区，为碟缘高地，海拔 4 m 左右；浦东钦公塘以东地区为滨海平原，海拔 4～5 m。西部有天马山、薛山、凤凰山等残丘，天马山为上海陆上最高点，海拔高度 98.2 m。海域上有大金山、小金山、乌龟山、佘山等岩岛，大金山海拔高度 103.4 m，为上海境内最高点。在上海北部的长江入海处，有崇明、长兴、横沙 3 个岛屿，均由长江挟带下来的泥沙冲积而成，其中崇明岛为中国第三大岛。

第二节 生态系统概况

一、生态系统的主要类型

上海地区生态系统的类型主要有城区生态系统、农田生态系统、森林生态系统和湿地生态系统等。

1. 城区生态系统

主要分布于城市化地区，受人类活动干扰最为强烈，植被多以人工栽培的观赏植物为主，仅有少量两栖类、鸟类和小型兽类栖息于此。

2. 农田生态系统

主要分布于郊区农田，主要受到农业耕作规律的影响。植物多以粮食作物、蔬菜、瓜果为主；动物主要是一些伴生群落，如农业昆虫、软体动物以及以昆虫和作物为食的脊椎动物。

3. 森林生态系统

主要分布于西南部的丘陵地区。植被大部分为次生林和人工林，自然植被仅分布在金山三岛；动物主要是树栖鸟类、昆虫、爬行动物和哺乳动物等。

4. 湿地生态系统

主要分布于沿江沿海滩涂地区和青西湖泊地区。滩涂植被有低潮区向内延伸依次为藻类、海二棱藨草、芦苇群落等。大量的底栖动物生活于此，如甲壳类和软体动物，这为其他动物提供了充足的食物来源，吸引了各种鸟类、鱼类和哺乳动物等，是生物多样性极为丰富的地区。

由于地处长江口独特的地理位置，上海拥有丰富的湿地资源。长江口湿地是我国一块重要的滨海湿地，崇明东滩湿地被列入《国际重要湿地名录》，湿地资源是上海最具地方特色的自然资源。

二、生态系统的基本状况

上海市地处中国经济最发达的长三角地区，是我国城市化程度最高的地区，也是自然环境各要素与人类活动相互影响与相互作用形成的自然—经济—社会复合体。基于土地利用的生态系统空间格局，可反映人类活动对生态环境的扰动强度。

为了定量描述上海市生态系统空间格局状况，可将 2011 年上海市的土地覆盖/利用类型划分为农田、森林、草地、湿地、建设用地和未利用地 6 种一级类型。应用遥感与 GIS 技术，对上海市土地覆盖/利用状况进行监测与评价，其遥感监测统计结果见表 1-1，空间分布状况见图 1-2。

表 1-1　2011 年上海生态系统空间格局

序号	土地利用类型	面积/万 hm^2	占全市土地总面积的百分比/%
1	农田	25.78	36.65
2	森林	3.67	5.22
3	草地	0.01	0.01
4	湿地	11.84	16.83
5	建筑用地	28.16	40.03
6	未利用地	0.89	1.27

图 1-2 2011 年上海市土地覆盖与土地利用状况

2011 年上海市土地覆盖与土地利用状况具有以下特征：一是城市快速扩张，建筑用地面积到达 $28.16×10^4 km^2$，占全市总面积的 40.03%；二是自然生态系统锐减，林地和草地面积仅为 $3.68×10^4 km^2$，占总面积的 5.23%；三是道路网络密度大，土地破碎化严重；四是森林植被稀少，面积仅为 3.67 万 hm^2，且栽培植被占绝对优势。

第三节　生态保护的历程

随着全市经济发展和人口规模扩大，大量废弃物排入环境，超过了环境的自净能力，环境污染不断加剧。进入 20 世纪后期，日益严重的环境问题引起了人们的重视，生态环境保护工作随之开展，在环保、林业、农业、海洋等多部门的努力下，上海市已初步建立了生态系统保护体系，生态保护投入逐年加大，并在水环境和大气环境治理、绿化建设、固体废弃物处置利用和工业区综合整治五大领域取得了初步成效，局部地区的环境质量得到了一定改善。但在当前上海高速的城市化进程中，生态环境保护与社会经济发展之间的矛盾依然存在。

一、生态保护取得的成效

1. 保护法律和法规得到落实

上海市政府及相关行业主管部门落实了国家颁布的一系列生态保护相关法律，主要包括《野生动物保护法》、《森林法》以及《进出境动植物检疫法》等；并实施了一系列行政法规，包括《自然保护区条例》、《野生植物保护条例》、《农业转基因生物安全管理条例》、《濒危野生动植物进出口管理条例》和《野生药材资源保护管理条例》等。同时，也制定了相应的规章、管理办法和条例，包括《上海市崇明东滩鸟类自然保护区管理办法》、《上海市九段沙湿地自然保护区管理办法》、《上海市金山三岛海洋生态自然保护区管理办法》、《上海市长江口中华鲟自然保护区管理办法》、《上海市植树造林绿化管理条例》等。

2. 保护规划和计划得到实施

近十余年，上海市政府及相关部门实施了国家关于生态保护的一系列规划和计划，包括《中国自然保护区发展规划纲要（1996—2010 年）》、《全国生态环境建设规划》、《全国生态环境保护纲要》和《全国生物物种资源保护与利用规划纲要（2006—2020 年）》。此外，上海市政府还在本地区的自然保护区、湿地、海洋以及区域可持续发展等领域制定并实施了一系列规划和实施计划，包括《上海市环境保护三年行动计划》、《上海市滩涂资源开发利用与保护规划》、《崇明生态岛建设纲要（2010—2020 年）》等。

3. 保护工作机制进一步完善

在积极开展生态保护、监测及管理工作的同时，上海市政府建立了跨领域、跨部门的协调机制。根据工作需要，环保、林业、农业、国土、规划及科研机构等各相关部门开展了密切合作，一系列生物多样性保护工作得以顺利开展。

4. 科研监测能力进一步提升

2000 年以来，在上海市相关部门支持和组织下，一系列生态监测与科研工作得以顺利开展，并取得了显著成果。有关部门先后组织了多次全市物种调查，建立了相关数据库，出版了《上海植物志》、《上海鱼类志》等物种编目志书。此外，部分科研机构和高校还开展了一系列科研工作，对本市生态特征以及发生发展机制等问题进行了研究，并为本市生态系统结构与功能的维持与科学保护提供了大量宝贵意见及建议。

5. 生物多样性保护得到明显提升

近十余年，上海市生物多样性的就地保护与迁地保护工作得到了明显加强。建立自然保护区 4 处。其中国家级自然保护区 2 处，即崇明东滩鸟类国家级保护区和九段沙湿地国家级保护区；建立了野生动物禁猎区 1 处，即南汇东滩野生动物禁猎区；建立森林公园 7 处，其中国家级森林公园 2 处，即崇明东平国家森林公园和佘山国家森林公园。建立公园 148 处，绿化覆盖率 38.2%；城市绿地面积 1 201.48 km^2。野生动植物迁地保护和种质资源移地保存得到较快发展，已建动物园 2 座，均为国家级动物园，即上海动物园与上海野生动物园；建立植物园 2 座，即上海植物园与辰山植物园。此外，还建立了以农业基因资源为主的种质资源库。由于湿地保护的显著成效，崇明东滩自然保护区和长江口中华鲟湿地自然保护区被湿地国际（Wetlands International）列入《国际重要湿地名录》。

6. 国际合作与公众参与得到显著加强

通过国际交流与合作，上海市生态保护工作在资金和技术上获得了一定支持，并取得了显著成效。上海市积极履行《生物多样性公约》，加强与相关国际组织合作与交流。上海市与联合国开发计划署（UNDP）、联合国环境规划署（UNEP）、联合国教科文组织（UNESCO）、世界银行、全球环境基金（GEF）和世界自然基金会（WWF）等进行了一系列合作项目；参与中国与欧盟、东盟等地区性组织关于生态保护与可持续发展的战略对话，就生物多样性保护政策与相关技术等主题开展了一系列交流。此外，上海崇明东滩鸟类自然保护区还被湿地国际亚太组织接纳为东亚—澳大利亚涉禽保护区网络成员。上海市相关部门以及部分非政府组织如上海市野生动植物保护协会、上海市野鸟协会等组织了定期的培训和宣传活动，使公众的生态环境保护意识得到了增强。

二、生态保护面临的挑战

1. 生态系统受威胁状况

在快速城市化等因素的影响下，上海市陆生野生动植物栖息地分布破碎化程度加剧、沿海滩涂湿地面积持续减少。凤眼莲、互花米草、加拿大一枝黄花等入侵植物的分布面积迅速扩大。在多重因素作用下，本市部分生态系统功能退化。近年来，上海附近海域渔业资源呈现出明显减少的趋势，刀鱼、蟹苗等部分水产资源几乎枯竭。陆生野生动物物种丰度与多度均较少。本市物种濒危程度尚未得到根本缓解。上海农作物野生近缘种的分布区及种群数量等本底现状尚不明确。陆域野生动物与水生动物种群普遍偏小且分布较为孤立，基因交流较少，遗传多样性未得到有效保护。

2. 生态保护存在的主要问题

生态保护政策与管理机制体系尚待进一步完善，生物物种资源家底尚待进一步摸清，调查和编目任务繁重，全市范围的生态环境监测和预警体系尚未建立，投入不足，生物多样性管护水平有待提高，基础科研能力仍然较弱，应对生态环境保护新问题的能力不足，全社会生态环境保护意识尚需进一步提高。

3. 生态保护面临的压力与挑战

快速城镇化使生物栖息地受到威胁，生态系统承受的压力增加。生物资源过度利用和无序开发对生态系统的影响加剧。水体污染对水生和河岸生态系统及生物栖息地造成影响。外来入侵物种对本地生物多样性产生了前所未有的压力。气候变化对生态系统的影响有待评估。

第二章 区域生态特征与生态功能区划

第一节 区域生态特征

一、水资源和水环境

上海地区水资源总量丰富，尤其是长江过境水量巨大；但河道水质情况却不容乐观，普遍不能达到水环境功能要求。上海市已成为全国 36 个水质型缺水城市之一，也被联合国评定为"未来六大缺水城市之一"。

1. 水资源

上海地区的水资源量由本地水资源量和过境水资源量组成。

上海市的本地水资源量包括地表径流量和地下水可开采量。其中，多年平均地表径流量为 24.15 亿 m^3，年地下水开采量（承压水）为 1.42 亿 m^3。因此，上海市多年平均本地水资源量为 25.57 亿 m^3。

上海市的过境水资源量包括长江干流过境水和太湖流域过境水。其中，长江多年平均过境水量为 9 335 亿 m^3，太湖流域多年平均过境水量为 106.6 亿 m^3。因此，过境水资源总量为 9 441.6 亿 m^3。

因此，上海地区的水资源总量为 9 467.17 亿 m^3，主要为长江过境水量，占 98.6%。这弥补了本地水资源的不足，为城市发展提供了充足的水资源。

表 2-1 上海地区水资源状况统计表 单位：亿 m³

	本地水资源量		过境水资源量		总计
	地表径流量	地下水可开采量	太湖流域	长江干流	
多年平均	24.15	1.42	106.6	9 335	9 467.17
总计	25.57		9 441.6		

2. 水环境

2012 年，水环境的恶化趋势基本得到控制，水环境质量总体与 2011 年基本持平。与上年同期相比，三年行动计划效果评估考核河道、长江口总体水质有所好转，黄浦江干流水质状况基本持平。

三年行动计划考核河道：与上年同期相比，中心城区考核河道水质改善明显，郊区考核河道水质略有好转。

（1）黄浦江干流

根据上海市水环境功能区划和相应的水质控制标准，黄浦江淀峰和松浦大桥 2 个断面水质控制标准为Ⅱ类水，临江断面水质控制标准为Ⅲ类水，南市水厂、杨浦大桥和吴淞口 3 个断面水质控制标准为Ⅳ类水。

与 2011 年相比，2012 年黄浦江总体水质状况基本持平，其中淀峰断面水质综合污染指数下降 8.1%，吴淞口和松浦大桥断面水质综合污染指数分别上升 18.0% 和 6.2%，临江、南市水厂和杨浦大桥断面的水质综合污染指数基本持平。

2008—2012 年的监测数据表明，黄浦江总体水质状况基本保持稳定。

（2）苏州河

根据上海市水环境功能区划和相应的水质控制标准，苏州河白鹤断面水质控制标准为Ⅳ类水，黄渡、华漕、北新泾桥、武宁路桥和浙江路桥 5 个断面水质控制标准为Ⅴ类水。

与 2011 年相比，2012 年苏州河总体水质状况基本持平，其中华漕和北新泾桥断面水质综合污染指数分别上升 12.7%和 8.1%，武宁路桥和浙江路桥断面水质综合污染指数分别下降 5.3%和 5.2%，白鹤和黄渡断面水质综合污染指数基本持平。

2008—2012 年的监测数据表明，苏州河总体水质状况呈 U 形变化，略有好转。

（3）长江口

根据上海市水环境功能区划和相应的水质控制标准，长江口水域水质控制标准为 II 类水。

与 2011 年相比，2012 年长江口总体水质状况基本持平，其中徐六泾和朝阳农场断面水质综合污染指数分别下降 7.1%和 5.2%，浏河、吴淞口、竹园和白龙港断面水质综合污染指数基本持平。

2008—2012 年的监测数据表明，长江口总体水质状况基本持平。

3. 水生态

（1）苏州河水生态系统。由于近代工业发展，大量未经处理的工业废水和生活污水直接排入水体，至 20 世纪 70 年代，苏州河水体恶臭，生物绝迹。上海市政府从 1988 年开始着手建设污水合流工程，至 1998 年，苏州河综合整治一期工程全面展开。2000 年 5 月，苏州河综合调水作为一项长期的辅助性措施开始实施。目前，苏州河的黑臭现象已基本消失，水生生态系统也逐渐呈现出恢复的迹象。苏州河现有各断面着生动物群落和底栖动物群落数量和结构的变化，均反映出水质得到了显著改善。2001 年起，在苏州河市区段监测到成群的小型鱼类，进一步反映出苏州河生态系统的恢复状况。

（2）淀山湖水生态系统。淀山湖是上海地区唯一的淡水湖泊，面积为 62 km^2。近十多年的监测资料表明，淀山湖的湖泊水质下降程度、水体富营养化程度不断加重，由 20 世纪 80 年代末的贫—中营养级转变为目前的中—富营养级。底栖大型无脊椎动物的种类数呈下降趋势。这与苏州河的变化趋势恰恰相反，表明原本水质良好的水域正在受到污染，水生生态系统也在退化。

二、大气环境

1. 大气环境质量

近年来，上海市环境空气质量呈现逐步改善的趋势。2012 年，上海市环境空气质量优良天数为 343 天，较 2011 年增加 6 天；空气污染指数（API）优良率为 93.7%，较 2011 年上升 1.4%。全年首要污染物为可吸入颗粒物的天数有 361 天，占总数的 98.6%；首要污染物为二氧化硫的天数有 2 天，占总数的 0.5%；首要污染物为二氧化氮的天数有 3 天，占总数的 0.8%。2008—2012 年的监测数据表明，上海市环境空气质量 API 优良率总体呈上升趋势，已连续四年高于 90%。

在全市大气环境质量得到改善的同时，近郊和远郊地区的大气环境质量却出现下降现象。近十年的监测资料表明，全市的大气污染已由以煤烟型为主的复合型污染转化为石油型和煤烟型并重的复合型污染。全市、城区和近郊地区的空气质量指数在有所逐步下降的趋势，而远郊地区的空气质量指数却略有上升，但变化幅度均不太大，因而空气质量程度仍处于同一级别。这与全市产业布局的调整有关，一些工业区逐步搬迁至近郊或中远郊地区，影响了郊区的大气环境质量。目前，全市的大气环境质量处于轻度污染水平，城区处于中度污染水平，近郊地区处于轻度污染水平，远郊地区处于清洁水平。

2. 酸雨和降尘

2012 年，全市平均区域降尘量为 5.7 t/（km^2·月），道路降尘量为 9.4 t/（km^2·月）。与 2011 年相比，区域降尘量下降 0.9 t/（km^2·月），

道路降尘量下降 1.3 t/（km^2·月）。

近年来，上海市酸雨频率呈现连续波动的情况。2012 年，全市降水 pH 平均值为 4.64，酸雨频率为 80.0%，较 2011 年上升 12.2 个百分点。近 5 年（2008—2012 年）的监测数据表明，上海市酸雨污染基本持平。

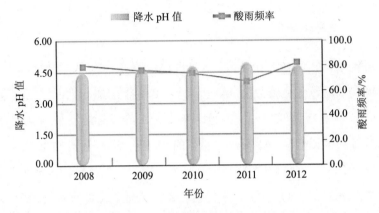

图 2-1　上海市酸雨频率变化趋势

三、土壤环境

1. 蔬菜农田土壤

2003 年，上海市组织调查了规模化园艺场和常规大田的土壤环境质量，调查总面积合计为 424 104 亩，占全市蔬菜瓜果种植总面积的 50.5%。其中，规模化园艺场共布点 290 个，代表面积共 62 874 亩，占全市规模化园艺场的 50.0%；常规大田共布点 484 个，代表面积共 361 230 亩，占全市规模化园艺场的 50.5%。

调查结果显示，98.5% 的规模化园艺场、94.5% 的常规大田符合国家土壤二级标准。其中，宝山、崇明、奉贤、嘉定、金山、青浦、松江 7 个区县的园艺场全部达到二级标准；崇明、奉贤、南汇、青浦 4 个区县的大田全部达到二级标准。

2. 城市化地区土壤

2002—2004 年，上海市开展了城市化地区土壤污染调查，共调查了工业、燃油供应业、废物处理业和有毒有害危险品仓储业 4 大行业共 7 311 个潜在污染地块。

调查结果显示，对土壤造成潜在威胁的典型行业共有 10 类，即化工行业、金属制品业、电气机械及器材制造业、纺织业、石油加工及炼焦业、电子及通讯设备制造业、电力行业、有毒有害危险品仓储业、燃油供应业和废物处理业。

表 2-2　典型土壤污染行业主要污染物汇总

行业		主要污染因子
化工行业	桃浦化工厂	重金属（汞、铜、铅、锰、镍）、有机污染物
	上海农药厂	重金属（铜、铅、锌、砷）、有机氯农药、有机磷农药、间-二甲苯、对-二甲苯、邻-二甲苯
	原天原化工厂	氯仿、氯离子
	原上海联合化工厂（南厂区）	有机氯、硝基化合物、酚类及六六六
	上海市浦江化工厂	总铬
	吴淞化工厂	重金属（铬、铅）、农药
	彭浦化工厂	有机污染物质
金属制品业	远东电镀厂	重金属（汞、铜、铬、锌、镍）
电气机械及器材制造业	上海白象天鹅电池有限公司	重金属（汞、锌、铜）
	申新电机厂	重金属（铜、铅、锌）
纺织业	第三印染厂	重金属（镉、铬、铅、砷、汞、铜、锌等）
石油加工及炼焦业	上海炼油厂	重金属（汞）及有机污染物质
电子及通讯设备制造业	上海雷迪埃电子有限公司	重金属（锌、铜、铅、砷等）

行业		主要污染因子
电力行业	上海南市电厂	重金属（汞、铜、锌、铅）
	华能电厂灰库泥样	放射性和重金属（锌、汞、铜等）
有害有毒危险品仓储业	上海溶剂厂码头	重金属（汞、铜、锌）和有机污染物
	桃浦站危险品仓库	重金属（铅、铬等）和有机污染物
燃油供应业	金山卫铁路洗灌站	重金属（汞）
废物处理业	上海市环卫三林垃圾堆场	重金属（镉、铬、铅、砷、汞、铜、锌等）
	老沪闵路垃圾堆场	重金属（铜、锌）
	顾村垃圾临时堆场	重金属（铅）
	老港垃圾填埋场	重金属（铜、汞）
冶金行业	原上海有色金属压延厂	铍、铜及锌等重金属
	上海炼锌厂	重金属（铜、铅、锌）和农药
机械行业	原上钢三厂钢渣堆场	重金属（铬）
	庙行靶场铬渣靶堆	Cr^{6+}
加油站	原汽车修理厂	多环芳烃（PAH）、苯并[a]芘、1,2,3-三氯苯等石油类污染
污灌区	川沙污灌区	重金属（镉、锌）

四、植被和森林资源

1. 分布特征

从植被分区来看，上海地区处于亚热带常绿阔叶林和落叶阔叶林的交错带之中，地带性植被为常绿阔叶林。此外，由于上海地区水系发达，并拥有广阔的滩涂湿地，水生、湿生、沼生、盐生等植被也有广泛分布。从水平分布格局来看，东部沿海地区为盐生植物群落，中部为中生植物群落，西部为沼泽和水生植物群落。

但上海地区的人为活动干扰强烈，自然植被仅存在大、小金山岛上，其他地区绝大部分为人工植被。此外，在西南部的丘陵上，分布着少量成片的次生林。

上海共拥有两个国家级森林公园，即崇明东平国家森林公园和佘山国家森林公园。其中，崇明东平国家森林公园总面积 358 hm²，是目前华东地区最大的平原人工森林。园内拥有 280 hm² 用材林，活木蓄积量达 3 万 m³；佘山国家森林公园位于上海西南松江区境内，总面积 400 hm²，是上海唯一的自然山林胜地，包括东西佘山、天马山、凤凰山、小昆山等 12 座山峰。

2. 城市森林建设

根据城市的特点，上海提出了城市森林的概念。城市森林是指在城市地域，以改善城市环境为主，由以林木为主体的植被及其所在的环境所构成的与城市社会、经济融为一体的复杂森林生态系统。城市森林不仅包括城市内部绿地，也包括城市周围的城郊林带，还包括城市外围以森林为主体的林地。

据林业部门公布的最新森林资源调查结果显示，上海 2012 年的森林面积为 119.6 万亩，森林覆盖率为 12.58%，比 2004 年调查时增加 14.7 万亩和 1.54%。目前上海 1 000 亩以上大型生态片林已有 16 块，松江水晶梨、崇明柑橘、金山蟠桃等上海特色经济果林面积已有 29.4 万亩。2004 年 2 月，上海被授予了"国家园林城市"的称号。

五、湿地资源

由于地处长江口独特的地理位置，上海拥有丰富的湿地资源。长江口湿地是我国一块重要的滨海湿地，崇明东滩湿地被列入《国际重要湿地名录》，湿地资源是上海最具地方特色的自然资源。

1. 湿地面积与分布

按照联合国《国际湿地公约》定义和分类，上海地区的湿地归属于三大类型，即河流湿地、湖泊湿地和近海及海岸滩涂湿地。2009 年的遥感调查结果显示，上海辖区内湿地总面积为 3 338.40 km^2。其中近海及海岸滩涂湿地面积最大，达 2 823.26 km^2，占总面积的 84.5%，主要分布在长江口三岛边滩、九段沙和其他河口沙洲以及长江口南岸、杭州湾北岸等地区；河流湿地约 391.25 km^2，占 11.7%，主要分布在内陆河流水系；湖泊湿地 123.89 km^2，占 3.8%，主要分布在淀山湖地区。

目前，上海近海及海岸滩涂湿地的分布情况为：高程 2 m 以上的面积为 464.31 km^2，占 16.4%；零米线以上为 815.61 km^2，占 28.88%；−2 m 线以上为 1 418.97 km^2，占 50.3%。

2. 湿地的开发利用

近年来发达的区域经济增加了对土地利用的需求，导致上海的耕地面积锐减。人均耕地面积为 0.33 亩，仅为全国人均耕地面积（1.19 亩）的 1/4 左右，不足世界人均耕地面积（3.75 亩）的 1/10。随着上海经济的飞速发展，1949—1998 年，上海占用耕地 252 万亩，年均占用耕地 5.1 万亩，上海城市发展对土地资源的需求量不断加大和加快，城市发展最高峰一年占用耕地约 25 万亩。由于土地资源的匮乏，人地矛盾日渐突出。

为了确保上海土地资源的动态平衡，解决上海的后备土地资源，1999 年，经国务院批准的 77 号文件《上海市土地利用总体规划（1997—2001 年）》中，将上海市水务局组织编写的《上海市滩涂开发利用规划研究报告》也纳入其中。根据规划，上海解决人地矛盾的主要措施是围垦滩涂、围海造地。上海自 1949 年起至 2000 年的 52 年间中，共圈围土地 126.97 万亩，年均圈围 2.4 万亩。1996—2000 年，全市计划占用耕地 23 万亩，围垦滩涂所得的土地面积为 18.5 万亩，年均圈围了 3.7 万亩。年均圈围的土地面积是 1949—1995 年总量的 1.5 倍。1999 年为围垦土地的高峰期，围垦面积达 7.1 万亩，2000 年也有 4.7 万亩。

纵观上海的围海造地和上海市的占用耕地的情况，截至 1998 年，滩涂圈围造地为 115 万亩，占用耕地为 252 万亩，两项指标比较可见，减少的耕地面积仍有 137 万亩，相当于 1995 年的崇明、南汇、浦东新区的耕地面积总和。事实上，圈围造地后并非全部用作耕地，实际耕地面积减少的情况还要严重。特别是 1978 年改革开放以来，经济发展带来的耕地面积减少更为严重。显然，通过围垦圈围土地确实在一定程度上缓解了上海市土地资源的矛盾，但是仍然没有满足土地资源的巨大缺口。

表2-3　新中国成立以来上海耕地面积减少情况　　　　　　　单位：万亩

年份	1949—1977 年	1978—1986 年	1987—1998 年	1949—1998 年
年均圈围	2.6	1.4	2.3	2.3
年均占耕	3.0	6.4	9.3	5.1
年均减少	0.4	5.0	7.2	2.8

表2-4　新中国成立以来全市滩涂圈围情况　　　　　　　　　单位：万亩

年份	1953—1960 年	1961—1970 年	1971—1980 年	1981—1990 年	1991—2000 年
圈围量	34.15	24.12	22.88	12.87	32.39
年均值	4.27	2.41	2.29	1.29	3.24
累计	34.15	58.83	81.71	94.58	126.97

注：江苏居民在崇明本岛圈围的 3.3 万亩未计入。

虽然《上海市城市发展的总体规划》对占用耕地的限制加强，但是由于城市发展的要求，2000 年后每年计划占用耕地约 2 万亩。因此，上海市水务局规划 2001—2010 年围垦滩涂湿地 52 万亩，2011—2020 年围垦滩涂约 80 万亩。计划促淤圈围的部分全部为上海近海和海岸湿地，即长江口三岛、长江口沙洲和大陆边滩区域。20 世纪 50 年代至今，对近海和海岸湿地的主要利用形式是围垦造地，全市共圈围土地约 126.97 万亩，年均圈围 2.4 万亩。围海造地是上海滩涂发生变迁的主要因素。

可见，20 世纪 50 年代圈围总量在各阶段最大，为 34.15 万亩，年均 4.27 万亩。这和当时上海尚未围垦的滩涂面积较大、围垦难度较小有关。此后一直到 90 年代初期每十年围垦总量和年均围垦量均有减少趋势，一定程度上表明多年的围垦使得可圈围滩涂资源呈不断减少的趋势。而在 90 年代后期，这种趋势发生了变化，十年围垦总量和年均围垦量均显著增加，分别为 32.39 万亩和 3.24 万亩。这表明了改革开放后，上海经济的飞速发展引发了对土地的强烈需求。在土地圈围活动持续进行的情况下，圈围总量突然增加，在体现了促淤工作成效显著的同时，也说明了超前围垦低高程潮滩的现象普遍存在。综合以上，在湿地资源的保护和利用问题上，未能协调统一，造成了湿地资源的退化。

六、生物多样性

1. 生态系统类型与分布

上海地区生态系统的类型主要有城区生态系统、农田生态系统、森林生态系统和湿地生态系统等。

（1）城区生态系统。主要分布于城市化地区，受到人类活动的干扰最为强烈，植被多以人工栽培的观赏植物为主，仅有少量两栖类、鸟类和小型兽类栖息于此。

（2）农田生态系统。主要分布于郊区农田，易受到农业耕作规律的影响。植物多以粮食作物、蔬菜、瓜果为主；动物主要是一些伴生群落，如农业昆虫、软体动物以及以昆虫和作物为食的脊椎动物。

（3）森林生态系统。主要分布于西南部的丘陵地区。植被大部分为次生林和人工林，自然植被仅分布在金山三岛；动物主要是树栖鸟类、昆虫、爬行动物和哺乳动物等。

（4）湿地生态系统。主要分布于沿江沿海滩涂地区和青西湖泊地区。滩涂植被由低潮区向内延伸依次为藻类、海三棱藨草、芦苇群落等。大量的底栖动物生活于此，如甲壳类和软体动物，这为其他动物提供了充足的食物来源，吸引了各种鸟类、鱼类和哺乳动物等，是生物多样性极为丰富的地区。

2. 物种多样性

（1）鱼类。上海地区水域环境多样，鱼类种类多，生态类型多样。据上海市鱼类志记载，全市共有鱼类 250 种，隶属 25 目 88 科。目前，上海地区记录到的鱼类仅为 114 种。上海地区一半左右的鱼类为经济鱼类，长江河口和杭州湾北岸水域主要经济鱼类近 30 种，渔业年产量达近万吨。内陆淡水经济鱼类有 20 多种，年产量在 10 万 t 以上。

（2）两栖动物。在上海地区的两栖动物共记录到 14 种，其中中华蟾蜍、泽蛙、黑斑蛙（Rana nigromaclata）、金线蛙的数量最多，分布最广，为上海地区常见的两栖动物。另外，日本树蟾（Hyla japonica）、饰纹姬蛙（Microhyla ornata）和虎斑蛙（Rana rugulosa）也有一定的数量分布。目前，可以确定在上海地区仍有分布的两栖动物共 8 种。

（3）爬行动物。上海地区记录到的爬行动物共有 37 种，且数量较少。除生活在沿海区域的棱皮龟（Dermochelys coriacea）、蠵龟（Caretta caretta）、玳瑁（Eretmochelys imbricata）、青环海蛇（Hydrophis cyanocinctus）等外，以多疣壁虎、赤链蛇、白条锦蛇、红点锦蛇、黑眉锦蛇、赤链华游蛇、乌梢蛇、短尾蝮等种类的数量相对较多，广泛分布于上海的市郊地区。中国石龙子、蓝尾石龙子、宁波滑蜥、铜蜓蜥（Sphenomorphus indicus）、北草蜥、铅山壁虎、双斑锦蛇（Elaphe bimaculata）、王锦蛇、虎斑颈槽蛇（Rhabdophis tigrinus）、黑脊蛇（Achalinus spinalis）、乌龟以及鳖等种类的数量稀少，分布区域十分局限，有的种类已濒临绝迹。目前，可确定现今在上海地区仍有分布的爬行动物为 22 种（包括水生的 7 种）。

（4）鸟类。根据 1997—2000 年上海市陆生野生动物资源调查和 1998—2000 年湿地资源调查，上海地区有记录的鸟类种数为 424 种（379种和 45 亚种）。本项目调查研究发现，目前上海地区可以记录到的鸟类为 312 种。上海的鸟类具有以下特点：一是湿地鸟类资源丰富，上海有湿地鸟类 110 种，约占上海鸟类种类的三分之一；二是以迁徙鸟类为主，旅鸟和冬候鸟种类居多（约占 46.5%和 31.4%）且数量较多，留鸟和夏候鸟较少（仅占 10.4%和 10.6%）。

（5）哺乳动物。上海地区环境条件比较单一，同时由于受到强烈的人类活动的干扰和控制，适合哺乳动物生存的自然生境非常少，从而导致了哺乳动物数量和种类的不断减少。目前，仅一些适应农田环境的哺乳动物仍有一定的数量，如黄鼬（*Mustela sibirica*）、华南兔（*Lepus sinensis*）、刺猬（*Erinaceus europaeus*）等。上海地区历史上有记载的哺乳动物共 42 种，目前上海地区有分布的哺乳动物仅为 15 种。

3. 保护物种

（1）植物。上海地区现有国家重点野生保护植物共 3 种，即香樟（*Cinnamomun camphora*）、舟山新木姜子（*Neolitsea sericea* Blume）和天竺桂（*Cinnamomum japonicum* Sieb.），这三种植物仅分布于大金山岛上。其中，香樟分布于大金山岛的东部岩石缝中，仅 6 株，目前未形成种群。但发现有幼苗生长，种群有希望得到恢复。舟山新木姜子分布于大金山岛的北坡，仅记录到 1 株。但由于该植物为雌雄异株，因此种群已无法恢复。天竺桂分布于大金山岛的东部岩石缝中以及岛的北坡，呈零星分布类型，仅 5 株，也未形成种群，但有较多幼苗，有望成为主要的建群种。目前，这三种植物基本上处于自生自灭的状态。

（2）动物。目前，上海地区记录到的国家重点保护野生动物有 57 种，其中一级保护动物 10 种，二级保护动物 47 种。上海市重点保护野生动物共 46 种，其中兽类 3 种，鸟类 14 种，蛙类 12 种，蛇类 15 种，蜥蜴类 2 种。此外，还有大量国际保护协议中规定的保护鸟类，共计 146 种。这些重点保护动物主要分布于崇明东滩、九段沙、淀山湖周边和佘山诸峰等人类活动干扰较少的地区，在郊区农田和林地以及废弃的荒地也有少量分布。

表 2-5　上海地区生物物种变化统计

类别	史料记载本地区物种		近年调查发现的物种	
	种数	其中：国家保护野生物种	种数	其中：国家保护野生物种
高等植物	2 031	3	—	3
鱼类	250	3	114	—
两栖类	14	1	8	—
爬行类	37	4	22	—
鸟类	424	54	312	—
哺乳类	42	12	15	

说明："—"表示没有统计数据。

4．外来物种入侵

上海市的本地物种相对较少，大部分都是外来物种。外来植物物种主要产自北美洲、南美洲和亚洲等地，现已造成入侵危害的物种主要为凤眼莲、互花米草、喜旱莲子草和加拿大一枝黄花等。外来动物大部分为无脊椎动物，现已造成入侵危害的物种主要为松材线虫、美国白蛾、食蚊鱼、美洲斑潜蝇、福寿螺、克氏螯虾等。

第二节　生态功能区划

一、河口沙洲生态亚区

该区位于长江入海口，是由长江携带的大量泥沙沉积而形成的，属于冲积沙岛。主要包括崇明岛生态岛功能区、长兴岛生产功能区和横沙岛自然景观维护功能区 3 个生态功能区。目前，原隶属于宝山区的长兴、横沙两岛正式划归崇明县管辖，这解决了行政体制上的分立问题，对于实现三岛统一规划、资源整合、优势互补、联动发展等都具有重要意义。

1. 崇明综合生态岛功能区

（1）概况。崇明岛位于长江入海口，全岛面积约 1 200 km^2，人口约 65 万。岛上有 14 个乡镇以及 8 个市属国营农场由上海管辖，另有 2 个乡属江苏管辖。崇明岛长期以来一直作为上海城市建设的备用地，尚未大规模人为开发。其生态环境质量普遍优于其他地区，是上海未来发展的战略空间。目前，崇明岛的经济结构中，工业贡献率比较低，农业仍占较大比重，第三产业早熟。其产业进程处于工业化初期，即农业经济向工业经济转变、服务业上升的阶段。

（2）生态功能定位。该区生态功能定位是：保护良好的生态环境，发展绿色生态型经济，体现经济与环境协调发展的生态岛功能。

（3）现状及存在问题。

①水环境。目前，崇明岛农村污水处理设施相对滞后，大量农村生活污水自排河道或通过雨水管排入河道，依靠河道的自净能力降解污染物或利用潮差排入长江。畜禽养殖废水以及农业面源污染也大量进入水体。但由于水体自净能力有限，而污水量却随着社会经济的发展不断增加，水环境压力越来越大，水质日趋下降，与"生态岛"的定位不相符合。从水环境功能区划来看，岛内均属于Ⅲ类水功能区，而岛外的长江口水域划为Ⅱ类水功能区，要求较高。因此，水环境污染问题是崇明岛一个严重的生态问题。此外，由于崇明岛处于江海交界处，在长江的枯水期，会出现海水倒灌、咸潮入侵等现象，致使水体氯离子含量超标，影响饮用水水源水质。因此，咸潮入侵造成饮用水水源超标是崇明岛迫切需要解决的一个问题。

②大气环境。崇明岛的大气环境状况良好，除南部城镇地区的个别指标超标外，其余均能达到国家一级标准。从历史监测资料来看，在"八五"和"九五"期间，崇明岛的空气环境质量一直处于清洁水平。因此，

崇明岛的大气环境质量是其显著的环境优势。根据大气环境功能区划要求，崇明岛大部分区域属于一类功能区，仅有南部城镇带和西部港口物流区属二类功能区，对大气环境的敏感程度分别为极敏感和中度敏感。

③土地利用结构。由于长江泥沙在河口沉积，崇明岛的东部和北部不断淤涨。充足的土地资源，为崇明岛建成 21 世纪生态岛提供了良好的前提条件。根据 2003 年遥感调查结果，崇明岛的土地利用状况如图 2-2 所示。农业用地占 82%左右，居绝对优势。其次是居住用地，仅占 10%。工业和其他用地所占的比例甚小。

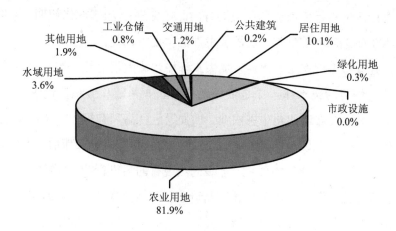

图 2-2　2003 年崇明岛土地利用结构示意图

④社会经济。崇明岛的社会经济发展水平相对落后，从 20 世纪 90 年代初到 2002 年末，崇明的经济总量占全市经济总量比重下降了约 0.5%，而人均 GDP 仅为全市的 1/4 左右，生活水平相对较低，与其他地区的差别较大，是上海经济的低谷。因此，崇明岛的经济发展水平和社会生活水平亟待提高。

从产业结构来看，2003 年，三次产业的比例为 21：40.5：38.5。农业生产比例较高，生产方式落后，经济效益较低，所有乡镇的单位面积农业总产值均在 5 万元/hm² 以下，落后于其他郊区水平。工业化进程较慢，没有体现出工业企业的集聚效应和规模效应。服务业的现代化程度不高，仍然处于初级阶段。

综上所述，目前崇明岛主要存在的问题是：环境保护等基础设施建设严重滞后，与生态岛的功能定位不相符合；农业面源、生活污水、畜禽养殖等污染源直排河道，导致水环境污染，水质逐渐下降，不能达到水环境功能区要求，属水环境污染敏感区；由于受海水倒灌影响，水质咸度超标，饮用水水源时常受到威胁；经济发展滞后于上海市的平均水平，在郊区各区县中，也处于落后水平。

（4）保护和发展的主要方向。根据生态功能定位，崇明综合生态岛功能区应将绿色产业作为发展方向，在促进社会经济持续发展的同时，保持生态环境的优势。保护和发展的主要方向是：一是加强环保基础设施建设，保护饮用水水源，加大水环境污染整治力度，控制水质下降趋势，修复污染水体；二是依托现有的农业基础和传统特色农产品的优势，大力发展现代化生态农业，加强绿色食品和有机食品生产基地以及生态农业示范园区的建设，力争成为上海市重要的农产品供给基地；三是调整传统工业结构体系，逐步淘汰现有的污染行业，提升工业产业结构和能级，发展无污染的加工制造业和高新技术产业；四是以"绿色生态岛"为依托，发展以旅游、会展、商业、物流为主的现代服务业。崇明生态岛功能区根据经济因子和社会因素等的评价，又可将其划分为 7 个生态功能小区。

2. 长兴岛生产功能区

（1）概述。长兴岛位于吴淞口外长江南支水道入海口，总面积约 66 km^2，人口约 3.6 万。长兴岛南岸有深水岸线近 20 km，水深 12～16 m，最深处达 22 m，宽度 1 000 m，水情稳定。长兴岛上生态环境良好，据监测资料，大气质量达到国家一级标准，地面水质达到Ⅱ类，是上海环境质量最好的地区之一。

（2）生态功能定位。其主导功能定位为中国最大的造船基地和港机制造基地，积极发展海洋装备业。

（3）现状特征及存在问题。目前，振华港机已在长兴岛投资建成了世界上最大的港口机械制造基地。中国船舶工业、江南造船厂、中国海洋运输总公司等也将在长兴岛建设造船、修船基地。因此，长兴岛南岸将成为重要的造船和港机制造基地。根据水环境功能区划，长兴岛属于Ⅳ类功能区，长兴岛南岸长江口水域属于Ⅱ类功能区，属于水环境极敏感的地区。根据大气环境功能区划，长兴岛均属于二类区，对大气环境的敏感程度相对较轻。

综上所述，长兴岛生产功能区主要存在的生态问题是：长兴岛外围的长江口水域水环境功能要求较高，为Ⅱ类水功能区；而造船和港机制造行业的发展对水环境存在潜在的影响，如不严格控制排放标准，可能会对青草沙水源地造成潜在威胁。

（4）保护和发展方向。根据生态功能定位，长兴岛南部重点建设造船和港机制造基地。保护和发展的主要方向是：一是在港口机械、造船、修船等产业先期发展的基础上，进一步将造船和港口机械制造作为支柱产业发展，建成中国最大的造船基地和上海重要的机械工业生产基地；二是严格控制污水排放标准，防止对水环境、大气环境，尤其是对城市后备水源地造成污染。

3. 横沙岛自然景观维护功能区

（1）概述。横沙岛是长江口最东端的一个岛屿，总面积约 51.7 km²，人口约 3.3 万，周围海岸线总长度为 30.6 km。横沙岛由长江泥沙冲积而成，土壤为沙黏质的灰沙泥结构，土质疏松，透气性好，并富含天然矿物质养分。岛域地质结构稳定，平均海拔 2.8 m，地下水资源丰富、水质纯净。气候属亚热带，冬暖夏凉，四季分明，年平均气温 15.4℃，海洋性气候明显。1992 年被国务院列为我国首批 13 个国家旅游度假区之一。

（2）生态功能定位。其主要功能定位为自然景观维护区，以发挥海岛休闲、旅游、度假等功能为主。

（3）现状及主要问题。目前，横沙岛生态环境良好，大气环境质量达到了国家一级标准，水质纯净。根据大气环境功能区划，横沙岛属于一类功能区，是大气环境的高度敏感区。根据水环境功能区划，横沙岛属于Ⅲ类区，而横沙岛外围的长江口水域属于Ⅱ类区，因此，横沙岛也是水环境的高度敏感区。此外，根据上海城市森林建设规划，近期横沙岛的森林覆盖率达到 70%，到 2020 年，将达到 90%，成为一个海上森林岛。

综上所述，横沙岛自然景观维护区主要存在的生态问题有：一是传统的农业耕作方式对自然环境存在潜在影响；二是粗放地开发旅游和度假活动及相关的建设项目，对海岛生态系统存在不利影响。

（4）保护和发展方向。根据生态功能定位，横沙岛应属于生态控制发展区，以维护生态环境质量和自然景观风貌为主导方向，以此为基础，宜发展旅游、休闲和度假活动。保护和发展的主要方向是：一是搞好全岛总体规划和旅游规划，控制开发与建设项目，以维护良好的自然景观和生态环境，构筑优美的海岛景观格局；二是依托独特的景观效应，发展具有岛屿特色、乡村特色的休闲度假旅游，并带动相关服务业的发展，以形成休闲度假基地和高级会议中心；三是加强海岛防护林体系建设。

二、沿江沿海滩涂和水域生态亚区

该亚区主要包括长江口水域和滩涂、杭州湾水域和滩涂 2 个生态功能区。

1. 长江口生物多样性保护生态功能区

（1）概况。该区包括从启东椭圆角至南汇嘴的长江口水域和滩涂地区，水域的自然条件复杂多变，是河口与海洋相互影响、相互作用最活跃、最激烈的区域。该区的生物多样性资源丰富，是重要的生物资源保护区。上海市共有4个自然保护区中，其中3个位于此区，包括东滩鸟类自然保护区、长江口中华鲟自然保护区、九段沙湿地自然保护区。此外，长江口水域的渔业资源十分丰富，是重要的经济鱼类生产区。在沿江沿海的滩涂地区，也有大量人工水产养殖区。该区是生物多样性的极敏感地区，为生物多样性的保护提供了重要的服务功能。

（2）生态功能定位。其主要的生态功能是生物多样性资源保护，尤其是要为重点保护物种提供良好的栖息环境。此外，还提供生态系统初级产品功能，主要是渔业生产功能。

（3）现状及存在问题。

①水域生境。根据近年来的监测结果，长江口大多数水质指标能够满足Ⅰ类或Ⅱ类水要求，但是无机氮、磷酸盐指标超过Ⅳ类水标准。此外，在重金属指标上，铬、镉、砷、铜等的含量均低于Ⅰ类水标准，而铁、锰、汞和铅等的含量较高，处于Ⅱ～Ⅲ类水的水平。可见，长江口的水质已经受到了氮、磷和部分重金属的污染。根据浮游植物、浮游动物的多样性指数分析，长江口水域的水质已基本处于轻污染至中污染的程度。而从底栖动物的数量来看，1996—2002年存在一个U形的变化趋势，其间可能存在一个生态破坏和修复的过程。

根据水环境功能区划，长江口水域整体属于Ⅱ类功能区，对水环境的敏感程度为极敏感。历史上，长江口具有丰富的经济鱼类资源，但由于长期过度捕捞，导致长江口经济鱼类资源急剧下降。近年来虽有所控制，但情况仍不容乐观。近期，虽有在长江口重新捕获野生蟹苗的报道，但仅从个别记录尚不能判断生物资源是否得到恢复。此外，长江口水域也是国家一级保护动物——中华鲟的重要活动区域。2002年，该水域正式划定了长江口中华鲟自然保护区，总面积为276 km²。

②湿地生境。由于位于长江入海口的独特地理位置，滩涂湿地生

态系统是上海地区最具特色的生态系统，而大部分的边滩湿地就分布于此区。

崇明东滩湿地，总面积约 8 486 hm^2，潮沟密布，芦苇藨草生长旺盛，每日两次潮汐，滞留在潮沟里的小鱼小虾及底栖动物等，为候鸟过境提供停歇、补充营养的中转站，同时也吸引鹤、鸥、雁、鸭多云集来此越冬，因此，鸟类资源十分丰富。目前，已记录到的鸟类有 312 种，其中湿地鸟类为 109 种，占上海地区鸟类种类总数的 1/4 以上，其中许多种是我国重点保护的珍稀濒危物种，如国家一级保护鸟类有 3 种，国家二级保护鸟类有 9 种，属《中日保护候鸟协定》的有 87 种（1 亚种），属《中澳保护候鸟协定》的有 39 种。1992 年，东滩湿地被列入《中国保护湿地名录》，1998 年批准建立市级自然保护区，2001 年正式列入"拉姆萨国际湿地保护公约"的国际重要湿地名录。崇明东滩自然保护区主要保护对象为雁鸭类、鹤类、鸻形目鸟类等迁徙鸟类和越冬鸟类。

九段沙，成陆约 50 多年，总面积约 520 km^2，是一块河口沙洲型滨海湿地，植被生长繁茂，岛上尚无人居住，是一处保存较好的原生湿地生态系统。目前，九段沙正处于沙洲发育的初期阶段，拥有完整的河口沙洲植被演替系列和丰富的生物多样性资源。九段沙处于亚太鸟类迁徙路线的中部，是亚太地区候鸟迁徙的重要中途停歇点，每年春秋两季有大量的候鸟在这里停留栖息，是国家重点保护鸟类雁鸭类、鹤类，鸻鹬类的重要栖息地。九段沙周围水域是江海洄游性鱼类的重要洄游区域。据统计，九段沙湿地共有鸟类 100 多种、鱼类 167 种、浮游动物 105 种、浮游植物 126 种。因此，该区域的变化过程体现了自然条件下的成陆过程、河口湿地生态系统的自然演变及其对生物多样性的影响。2000 年 3 月，上海市成立了九段沙湿地市级自然保护区。

综上所述，目前该区主要存在的生态问题有：一是滩涂围垦过度，导致具有重要生态服务功能的高潮滩减少，直接导致动植物生境的丧失；二是由于农业面源、水产养殖、船舶污染、生活污水排放等原因，导致长江口水环境质量下降，赤潮发生频率越来越高，严重影响了生物栖息环境的质量；三是外来物种入侵，如互花米草，目前已经形成一定规模的种群，排挤土著物种，危害本地生物多样性，对湿地生态系统造成危害；四是过度捕捞鱼类资源和偷猎鸟类现象依然存在，影响了生物种群和群落的结构，也危害到了保护物种的生存。

（4）保护和发展的方向。根据生态功能定位，以保护生物多样性为主要方向，同时维护长江口渔业生产的可持续性，提供渔业产品。保护和发展的主要方向是：一是对自然保护区进行严格保护，限制一切人为开发活动和对生物多样性可能造成危害的活动，保持原有的生态平衡；二是严格控制滩涂围垦的强度，并对围垦活动进行环境影响评价，有效保护生物多样性最为丰富的高潮滩生境；三是控制陆域污染源向长江口水域的排污行为，严格排放标准，确保长江口水质达到水环境功能区的要求；四是降低经济鱼类的捕捞强度，控制捕捞总量，实施伏季休渔制度，保持鱼类资源的可持续利用。

鉴于长江口崇明东滩湿地生态和九段沙湿地的实际情况、特殊地理位置，以及两者均处于世界候鸟迁徙路线的特殊要求，根据上海市生态环境规划的要求，将长江口生物多样性保护生态功能区划分为两个生态功能小区：东滩自然保护生态功能小区和九段沙湿地保护生态功能小区。

2. 杭州湾近海及海岸带生态功能区

（1）概况。该区包括杭州湾北岸的水域和滩涂地区，岸线长约为30 km。根据历史演变趋势，杭州湾北岸属于侵蚀性海岸，在近百年内才处于淤涨状态。目前，在杭州湾北岸的滩涂上已经建设了许多大型工业基地，如金山石化基地、漕泾化工区等。此外，还有大量的滩涂水产养殖基地。上海市的另一个市级自然保护区——金山三岛海洋生态自然保护区也位于此功能区内。

（2）主要功能定位。其主要的生态功能为海洋生态保护，尤其是自然原生植被的保护，并为城市建设提供一定的后备土地资源。

（3）现状及主要存在问题。

①水环境。杭州湾北岸水域，是上海市主要的污水外排地区，设有金山污水外排系统、星火工业区污水外排系统、奉贤污水外排系统等，污水排放量设计规模约为 30 万 m^3/d。大量污水的排放对水环境造成的压力比较严重。杭州湾近岸海域已经成为我国赤潮的多发区。此外，杭州湾北岸的沿岸滩涂地区已围垦建成了大型工业区，如金山石化、上海化学工业区等。根据水环境功能区划，杭州湾北岸的水域属于海水III类区。因此，该区为水环境中度敏感区。

②生物多样性。金山三岛位于杭州湾北缘，距金山嘴海岸约 6.6 km。金山三岛是上海地区野生植物资源最丰富、环境质量最好的区域之一，可作为上海市重要的环境质量对照区域。保护区内自然环境优良，生物物种繁多，自然植被良好。尤其是在大金山岛上生长着大量珍贵树种，现有 98 科、224 种，其中有 63 种在上海地区的大陆区域早已绝迹。保护对象主要有四类：第一类为典型的中亚热带自然植被类型树种，常绿阔叶林和青冈林、红楠林、天竺桂，其中天竺桂和红楠属于国家重点保护的野生珍稀植物树种；第二类为常绿、落叶阔叶混交林，常绿以青冈为主，落叶树种主要有黄连木、盐肤木、野柿、黄檀、朴树等；第三类为种类繁多、数量丰富的昆虫及土壤有机物；第四类为个体大、密度稠、近于原始状态的近江牡蛎。上海市共有 3 类国家重点保护野生植物，均分布于此区。金山三岛海洋生态自然保护区于 1991 年正式成立，是上海第一个自然保护区。该保护区由核心区大金山岛和缓冲区小金山岛、浮山岛以及三岛邻近海域 0.5 海里范围内区域组成，三岛面积共 0.45 km^2。

目前，三岛尚处于原生状态，无人定居。但根据相关规划，金山三岛将在保护区不受破坏和污染的前提下，进行适度开发。由于人为活动对于自然环境的影响总是潜在存在的，其产生的后果可能会经历较长的一段时间后才会逐渐显现。而保护原生生态系统的最佳方式，就是避免人类活动的干扰。因此，金山三岛自然保护区作为上海地区仅存的自然原生植被的分布区，不宜有人为的开发建设活动。

综上所述，目前该区主要的生态问题是：一是水环境污染严重，属中度污染海域，是赤潮的多发区，对近岸海域水质和水生态系统造成不利影响；二是相关规划提出在保护前提下，适度开发金山三岛，尽管在环境影响评价过程中对此提出疑义，但自然保护区仍面临人为开发的潜在威胁；三是重点保护野生植物处于自生自灭的状态，种群难以恢复。

（4）保护和发展方向。根据生态功能定位，该区以保护海洋生态环境和自然植被为主导方向，并对滩涂资源进行适当利用，发展生产功能。保护和发展的主要方向是：一是禁止金山三岛自然保护区的开发建设活动，保持原生生态系统的完整性，避免人为干扰；二是提高污水排放标准，控制近岸海域水质污染趋势；三是合理利用滩涂资源，发展工业生产、港口物流功能。

三、陆域河网平原生态亚区

该区主要包括上海市的陆域平原地区，属长江三角洲冲积平原。区内地势低平，水网密布，人口密集，城市化水平较高。

1. 黄浦江上游水源保护功能区

（1）概述。黄浦江发源于太湖，从淀山湖淀峰至吴淞口，全长113.4 km，从米市渡至吴淞口为 84 km，宽约 400 m，深 7～9 m。米市渡的多年平均流量约 300 m^3/s。1958 年前，黄浦江水质良好，江中鱼类洄游。1959—1962 年，黄浦江水体受到轻微污染，水生生物开始减少。

1963 年起，污染逐步严重，每年夏天水质就发生黑臭。市中心江段渔业资源急剧减少。20 世纪 80 年代初，上海市区水厂的取水口大多位于黄浦江下游地区。由于黄浦江不断受到污染，且经常受到咸潮影响，1985年，市政府批准了黄浦江上游引水工程。

为保护上游水源，1985 年，上海市颁布实施了《上海市黄浦江上游水源保护条例》，并于 1987 年颁布了《上海市黄浦江上游水源保护条例实施细则》，划定了黄浦江上游水源保护区，制定了水质目标。1999 年，上海市进一步划定了一级饮用水水源保护区。目前，黄浦江上游水源保护区总面积 1 058 km²，其中准水源保护区为 499 km²，水源保护区为 559 km²，其中一级水源保护区为 46 km²。

（2）生态功能定位。其主要的生态功能为保护城市饮用水水源地，保证城市用水安全。

（3）现状及主要存在问题。

①水源地水质状况。上海的水源地在过去 100 年中，经历了多次迁移。1911 年，苏州河恒丰路桥附近水源作为上海水源地；1928 年，取水口迁到军工路黄浦江附近；新中国成立后至 80 年代，上海的取水口全部设在黄浦江中、下游江段；1987 年，黄浦江上游一期工程建成通水，取水口设在黄浦江上游临江段；1994 年 7 月，二期工程将取水口移至松浦大桥下游 1.8 km 的女儿泾边，同时开始把水量充沛、水质良好的长江确定为第二水源；1990 年，开始建设长江引水的一、二期工程，取水口设在长江南岸的陈行水库。

目前，上海城市集中式水源地共有两处，分别为黄浦江上游和长江口。其中黄浦江上游供水规模为 567 万 m³/d，占全市总供水量的 51%，取水口分别为松浦大桥和闵行二水厂。

目前，黄浦江上游的取水口水质基本维持在Ⅲ类水水平，主要超标的因子为总氮、汞等。根据水环境功能区划的要求，黄浦江上游为Ⅱ类功能区。因此，水质的现状离功能区目标还有一定的距离。该区对水环境的敏感程度为极敏感，为城市饮用水水源提供极其重要的服务功能。

此外，由于上海处于下游的地理位置，黄浦江水源的水质很大程度上受到上游江、浙地区来水的影响。从近十年的情况来看，四个省界断面中，以大朱厍和大蒸港的水质为最优，基本可保持在地表水Ⅲ类标准；而胥浦塘和急水港的水质则呈现出较为严重的富营养化倾向，仅能达到地表水Ⅴ类标准。这对黄浦江取水口的水质造成了严重的影响。

②土地利用结构。从土地利用类型来看，耕地为该区域最主要的用地类型，约占总面积的60%。该区是上海市郊农业生产的主要地区，主要以淡水养殖、畜牧生产和水稻生产为主，近年来新增了出口蔬菜的生产。在一级水源保护区内，规模化畜禽养殖的发展已受到严格限制，农户散养也已大幅度减少。水源保护区内的工业生产具有相当规模，其布局已调整为工业区或工业小区的集中布局形式。在一级水源保护区内，工业发展受到严格控制，基本为用水量小、污染少的项目。

表2-6　黄浦江上游水源保护区土地利用现状　　　　　　　单位：km^2

用地类型	一级水源保护区	水源保护区	准水源保护区	合计
居住用地	5.80	45.67	77.25	128.72
工业仓储用地	0.95	9.34	28.03	38.32
交通用地	3.39	24.94	36.57	64.9
水域	7.30	117.32	53.30	177.92
耕地	27.79	305.14	289.48	622.41
林地及园地	0.59	8.14	9.89	18.62
畜牧生产用地	0.03	1.53	1.07	2.63
在建用地和未利用地	0.15	0.92	3.41	4.48
总计	46.00	513.00	499.00	1 058.00

③污染排放。从污染物排放情况来看，工业污染源的排放量最大；从污染负荷来看，畜禽粪尿已成为水源保护区内最大的有机污染源，远大于其他各类污染源的排放量。这些污水中的大部分都直接排入河道。目前，黄浦江上游地区的污水处理厂尚处于建设中，要正式投入运行估计还有较长的一段时间。因此，水源保护区的水环境压力非常大，属于极敏感地区。

综上所述，目前该区主要的生态问题是：一是土地利用结构不尽合理，生产性用地规模仍然较大；二是环境基础设施建设落后，大量污水未经处理直排河道，造成水体污染；三是畜禽养殖的污染问题仍然存在，是最大的有机污染源；四是水源涵养林的建设滞后，尚不能发挥作用。

（4）保护和发展方向。根据生态功能定位，该区以保护城市饮用水水源为主导方向，改善水质状况，确保达到水环境功能区要求。保护和发展的主要方向是：一是调整土地利用结构，并按"圈层理论"进行合理布局；二是限制工业发展，实施工业企业向园区集中战略，发挥集聚规模效应；三是实施生态农业发展战略，调整农业结构，有效控制农业面源污染和畜禽养殖污染；四是完善环保基础设施，加快上游地区生活污水处理厂的建设；五是推进上游地区生态涵养林的建设，有效隔离污染物进入水体；六是采取相应的经济补偿机制，对水源保护进行生态补偿。

2. 中心城区城市生态功能区

（1）概述。本区包括外环线以内地区，根据遥感调查资料，区域总面积约 660 km²，是高度城市化的区域，也是上海社会经济发展的核心地区。

（2）生态功能定位。其主要的生态功能为发展和完善城市功能，包括行政、居住、商务、贸易、交通、文化等各项子功能。

（3）现状及主要存在问题。

①人口。上海城市发展的中心最早是在苏州河两岸，随后又逐渐转移到黄浦江两岸。中心城区的面积也由最早的 82 km² 扩展到目前的 610 km²，占全市总面积的 9.6%；而人口更是发生了数量级的变化，目前已经增加到 900 万人，占全市总人口的 53%。目前，中心城区平均人口密度约 1.5 万人/km²，密度最高的地区将近 5 万人/km²。由于人口过于密集，带来了一系列的城市问题，如住房紧张、交通拥挤、绿地不足等。根据上海城市总体规划，中心城区的人口控制在 800 万左右，因此必须向区外疏导部分人口。此外，由于人口密度过高、建筑密集、商业繁华，导致城市热岛效应显著，是全市热岛效应最为敏感的地区。

②水环境。在近代工业发展的过程中，大量的工业污水和生活污水排入河道，导致中心城区的河道普遍受到污染，基本都不能达到水环境功能区的要求。采用水质标识指数法对中心城区的河道进行评价，结果表明，中心城区的中小河道污染严重，近半数河道水质劣于Ⅴ类，三条河道水体黑臭，水质最好也仅为Ⅲ～Ⅳ类。但近年来开展的河道整治工作取得了明显的效果，苏州河水体已不再黑臭，除氨氮指标外，近 3 年来的水质基本维持在Ⅴ类水，能够达到水环境功能区的要求。

③大气环境。近十年来，中心城区的大气环境质量一直处于轻污染状态。从地理位置看，该区基本上处于全市的中心，周边区域的工业废气通过一定高度的烟囱排放几乎都随风吹经或吹落于城区，不受季节和季风的影响。因此，本市城区常年均受到来自城区四周工业污染源的影响。根据大气环境功能区划，中心城区属二类区，是大气环境的中度敏感区。

④土地利用。本区域内以居住用地所占比例最大（约占 29%），但与内环线区域内相比，所占比例要小。从三年内的变化来看，居住用地

略有增加，其所占比例增加 2%，高于内环线内的增长幅度。本区域内居住用地的增加量为 11.5 km², 内外环线之间的增量约为 10 km²。因此，内外环线之间的区域，是居住区建设的一个重点区域。由于中心城区的人口过于密集，向区域外疏导人口的要求十分迫切，因此今后对于居住用地的建设应适当进行控制。随着居住用地比例的增加，公共建筑用地也随之增长，三年内增加了约 2%。这两类用地合计约占 40%。

绿化和水域用地合计约占 11%，三年内，绿化用地所占比例增加了 1.3%，新增绿地如大宁绿地、徐家汇绿地、凯旋绿地等。本区域内绿化的增长量约占全市总增量的 16%，表明本区域不是绿化增加量的主要贡献区域。三年内，水域用地所占比例基本保持不变。

农业用地在本区域内也呈现减少的趋势，三年内所占比例减少了 5%，是减少最大的用地类型，目前所占比例约为 12%。与全市农业用地的变化趋势相比，两者都呈现了相同的趋势，本区域的减少量占全市总减少量的 11.5%。这部分农业用地主要转化为居住用地、公共建筑用地等。

工业仓储用地在本区域内所占比例比较高（约占 20%），三年内所占比例基本保持不变。由于本区域是以二、三产业为主的综合功能区，工业发展的方向是高科技、高增值、无污染的工业，工业布局的着眼点应为改造和完善高桥、彭浦、桃浦、北新泾、长桥、周家渡等现有的老工业区，积极建设漕河泾高新技术开发区、金桥出口加工区和张江高科技园区等高新技术工业园区；对于不能满足功能区要求的工业企业，应实施搬迁。

此外，本区域内的其他用地比例较大（约占 5.5%），这主要是大量在建用地分布于本区域内，对于此类用地的性质尚不能从遥感影像上进行判断。

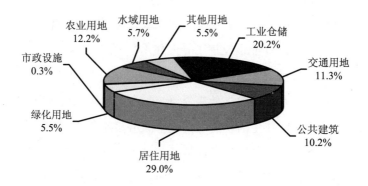

图 2-3　2003 年外环线以内地区土地利用结构

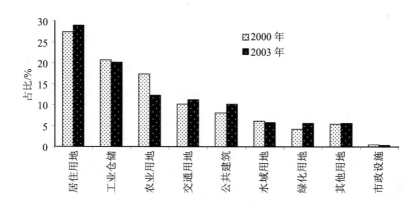

图 2-4　外环线内土地利用结构比较

⑤都市型工业。都市型工业是指以大都市独特的信息流、人才流、现代物流、资金流等社会资源为依托，以产品设计、技术开发和加工制造为主体，以都市型工业园区（楼宇）为基本载体，能够在市中心区域生存和发展并与城市和生态环境相协调的有就业、有税收、有环保、有形象的现代绿色工业。到目前为止，全市 9 个中心区已完成改建、新建都市型工业园区（楼宇）150 万 m^2，其中第一批试点的 80 多家企业中，已有 50 余家初步建成都市型工业园区和楼宇，建筑面积近 60 万 m^2，

引进电子产品加工、软件开发、广告印刷、服装服饰、食品加工、钻石工艺品等创业型、科技型和就业型企业 450 余家，为进一步优化中心城区工业布局、提升产业能级发挥了导向作用。

综上所述，目前该区主要的生态问题是：一是人口过于密集，人地矛盾十分突出；二是城市热岛效应显著，是全市最敏感的地区；三是城市功能尚不完善，居住生活功能及其配套服务设施不够成熟，工业仓储用地仍占较大比例；四是绿化用地虽然数量上快速增加，但绿地在调节气候、维持碳氧平衡、净化大气环境等方面的生态效应还未能充分发挥。

（4）保护和发展方向。根据生态功能定位，该区以发展居住、商业、贸易、服务业等为主要方向，外围地区兼有发展都市型工业生产功能。保护和发展的主要方向为：一是完善城市功能，加强市政和环保基础设施的建设，提高居住生活质量；二是控制人口规模在 800 万以内，疏导部分人口向区外的新城和中心镇迁移，缓解中心城的人口压力；三是严格控制本区的工业发展，有选择性地吸纳工业企业，鼓励以产品设计开发、技术服务、经营管理和高增值、低消耗、少污染生产为主体的都市型工业和高科技产业的进入，对原有工业基地进行产品结构调整、生产技术更新或向市级工业园区集中；四是在增加绿地数量的基础上，逐步转向重视绿化的各项生态效应，尤其是在削减本区城市热岛效应，提高绿地的质量。

3. 城郊地区城镇生态功能区

（1）概述。该区是指外环线以外的近郊以及中远郊地区，总面积约 3 500 km^2，人口约 610 万。人口密度尚不到 1 800 人/km^2，远远低于中心城区。

（2）生态功能定位。其主要的生态功能为城市生产，包括农业生产和工业生产等，对城市经济的发展起到重要的支撑功能。此外，在新城和中心镇，则体现居住功能，满足中心城人口疏导和郊区人口适度集聚的要求。

（3）现状及主要存在问题。

①农业生产。由于土地紧缺，上海市郊历来是精耕细作的农业高产区。在种植业生产过程中，化肥和农药的平均使用量也位居全国前列，而大量化肥和农药流失进入土壤和水体，导致了农业面源的污染比较严重。由于养殖业和种植业的分离，而相应的治理设施又未能及时跟上，导致畜禽污染成为上海市郊污染负荷贡献最大的污染源。目前，上海已经划定了禁止养殖区、控制养殖区、适度养殖区和异地养殖区的范围。闵行、嘉定、宝山、浦东、松江、青浦等区为控制养殖区，该区域内不再重新布点，不再扩大畜禽饲养规模；金山、奉贤、南汇等地区为适度养殖区，应加快推进集约化生产、标准化管理和产业化经营，重点发展工厂化、设施化生产和科技含量高的种源生产。目前，郊区的农业生产基本沿用传统作业模式，需要逐步向产业化、规模化方向发展，并对农业布局结构、产业结构和产品结构实施战略性调整。从农业的发展方向来看，都市型生态农业是本区农业生产的主导方向，将科技化、规范化、市场化等先进理念与生态技术相结合，建设高标准的生态农业园区，发展生态农业和有机农业，提高农业生产效率和农产品质量。

②工业生产。在上海城市发展的历史上，工业区的布局逐步由中心城区转向外部。1956—1958年，建设了近郊8个工业区；1958年，建设了若干卫星城；70年代，则建设了金山石化基地和宝山钢铁基地。随着中心城区工业的调整和搬迁，本区将成为工业生产的集聚地。根据"十五"计划，郊区着重抓好"1+3+9"市级工业区建设，即在外环线以外，东部建设微电子产业基地，西部建设汽车产业基地，南部建设石化工业基地，北部建设精品钢材基地。《上海城市总体规划》也要求，大型新增工业项目向市级以上工业区集中，并按各工业区产业功能定位导向布局，同时鼓励围绕"一城九镇"建设进行产业配套。同时，各区也相应地建设区级工业园区，将中小企业集中布局，形成规模效应。在工业园

区建设过程中,对生态环境的保护往往体现在对末端治理的要求较高、忽视了工业产业链的建设、从源头上开始的保护措施。总体上看,生态工业园区的建设尚处于探索阶段,但在国内外也有一些成功的案例。由于本区是上海未来工业生产的聚集区,对生态环境的影响应尽量控制在最小范围内。因此,应在工业园区建设的初期,引入生态工业园的建设理念,进行全面的规划,以最大程度地控制对环境的影响。

③城镇体系。目前,上海的常住人口一半以上分布在中心城区,而郊区城镇的密度偏高、规模偏小、布局分散,不能形成规模效应。根据《上海城市总体规划》,市郊将建设 11 个新城和 22 个中心镇,新城规划人口 20 万~30 万人,中心镇规划人口 5 万~10 万人。由此推算,新城和中心镇共可容纳人口约 550 万,而目前这些地区的人口总量约 230 万。因此,还可以提供 220 万左右的人口空间。

综上所述,目前该区存在的主要问题是:一是农业生产没有形成市场化、集约化的运作模式,传统模式的生产效率较低;二是农药和化肥施用量居全国较高水平,农业面源污染严重,而绿色农产品、有机农产品所占比例较低,产品质量和档次不高;三是工业在调整过程中,生态工业园区的建设尚处于试点阶段;四是城镇密度偏高、规模偏小、布局分散,不能形成规模效应。

(4)保护和发展的主要方向。根据生态功能定位,该区以工业发展和农业生产功能为主导方向,并依托中心镇和新城的建设,发挥人口集聚功能。保护和发展的主要方向是:加强市场化运作模式,形成产、加、销等一体化的农业生产体系;推进生态农业、有机农业的建设,采用高新技术,提高农产品的质量和农业生产的效益;推进企业向园区集中,扩大工业园区的规模,形成集聚效应;以生态工业园区为目标,指导工业园区规划、建设和生产,形成高效、节约的资源利用方式,同时减少对环境的影响;疏导中心城区人口向新城和中心镇迁移,引导农村地区人口向新城和中心镇集聚,并完善与人居生活相关的服务功能。

第三节　重要生态功能区

一、九段沙湿地国家级自然保护区

1. 地理位置

（1）九段沙是目前长江口最靠外海的一个河口沙洲，也是长江口最年轻的河口沙洲，位于长江口外南侧水道的南北槽之间的拦门沙河段，由上沙、中沙、下沙三部分组成，地理位置是 31.05°—31.29°N、121.77°—122.25°E。九段沙是现代长江河口拦门沙系的组成部分，是在长江径流和潮流两个完全不同水体频繁的相互作用下，由长江流域来沙在该地区淤积而成。九段沙形成时间不长，仅有 50 年左右的历史。

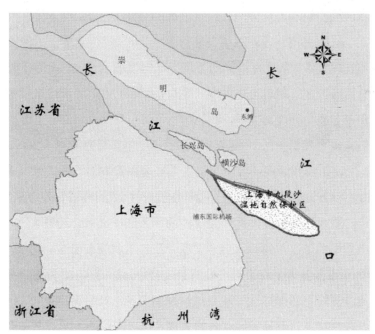

图 2-5　九段沙湿地自然保护区的地理位置

（2）九段沙湿地自然保护区北以长江口深水航道南导堤中线为界，东以–6 m 线为界，南以长江南槽航道北线为界，西（江亚南沙）以–6 m 线为界。其范围包括已露出水面（平均高潮位以上）的陆地（九段上沙和九段中沙一部分）和尚未露出水面的水下阴沙（九段中、下沙和江亚南沙）及水下浅滩（至–6 m 等深线，理论深度基准面，以下同），保护区东西长 46.3 km，南北宽 25.9 km，总面积为 423.2 km^2。

2. 建区历史

1997 年，上海市环保局开始考虑建立"上海市九段沙湿地自然保护区"，并开展了"上海市九段沙湿地自然保护区建区论证"研究，1999 年通过专家论证并上报上海市人民政府。2000 年 3 月 6 日，上海市人民政府批准建立"上海市九段沙湿地自然保护区"，由上海市浦东新区人民政府主管，上海市环保局进行业务指导。2000 年 8 月 8 日，经上海市浦东新区机构编制委员会同意（沪浦编[2000]43 号），浦东新区人民政府成立了"上海市九段沙湿地自然保护区管理署"，负责自然保护区的建设和管理工作，从此保护区的各项工作得以顺利开展。上海市九段沙湿地自然保护区管理署为全民事业单位，行政上由上海市浦东新区环境保护和市容卫生管理局领导，业务上受上海市环保局指导。上海九段沙湿地国家级自然保护区具有该保护区的国土资源管理权属。2001 年 5 月初，上海市浦东新区环保市容局受市环境保护局的委托，组织成立了《上海市九段沙湿地自然保护区管理办法》（以下简称《管理办法》）起草小组，着手制定保护、管理九段沙的相关法律文书。2003 年 9 月 29 日，市府第二十次常务会议上《管理办法》予以颁布通过，同年 10 月 15 日韩正市长签署上海市人民政府第 9 号令，2003 年 12 月 1 日《上海市九段沙湿地自然保护区管理办法》开始实施。2001 年 6 月 27 日，上海市九段沙湿地自然保护区管理署负责，由上海师范大学、上海市生态学会共同起草《上海市九段沙湿地自然保护区总体规划》，2003 年 1 月

19 日，新区规划委员会第十七次常务会议批准《上海市九段沙湿地自然保护区总体规划》，并纳入《浦东新区综合发展规划》。2005 年 7 月 23 日国务院国办发[2005]40 号《国务院办公厅发布河北柳江盆地地质遗迹等 17 处新建国家级自然保护区的通知》批准同意上海市九段沙湿地自然保护区晋升为国家级自然保护区。

3. 保护价值

九段沙是一块河口沙洲型滨海湿地，人为干扰少，是一处保存较好的原生湿地生态系统。目前仅有少数渔民在九段沙周围水域捕鱼，尚无人在岛上居住，是目前人类活动干扰程度较轻且基本保持原始自然状态的区域。由于长江夹带泥沙的淤积，九段沙处于快速的生态变化之中，目前正处于沙洲发育的初期阶段，拥有完整的河口沙洲植被演替系列和丰富的生物多样性资源。九段沙的保护价值主要体现在：

（1）生物多样性资源丰富。九段沙生物资源丰富，区域内生活着大量的珍稀濒危生物，其中珍稀濒危鱼类和鸟类非常丰富。该区域栖息着中华鲟、白鲟、花鳗、胭脂鱼、松江鲈等国家级重点野生动物，包含了长江 7 种国家级重点保护野生鱼类中的 5 种，占我国目前 16 种国家重点保护野生鱼类的近 1/3。共记录到鸟类 113 种，其中 8 种为国家二级保护动物，有 6 种鸟类被列入中国濒危动物红皮书，84 种鸟类列入《中日候鸟保护协定》，40 种鸟类列入《中澳候鸟保护协定》。随着九段沙湿地的不断淤涨、研究的不断深入和保护工作的有效开展，九段沙保护区的生物多样性价值将不断增加，是上海可持续发展的重要基础条件，也是全国自然生态保护网络建设的重要成员。

（2）生态服务功能强大。湿地是所有生态系统中生态服务功能价值最高的类型。而河口湿地由于处在大陆、海洋、江河三大生态系统的界面上，物流、能流过程极为频繁，因此有很高的生产力。九段沙湿地位于长江入海口，不仅能滞留沉积物、净化水质、加速营养循环，而且还能保护海岸线，防止侵蚀。九段沙大面积的湿地对长江三角洲排入东海污水中的营养物质有极强的吸附作用，可减少东海海域赤潮的发生。随着南水北调工程的实施，长江入海水量将有较大减少，而九段沙湿地对防止盐水入侵，保障上海生态安全将起到至关重要的作用。九段沙湿地是世界上最重要的生态敏感区之一，为国际大都市上海市提供了重要的生态屏障，对于建设生态型城市、提高上海国际大都市形象也具有极为重要的意义。

（3）经济价值巨大。上海九段沙湿地自然保护区及其周边水域是中华绒螯蟹的产卵场，凤鲚、刀鲚等重要经济鱼类的繁育地，日本鳗鲡苗的洄游区，水生生物资源极为丰富，对长江及东海的渔业资源保护有着重要意义。水生经济动物的种质资源是渔业可持续发展的战略资源，据专家们研究，九段沙湿地水域有丰富的水生经济动物的种质资源。

（4）科学价值很高。九段沙湿地是研究生物多样性发生、发展与维持、生态系统服务功能以及长江口独特的自然景观和演变过程极为理想的区域，是生物多样性科学、水生生物学、生态系统生态学、景观生态学、河口生态学、保护生物学、河口地理学等学科的天然实验室。九段沙湿地是东亚—澳大利亚鸟类迁徙路线上的一个重要停歇点，是全球鸟类保护网络的重要环节，对于保护国内鸟类和中澳、中日等国际协议保护的鸟类起着关键性作用。同时九段沙湿地也是研究迁徙鸟类生态学的理想场所。随着九段沙的进一步淤涨，该区域在生物多样性保护上的价值也将不断加强，并有望成为一处新的国际重要湿地。1997年，上海市环保局开始考虑建立"上海市九段沙湿地自然保护区"，并开展了"上海市九段沙湿地自然保护区建区论证"研究，1999年通过专家论证并上报上海市人民政府。2000年3月，经上海市人民政府批准，九段沙湿地自然保护区成立，由浦东新区主管、市环境保护局对九段沙进行业务指导和监督检查。2000年9月，上海市九段沙湿地自然保护区管理署正式成立。此后管理署针对保护区的建设与管理采取了一系列积极有效的措施,并与复旦大学、华东师范大学、上海师范大学、上海水产大学和上海市环境科学研究院等单位合作开展了多次大型自然科学考察。2005年,上海市九段沙湿地自然保护区晋升为国家级自然保护区。

4. 生物资源

(1)九段沙湿地自然保护区共记录到藻类植物 118 种及变种,隶属于 7 门 57 属。其中种类最多的是硅藻门,有 37 属 85 种,占总数的 72.0%;其次是绿藻门,有 9 属 18 种,占总数的 15.3%;蓝藻门 7 属 7 种,占5.9%。本次调查共记录到藻类植物 102 种及变种,隶属于 5 门 47 属。其中种类最多的是硅藻门,有 30 属 76 种,占总数的 74.5%;其次是绿藻门,有 8 属 17 种,占总数的 16.7%;蓝藻门 5 属 5 种,占 4.9%;甲藻门 3 属 3 种,占 2.9%;金藻门 1 属 1 种,占 1.0%。九段沙海洋藻类的种类较多,淡水藻类的种类较少,硅藻是九段沙浮游植物的主要类群。

(2)九段沙湿地自然保护区内共有高等植物 17 种,均为被子植物,分属 7 科 15 属,其中双子叶植物 3 科 3 属 3 种,单子叶植物 4 科 12 属14 种。根据《中国植被》的植被区划,九段沙应属于亚热带常绿落叶阔叶林区域、东部(湿润)常绿阔叶林亚区域、北亚热带常绿、落叶阔叶混交林地带、江淮平原、栽培植被、水生植被区。九段沙植被地带性不明显,均为隐域性成分。九段沙的植物资源具有以下特点:一是种类和群落类型少,九段沙成陆时间很短,各植物群落都处于产生、发展、演替的最初阶段;二是快速演替,长江带来的大量泥沙在九段沙淤积,使得九段沙滩涂快速发育,加上适宜的环境条件,使九段沙植物区系和植被不断快速发展;三是自然性,九段沙人类干扰极少,除中沙部分区域有人为种植的互花米草外,大部分区域的植被演替都在自然状况下进行;四是植被结构简单性,由于九段沙的自然地理条件及其原生性、自然性等特征,造成了九段沙植被结构极为简单。

(3)九段沙湿地自然保护区的植被面积为 3 239.06 hm^2,其中我国特有种海三棱藨草群落面积 2 591.47 hm^2，是我国最大的分布区。九段沙植被生物量约为 $1.00×10^8$ kg。目前九段沙植被发育迅速，植被面积正以每年 210 hm^2 的速度增长。

（4）九段沙湿地自然保护区内曾记录到的浮游动物有 110 种，其中桡足类 54 种，枝角类 34 种，原生动物 4 种，轮虫 4 种，毛颚类 3 种，十足目 4 种，糠虾目 1 种。浮游动物主要为甲壳动物桡足类，常见种有火腿许水蚤、中华哲水蚤、中华窄腹剑水蚤、虫肢歪水蚤、中华胸刺水蚤、真刺唇角水蚤、汤匙华哲水蚤、广布中剑水蚤、中华原镖水蚤和近邻剑水蚤。另外，糠虾、中国毛虾和晶囊轮虫也在监测的水域内有分布。

（5）九段沙湿地自然保护区内曾记录到底栖动物为 130 种，涵盖了已发现的长江河口湿地中的大型与小型底栖动物种类的 98%。九段沙的底栖动物具有长江河口湿地底栖动物的典型代表性，对长江口底栖动物资源的可持续利用具有十分重要的意义。

（6）九段沙湿地自然保护区及附近水域曾记录到的鱼类共计 128 种，隶属于 18 目 48 科。其中鲈形目占鱼类总数的 33.6%，鲤形目占 12.5%，鲱形目占 8.6%，鲀形目占 7.0%，软骨鱼类占 3.9%，其他 13 目共占 38.3%。在所有的 48 科鱼类中，鲤科占 11.7%，鰕虎鱼科占 10.9%，鲀科占 7.0%，鲱科和银鱼科各占 6.3%；石首鱼科占 5.5%；其他 42 科共占 52.3%。九段沙水域的河口性鱼类和近海鱼类各约占 30%，淡水鱼类约占 20%，沿岸性鱼类约占 10%，过河口性产卵的洄游鱼类接近 10%。鱼类区系处于长江下游至东海鱼类区系的过渡类型，具有河口鱼类区系的显著特色。与我国东部其他河口性湿地的鱼类区系相比，九段沙鱼类区系不仅自身具有显著特色，同时也包含了其他许多南方和北方河口区种类。其鱼类区系中还包含着我国著名珍稀鱼类中华鲟、白鲟、花鳗、胭脂鱼、松江鲈等国家级重点保护野生动物，保护对象具有明显的稀有性。九段沙不仅为长江河口的所有河口性鱼类提供了适宜的生境，也为长江的许多淡水鱼类、东部沿海的沿岸鱼类和近海鱼类等提供了理想的索饵场所，同时也为长江 8 种江海洄游性鱼类提供了必需的洄游通道。

（7）九段沙湿地自然保护区曾记录到的鸟类共计 9 目 21 科 113 种。其中以鸻形目和雀形目的鸟类为主，分别占种类总数的 31.9% 和 31.0%。主要鸟类生态类群包括鸻鹬类、雁鸭类、鹭科鸟类、鸥科鸟类和雀形目鸟类。其中有 8 种国家二级保护鸟类，有 6 种鸟类被列入中国濒危动物红皮书。根据九段沙的植被状况和自然环境特征，鸟类栖息地可分为芦苇群落、海三棱藨草群落、互花米草群落、光滩和水域五种类型，其中光滩和水域是湿地鸟类的最重要栖息地。从九段沙鸟类的区系组成来看，该区域的鸟类以古北界鸟类为主，占北界的鸟类种数的 60.2%；古北界鸟类主要由旅鸟和冬候鸟组成。但是如果从九段沙的繁殖鸟类（留鸟和夏候鸟）来看，东洋界鸟类占繁殖鸟类种数的 53.4%，从九段沙繁殖鸟类的区系组成来看，东洋界鸟类占绝对的优势。这种情况表明，九段沙位于古北界和东洋界的过渡区域，该区域的鸟类具有古北界和东洋界鸟类的双重特征。

（8）由于九段沙形成历史较短，植被结构简单，因此目前九段沙的鸟类种类较少，但鸟类的数量较大。九段沙所在区域既是我国东部候鸟迁徙路线的中点，也是候鸟东亚—澳大利亚迁徙路线的中点。每年迁徙季节，大批候鸟在此停歇，补充食物和能量，以完成长距离的迁徙。因此，该区域是鸟类顺利完成长距离迁徙所需的重要中转站。另外，九段沙也是鸟类重要的越冬地。因此，九段沙是迁徙鸟类完成其完整的生活史过程所必不可少的栖息地。另外，九段沙有 7 种涉禽的数量达到国际重要湿地的标准，在湿地生态系统的保护上具有国际意义。由于九段沙为长江河口湾区域，乃至我国沿海区域少有的基本保持了原生湿地生态系统特征的区域，人类活动干扰较少，丰富的底栖动物可为鸟类提供充足的食物，因此九段沙可为鸟类的栖息提供优越的条件。随着九段沙滩涂面积的不断增加，九段沙将为湿地鸟类提供更为广阔的栖息地。同时，滩涂的淤涨也将使九段沙植被群落类型更加多样化，可为更多的鸟类提供优越的栖息环境。因此，未来九段沙鸟类的种类和数量都将不断增加，在湿地鸟类的保护上，九段沙具有巨大的潜在价值。

二、上海崇明东滩鸟类国家级自然保护区

1. 地理位置

崇明东滩位于长江入海口，中国第三大岛崇明岛的最东端，其地理位置为 31°25′—31°38′ N，121°50′—122°05′ E；处于被世界自然基金会（WWF）列为具有国际重要意义生态敏感区——长江河口与东海形成的"T"形结合部的核心部位，为亚太候鸟南北迁徙的重要通道，地理位置十分重要。

图 2-6 上海崇明东滩鸟类国家级自然保护区的地理位置

　　按照上海市人民政府 1998 年 11 月的批准文件，崇明东滩自然保护区的法定范围为南起奚家港，北至北八滧港，西以 1998 年和 2001 年建成的围堤为界限，东至吴淞标高零米线外侧 3 000 m 水线为界，仿半椭圆形航道线内属于崇明岛的水域和滩涂，面积 24 155 hm²，其中水域面积 9 112 hm²。

2. 建区历史

　　（1）在上海各高校和各部门专家的大量研究基础上，20 世纪 90 年代初上海市农林局组织有关部门对崇明东滩建立自然保护区开展了建区论证的前期研究工作。1990 年，上海师范大学虞快、孙振华在《上海环境科学》正式提出建立"崇明东滩候鸟自然保护区"的设想。1991 年，由上海市建委、市环保局、国家海洋局东海分局、市农林局联合成立了"崇明东滩鸟类自然保护区"规划组，进行建区论证研究；1995 年，针对崇明东滩鸟类自然保护区建区工作停滞不前的状况，中国科学院郑作新院士、北京师范大学郑光美院士等 10 余名国内鸟类研究及湿地保护专家联名写信给国务院领导及市政府，强烈呼吁在崇明东滩建立自然保护区，以加强国际迁徙候鸟及其栖息地的保护和管理。随后国务院领导和上海市政府领导先后对专家的信函做出了重要批示，直接推动了崇明东滩建立自然保护区的前期工作。1997 年 11 月，按照市政府办公厅的意见，市农林局会同有关部门开始编制建区论证报告，并开展了建区规划调研。1998 年 11 月，市政府正式批准同意在崇明东滩建立自然保护区；1999 年 4 月，上海市机构编制委员会正式批准建立崇明东滩鸟类自然保护区管理处。1999 年 7 月，在协调有关国际组织的基础上，崇明东滩被正式列入东亚—澳大利亚涉禽保护区网络。

　　（2）崇明东滩的保护和可持续管理还得到了国家有关部门的高度重视和关注。在 1992 年颁布的《中国生物多样性行动计划》中崇明东滩被列为具有国际意义的 A2 级湿地生态系统类型；在 2000 年国务院 10 部委联合发布的《中国湿地保护行动计划》中，崇明东滩被列入中国重要湿地名录。2002 年 1 月，经上海市人民政府同意，中国政府提名，崇明东滩正式被指定为国际重要湿地，国际地位和影响力日益提升。2003 年，崇明东滩开始申报国家级自然保护区。2005 年 7 月，崇明东滩申报国家级自然保护区获得批准。2006 年 10 月，国家林业局又正式确认崇明东滩鸟类国家级自然保护区为全国 51 个示范自然保护区之一，并将其列入国家林业局编制的《全国林业系统自然保护区发展规划》重点建设自然保护区之一。

3. 保护价值

（1）崇明东滩滩涂辽阔，拥有丰富的底栖动物和植被资源，具有相当可观的生物多样性价值。崇明东滩位于鸟类迁徙的东亚—澳大利亚迁徙路线的中间地带，每年都有数百万只候鸟在此经过或停歇，因此，崇明东滩是亚太候鸟南北迁徙的重要通道与栖息地。

（2）崇明东滩还具有重要的科研作用。由于长江所携带的大量泥沙淤积于此，崇明东滩正处于快速淤涨发育的阶段，目前仍以每年 140 m 左右的速度向外延伸。以其独特性，崇明东滩被世界自然基金会（WWF）列为具有国际重要意义的生态敏感区，因此研究崇明东滩对探讨长江口河口发育、植被演替、生物入侵乃至全球变化等一系列科学问题具有重要意义。

（3）崇明东滩作为河口型湿地，还提供了气体调节、气候调节、水调节、养分循环、文化娱乐等其他生态服务，根据赵斌等（2004）的估算，2000 年崇明东滩所提供的生态服务功能价值高达 9.95 亿元。

（4）崇明东滩的重要作用已经引起了国内外的高度重视。《中国生物多样性行动计划》和《中国湿地保护行动计划》都已分别确认崇明东滩为具有国际意义的二级湿地生态系统类型和国际重要湿地。1999 年 7

月，湿地国际亚太组织正式接纳崇明东滩为"东亚—澳大利亚涉禽保护网络"成员单位；2002 年 1 月崇明东滩被湿地国际秘书处正式确认为"国际重要湿地"，成为我国 21 块致力于全球湿地和迁徙水鸟保护的国际重要湿地之一。

（5）崇明东滩因其重要价值，经过多年的研究和论证，1998 年 11 月经上海市人民政府正式批准建立上海市崇明东滩鸟类自然保护区，2005 年 5 月经国务院批准成立上海崇明东滩鸟类自然保护区，成为上海市仅有的两块国家级自然保护区之一，其主要保护对象为迁徙水鸟、珍稀鸟类及其栖息地，属野生动物类型自然保护区。

4．生物资源

（1）崇明东滩地处海洋、河流和陆地的交汇区域，表现出强烈的界面效应，生物多样性极为丰富。

（2）崇明东滩及长江口地区位于亚太候鸟迁徙路线（东线）的中段，涉及东北亚鹤类迁徙路线、东亚雁鸭类迁徙路线、东亚—澳大利亚鸻鹬类迁徙路线。近年来的环志和彩色旗标系放的研究结果表明，崇明东滩是鸻鹬类等候鸟停歇、补充能量的重要迁徙停歇地，对于候鸟完成长距离的迁徙活动具有不可替代的作用。在每年的迁徙季节，有 50 余种数 10 万只的鸻鹬类在崇明东滩停歇并补充能量。另外，每年冬季有近 5 万只雁鸭类在崇明东滩越冬。

（3）根据文献资料和近年来的调查，崇明东滩的鸟类有 298 种，其中国家一级重点保护野生鸟类 4 种（东方白鹳、白头鹤、黑鹳和白尾海雕），国家二级重点保护野生鸟类 37 种，如黄嘴白鹭、黑脸琵鹭、白琵鹭、小天鹅、鸳鸯、灰鹤、白枕鹤、小杓鹬、小青脚鹬等，有 22 种鸟类列入中国濒危动物红皮书（图 2-7）。

中杓鹬　　　　　　　　　环颈鸻

大滨鹬　　　　　　　　　红腰杓鹬

蒙古沙鸻　　　　　　　　金框鸻

图 2-7　崇明东滩种群数量超过全球 1%的鸻鹬类

（4）根据湿地公约《国际重要湿地名录》制定的标准，如果一个区域的某种水鸟数量达到该鸟类所在种群数量的 1%，则该区域在水鸟保护上具有国际重要意义。据调查，崇明东滩至少有 9 种鸻鹬类的数量超过崇明东滩所在的东亚—澳大利亚鸟类迁徙路线上全部种群数量的 1%

标准。白头鹤、黑脸琵鹭、花脸鸭等在崇明东滩的停歇或越冬数量都已经达到了全球种群数量1%标准。

（5）在《中日保护候鸟及其栖息环境协定》中，列出共同保护的鸟类有227种，来往于崇明东滩鸟类有160种，占协定中鸟类种类的71%；在《中澳保护候鸟及其栖息环境协定》中，列出共同保护的候鸟有81种，来往于崇明东滩的鸟类有52种，占协定中鸟类种类的64%。由此可见，崇明东滩在鸻鹬类的保护上具有国际重要意义。

（6）鱼类202种（包括附近区域），其中国家一级保护动物有中华鲟，历史记载有分布的还有国家一级保护动物白鲟、国家二级保护动物松江鲈鱼和胭脂鱼。崇明东滩及其邻近的水域是古老的中华鲟幼鱼重要的育肥区，许多重要的水生经济动物如鳗鲡、中华绒螯蟹的重要生活史（觅食、繁殖、幼体育肥和适应）都要依赖这一特殊水域。

（7）浮游植物和浮游动物分别为180种和170种，大型底栖动物335种，昆虫100多种。

5. 主要特征

（1）新生且快速发育。由于每年有大量泥沙在崇明东滩沉积，导致滩涂快速发育。总体上而言，近几十年中，崇明东滩的滩涂高程持续抬高，不断有新的滩涂露出水面，滩涂也不断向海的方向延伸，植被面积也随之快速增加，生物群落快速演替。目前崇明东滩的生物群落仍然处于快速发育和演替中。历史资料表明，1992年大堤外的滩涂露出水面的时间不超过50年。因此，崇明东滩的自然生态系统具有新生性与快速发育这一显著特点。

（2）复杂而多样。崇明东滩湿地是典型的河口盐沼湿地，地处海洋、河流和陆地的交汇区域，表现出强烈的界面效应，同时受到江河径流、海洋潮汐以及多种气候因子的影响，因此，环境多变复杂，具有多种类型的生境，生物多样性也极为丰富。因此，崇明东滩的生态环境具有复杂性和多样性。

（3）脆弱而敏感。由于河口湿地受到了高盐度与长期淹水等环境因子的影响，环境胁迫较大，因此，植物群落结构和物种组成通常也比较简单，这类生态系统往往对外来干扰较为敏感，也易于受到干扰的影响。因此，崇明东滩的生态环境还具有脆弱性和敏感性。

（4）受到了一定的威胁。近几十年，随着长三角地区社会经济发展和城市化进程加剧，长江河口湿地受到了多重威胁，包括物理的（如围垦、航道整治和上游大坝修建等）、化学的（如来源于流域污染和就近污水排放等）、生物的（如外来种入侵）、捕捞的（如各种非法网具的滥捕）和全球气候变化（如温度升高、海平面上升等）。对崇明东滩而言，目前最主要的威胁在于互花米草入侵、围垦与滩涂经济活动。各种干扰已经使东滩鸟类的生存受到了严重威胁。

三、上海市金山三岛海洋生态自然保护区

1. 地理位置

金山三岛位于杭州湾北缘，地理位置在东经 121°24′—121°25′，北纬 30°41′—30°42′。距金山嘴海岸约 6.6 km。该保护区由核心区大金山岛和缓冲区小金山岛、浮山岛以及三岛邻近海域 0.5 海里范围内区域组成。大金山岛东西约 1 km，南北约 0.3 km，海拔高度为 103.6 m；小金山岛东西 0.5 km，南北 0.2 km，海拔高度为 32 m；浮山岛南北 0.35 km，东西 0.15 km，海拔高度 31 m。三岛面积共 0.45 km^2。岛上除了少数的建筑物外，均为树木、竹林、灌木丛和草地，岛上的植被基本保持半自然状态。

图 2-8 金山三岛海洋自然保护区的地理位置

2. 建区历史

上海市金山三岛海洋生态自然保护区（以下简称金山三岛保护区）是上海地区环境质量最好的区域，仍保留着较好的半原始状态的生态环境和生物物种资源。上海市人民政府于 1991 年 10 月批准其为市级海洋类型保护区，1997 年 3 月 2 日上海市人民政府第 38 号令颁布《上海市金山三岛海洋生态自然保护区管理办法》，根据"严格管理与适度开发相结合"的原则，特制定"上海市金山三岛海洋生态自然保护区保护规划"。

3．保护价值

金山三岛是目前上海地区污染程度最轻的地区。该区域可作为上海市环境质量状况的原始本底，来衡量城市工业化和人类活动所带来的影响，并监控人类对环境的影响程度。岛上的生物资源丰富，尤其是生长着良好的天然植被，其中不少苔藓、地衣属不耐污的种类，在大陆已经绝迹，可作为环境变化的指示物种。金山三岛的植被种类繁多，区系成分比较复杂，还有列入国家二级和三级的保护植物种类，是上海地区植物的一个天然基因库。

4．生物资源

（1）大金山岛上的土壤因为受其独特、封闭的自然条件影响而有别于上海陆地的大部分地区，至今仍保留着上海地区早已绝迹的原始植被——中亚热带地带性植被。山上植被主要由三片林区构成，为青冈林、红楠林和竹林。它的土壤是较典型的黄棕壤。属于棕壤和黄壤的过渡类型。

（2）保护区的保护对象主要是典型的中亚热带自然植被类型树种、落叶阔叶混交林、昆虫及土壤有机物、野生珍稀植物材种、近江牡蛎（*Ostrea rivularis*）等。

（3）金山三岛有 98 科 224 种高等植物，其中 63 种植物在上海市的其他地区已经灭绝，主要植被类型为亚热带常绿阔叶林、常绿落叶阔叶混交林，主要建群种为日本野桐、花竹、毛竹、青冈、红楠等。

四、上海市长江口中华鲟自然保护区

1．地理位置

中华鲟自然保护区位于长江入海口，西起崇明东滩已围垦大堤，北至八滧港，南起奚家港，东至吴淞标高 5 m 等深线，以水域为主，还包括潮上滩、潮间带滩涂和部分露出水面的湿地和浅滩等陆地。总面积为69 600 hm²。

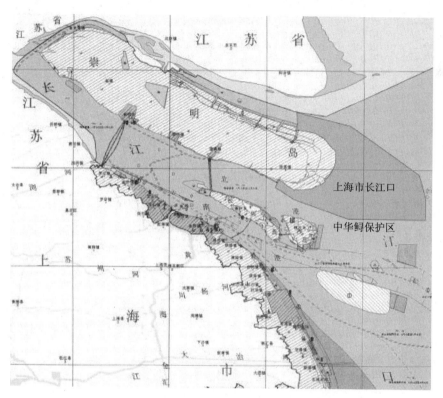

图 2-9　长江口中华鲟自然保护区的地理位置

2. 建区历史

由于长江口水域在保护国家一级保护野生动物中华鲟物种上的特殊地位，长期以来受到了各方的密切关注。早在 20 世纪 80 年代，上海市人大代表就提出了建立长江口中华鲟保护区的议案。90 年代，原上海市水产局组织了中国水产科学研究院长江水产研究所、东海水产研究所、上海水产大学等有关科研单位和高等院校的科研力量进行了建立保护区的前期可行性研究。2002 年，上海市人民政府批准成立上海市长江口中华鲟自然保护区（以下简称"保护区"），保护区的科学考察作为保护区的建设和管理以及日后申报国家级保护区的一项重要基础性工作，在保护区成立之初就受到了保护区管理处的高度重视，被列为主要任务之一。2004 年，保护区管理处委托中国水产科学研究院东海水产研究所完成了《上海市长江口中华鲟自然保护区总体规划》的编制，同年，在上海市农业委员会、上海市财政局的大力支持下，保护区管理处委托东海水产研究所启动了"长江口中华鲟自然保护区基本调查与监测"的本底调查工作。2005 年，继续开展了"长江口中华鲟自然保护区生态环境监测与数字化平台技术前期研究"。2006—2007 年相继开展了"长江口中华鲟自然保护区生态环境监测及其生态系统结构特征的基础研究"；在此期间，中国水产科学研究院东海水产研究所还承担和完成了国家自然科学基金重大项目《长江口重要生物类群对关键栖息地的水文和水力学条件需求》、国家科技部科技基础条件平台专项——《长江口湿地水域生态系统监测及水质净化评估》、《东海水产种质资源标准化整理、整合与共享》、《北港北沙促淤工程项目周边水生生态环境和渔业资源调查和影响分析》等在保护区水域实施的相关科研任务。

3. 保护价值

（1）代表性。由于上海市长江口中华鲟自然保护区地处长江入海口，地理位置十分独特，是典型的河口海岸湿地，保护区内部分区域仍然保持原始生境状态，被认为是长江口地区除九段沙外唯一一块保留自然状态的最大湿地。该生态系统既呈现了陆域生态系统的特征，又表现出了水域生态系统的特点，是长江口地区独特的自然环境和最具有代表性的区域。保护区区域内的浮游生物、底栖动物和鱼类等的记录几乎涵盖了长江河口的所有种类，其组成、区系和特点基本代表了长江河口湿地生物多样性的特征。

（2）自然性。上海市长江口中华鲟自然保护区所处的崇明东滩是长江口地区唯一且最大的、仍保持自然本底状态的湿地。保护区内生态环境适宜生物的生长繁殖。根据人为影响的程度来判断，其核心区基本属于完全自然型湿地，而实验区和缓冲区属于受扰型湿地，值得关注的是保护区北港北沙区域为长江河口地区的一块处于发育阶段的新生沙洲，现阶段受人为影响较小。在上海这一高度发达的现代化城市中，还能保存有如此完整、缺乏人工痕迹的河口湿地是十分难得的。

（3）多样性。上海市长江口中华鲟自然保护区境内拥有丰富多样的生态环境，如大面积的水域、潮间带泥滩、芦苇带、藨草群落等，物种多样性十分丰富。保护区内有高等植物 122 种、鸟类 288 种、鱼类 329 种、浮游植物 173 种、浮游动物 75 种、底栖动物 65 种、水生哺乳类 15 种、两栖爬行类 12 种，表明保护区具有较高的生物多样性指数。

（4）稀有性。上海市长江口中华鲟自然保护区所处的崇明东滩湿地是我国为数不多的咸淡水河口湿地，同时也是上海唯一一块未完全开发的原始土地。保护区区域内生活着大量的珍稀濒危动物，其中珍稀濒危鱼类 5 种：国家一级保护动物 2 种（中华鲟、白鲟），国家二级保护动物 3 种（花鳗、胭脂鱼、松江鲈）；鸟类中列入《濒危野生动植物种国际贸易公约》（CITES）的有 29 种，国家一级保护动物 3 种（东方白鹳、黑鹳、白头鹤），国家二级保护动物 35 种；在长江口邻近水域出现过或有搁浅记录的水生哺乳类共有 15 种，包括鲸目的须鲸亚目 3 种，齿鲸亚目 11 种，食肉目的鳍足类 1 种，其中除中华白海豚（*Sousa chinensis*）和白鳍豚（*Lipotes vexillifer*）为国家一级重点保护野生动物外，其他均为国家二级重点保护野生动物。长江口是国家一级重点野生保护动物——中华鲟成熟亲鱼溯河洄游和幼鱼降海洄游的唯一通道，保护区所处的崇明东滩水域，是中华鲟幼鱼入海前唯一的摄食肥育和生理适应性调节场所，该水域对中华鲟物种的保护具有极其重要的意义。

（5）脆弱性。近年来，由于崇明东滩滩涂围垦和水利工程的影响，造成生态系统的不完整性，人类活动的加剧也造成部分地区生态退化严重，导致生物多样性指数降低，对保护区的自然环境和生态平衡构成了很大的破坏和威胁，这种破坏虽然能够通过生态系统自身的调节恢复，但速度非常缓慢。上海市长江口中华鲟自然保护区现主要受滩涂围垦、捕捞作业、偷猎鸟类、牛群放牧等人类活动的影响，其中捕捞作业对中华鲟的影响最为严重。另外，保护区内由于鱼类资源丰富，每年长江口均形成对鳗苗、蟹苗、凤鲚、刀鲚等的掠夺性捕捞，这种行为不仅对水生生物资源造成了干扰和威胁，造成资源急剧下降，同时也对中华鲟幼鱼的栖息、生长和洄游造成严重的影响。

（6）科学性。上海市长江口中华鲟自然保护区是一个典型的、群落演替成熟的滨海湿地，是研究河口自然地理、水文、生物多样性、环境监测等学科的天然研究基地，为研究河口地区自然环境的发生、发展、演变规律及其内在机制和河口湿地生态系统的结构和功能提供了条件。另外，保护区作为中华鲟幼鱼唯一的天然集中栖息场所，是中华鲟物种保护上最为重要的一环，通过对中华鲟幼鱼在长江口保护区内的栖息、分布、生长、摄食、洄游习性等生活史中相关环节的研究，可完善对于中华鲟这一物种生活习性的了解，为更好地保护这一濒危珍稀物种提供极其重要的科学价值。

4．生物资源

由于保护区地处北亚热带的南缘，植被类型反映了该地理区域的实际情况。但是由于保护区内的东滩是新淤涨形成的滩涂，从水中逐渐露出水面，又不断地抬高。因此，随着地形的增高，植被又处在不断地演替的初始阶段，植物的种类比较少，但随着时间的推移，保护区植物的种类会不断地增加。

（1）主要植被介绍。

①浮游植物：浮游植物6门173种。其中硅藻的种类最多，其次为绿藻，蓝藻门11种，甲藻门11种，裸藻门和黄藻门各2种。春、夏、秋、冬四季出现的种类数分别为99种、90种、82种、89种，秋季种类数较少。涨潮出现的种类147种，略多于落潮种类137种。

②自然保护区植被：潮上带、潮间带及潮下带滩涂是保护区主要的湿地，由于滩面高程的不同，滩涂的各区域浸水的时间不同，由此形成不同的植被群落。从滩涂的最低处，也是最外面开始，主要分布有盐渍藻类、蕨草群落和芦苇群落；在高潮滩，主要生长有芦苇、糙叶薹草、互花米草；低潮滩生长有蕨草、海三棱蕨草；光泥滩上生长有盐渍藻类。互花米草是因固滩促淤引进的国外种类，生长十分迅速，有取代东滩当地物种的趋势。另外，互花米草密度极高，不但影响当地植被的生长，也对动物群落的发展有巨大影响。

③按一般规律，在中亚热带地区，由海堤向外，随着浸水时间和土壤盐分的增加，滩涂群落有规律的交替出现，其顺序依次为：白茅群落、结缕草群落、芦苇群落、糙叶薹草群落、蕨草群落、海三棱蕨草群落、藻类群落。但在崇明东滩，白茅群落已很罕见，结缕草群落、糙叶薹草群落、蕨草群落面积也比较小，芦苇群落、海三棱蕨草群落、藻类群落占绝对的优势。

（2）主要动物资源介绍。

①浮游动物：共鉴定出浮游动物种类5门12大类75种，其中以甲壳动物占绝对优势，共8大类64种，而桡足类为浮游动物的主要大类，共37种。种类组成有明显的季节变化，并受潮汐的影响明显。春季种类数最多（37种），夏季36种，冬季32种，秋季种类数最少，为26种。本区浮游动物以低盐近岸生态类型和半咸水河口生态类型为主，辅以少量淡水种和广温偏低盐生态类型。

②底栖动物：共鉴定出底栖动物种类6门65种，其中底泥中鉴定出

5门15种，种类较为贫乏。其中环节动物门6种，软体动物门4种，棘皮动物门和节肢动物门各2种，纽形动物门1种，春季底泥出现种类6种，夏季11种，秋季9种，冬季8种。调查水域底栖动物大致可分为4种生态类型，即淡水生态类型、河口半咸水生态类型、近岸生态类型和广盐性生态类型，其中以河口半咸水生态类型和近岸生态类型占优势。

③昆虫：经初步调查，在保护区共有昆虫103种，隶属12目50科。其中直翅目5科17种；半翅目7科11种；蜻蜓目3科3种；鞘翅目10科25种；鳞翅目14科29种；膜翅目4科4种；双翅目6科8种；革翅目1科1种；同翅目2科2种；脉翅目1科1种；螳螂目1科1种；螳螂目1科1种。由于保护区的植被正处于演替的初级阶段，昆虫的种类并不算很多。随着植被的演替，保护区的昆虫种类会不断地增长。

④鱼类：本调查中共采集到潮下带、潮间带鱼类59种，而根据历史记载，长江河口水域共有鱼类329种，隶属于29目、106科，其中软骨鱼类5目、16科、34种。其中鳐目种类较多为19种，其次真鲨目种类9种，角鲨目、鼠鲨目、扁鲨目的种类数相对较少。保护区水域中的鱼类可分为淡水种类、海水种类、河口咸淡水种类和洄游性种类。保护区水域是国家一级保护动物——中华鲟的主要栖息地，另外还栖息分布有白鲟、胭脂鱼和松江鲈3种国家级野生保护鱼类。另外，保护区水域还分布有刀鲚、凤鲚、中国花鲈、鲻、鲅等10余种经济鱼类，同时还是蟹苗、鳗苗的主要捕捞场。

图2-10　主要保护对象——中华鲟

⑤鸟类：途经和停留在保护区的鸟类十分丰富。经历年调查，记录到崇明东滩途经、停留的鸟类共288种，隶属于17目50科，其中在生态上完全依赖于湿地生境的水鸟总计138种，分别隶属于潜鸟目、鹏鹈目、鹈形目、鹳形目、雁形目、鹤形目、鸻形目、鸥形目和佛法僧目等，其余非水鸟类为150种，其中雀形目鸟类114种。从鸟类的季节型组成分析，旅鸟133种，冬候鸟91种，夏候鸟33种，三者合计257种；留鸟的比例最小，仅31种。从鸟类的地理型组成分析，保护区鸟类以古北界鸟类为主，共计168种；广布型和东洋界鸟类分别为61种和59种。但繁殖鸟类中，东洋界中38种，广布型18种，而古北界鸟类只有8种。因此，繁殖鸟类中东洋界种占绝对优势。国家重点保护鸟类有38种，其中列入国家一级保护鸟类的有3种，即东方白鹳、黑鹳和白头鹤；列入国家二级保护鸟类的有35种，有15种鸟类被列入《中国濒危动物红皮书》的水鸟名录中。

⑥水生哺乳类：在长江口邻近水域出现过或有搁浅记录的水生哺乳类共有15种，包括鲸目的须鲸亚目3种，齿鲸亚目11种，食肉目的鳍足类1种，其中除中华白海豚和白鳍豚为国家一级重点保护野生动物外，其他均为国家二级重点保护野生动物。

第三章 湿地生态系统保护与利用

湿地是一种重要的自然资源，是水陆相互作用形成的特殊自然综合体，是具有多种功能的独特景观类型，它与森林、荒漠、草原和海洋等一样，是地球生态环境的重要组成部分之一。在世界自然资源保护联盟（IUCN）、联合国环境规划署（UNEP）和世界自然基金会（WWF）编制的《世界自然保护大纲》中，湿地与森林、海洋被一起并列为全球三大生态系统，而淡水湿地更是被称作濒危野生生物的最后集结地。

第一节 湿地生态系统特征

一、湿地概念和分类

1. 湿地概念的界定

湿地是一种处于陆地生态系统（如森林、草地）与水生生态系统（如深水湖、海洋）之间重要生态系统，是水、陆生态系统之间的生态交错带（Ecotone），兼具二者属性，但又具有自己的特性。

由于湿地分布的广泛性、类型的多样性、水文条件的差异性，以及研究的侧重性等原因，导致对湿地进行精确定义是比较困难的。近一个世纪以来，诸多学者先后从研究角度、研究目的、研究手段及所在国情出发，给湿地下了不少定义，反映了湿地研究作为新兴学科的特点。到目前为止，仅学术界就大约有 50 种定义（Dugan，1999），且都比较流行，但严格的湿地定义应该是对湿地本质特征的抽象，是唯一的。遗憾的是目前还没有一个能全面揭示湿地固有内涵、为学术界和管理部门公认的定义，或者说定义尚有很大的争论。总体来看，按定义的性质不同，将其分为广义和狭义两种。

狭义定义把湿地看做陆地与水生生态系统的生态过渡带。1956 年美国鱼类与野生动物服务局（US Fish & Wildlife Service，FWS）对湿地定义为："湿地表面暂时或永久有浅层积水，以挺水植物为其特征，包括各种类型的沼泽、湿草地、浅水湖泊，但是不包括河流、水库和深水湖泊。"1979 年在《美国的湿地深水栖息地的分类》一文中，重新给湿地定义为："湿地是指陆地生态系统和水域生态系统之间的转换区，其地下水位通常达到或接近地表或处于浅水淹没状态。湿地至少具有以下一个或几个属性：水生植物占优势，基底以排水不良的水成土为主，长期或季节性被水淹没。其中包括湖泊低水位时水深 2 m 以内的地带。"这意味水深超过 2 m 的湖泊不能纳入湿地的范畴。并依此定义将世界湿地划分为 20 多个类型。目前，这个定义被许多国家的湿地研究者所接受。

1979 年加拿大湿地保护机构（Zoltal）把湿地定义为："被水淹或地下水位接近地表或湿润时间足以促进湿成或水成过程并以水成土壤、水生植被和适应潮湿环境的生物活动为标志的土地。"加拿大学者认为："湿地是一种土地类型，其主要标志是土壤过湿、地表积水但小于 2 m、土壤为泥炭土或潜育化沼泽土，并生长水生植物。水深超过 2 m 的，因无挺水植物生长，则算作湖泊水体。"

英国学者认为："湿地是受水浸润的地区，具有自由水面，常年积水或季节积水，自然湿地主要控制因子是气候、地质、地貌条件，人工湿地还有其他控制因子。"

日本学者认为："湿地的主要特征首先是潮湿，其次是地面水位高，三是一年中某段时间土壤处于水饱和状态。土壤渍水导致特征植物发育。"

中国早在 2000 年前就有湿地的记载和简单描述，而系统的湿地研究则始于新中国成立后 50 年代，起步较晚，暂时多采用狭义的定义。目前我国学者基本接受的湿地的定义为："陆缘为含 60%以上湿生植被区，水缘为海平面以下 6 m 的水陆缓冲区。包括内陆与外流江河流域中自然的或人工的，咸水的或淡水的所有富水区域（枯水期水深 2 m 以上的区域除外）；不论区域内的水是流动的还是静止的，间歇的还是永久的。"也有学者认为："湿地是地球表层的一种水域和陆地之间过渡的地理综合体，它具有 3 个相互关联、相互制约的基本特征：有喜湿生物栖息活动，地表常年和季节积水，土壤严重潜育化。"

总之，狭义的湿地定义强调湿地生物、土壤和水文彼此作用，强调三大因子同时存在，即湿生或水生植被、水成土以及季节性或常年淹水。那些枯水期水深超过 2 m，水下或水面已无植物生长的明水面和大型江河的主河道则不算作湿地。这种定义符合湿地处于水陆过渡带特殊地位的特征，反映了湿地生境多样性的典型特点。但狭义的定义过于严格强调湿地的本质特征，而在湿地的保护和管理上也存在一些实践问题。

1971 年的《关于特别是水禽栖息地的国际重要湿地公约》（简称《拉姆萨尔（Ramsar）公约》或《湿地公约》）给出了广义的湿地定义。所有《湿地公约》的缔约国必须接受这个定义，严格说它更像一个跑马圈地式的定义，只是告诉人们什么可以划为湿地，并不指出湿地共同的本质特征。其第 1 条第 1 款指出："湿地是指天然或人工，长期或暂时之沼泽地、泥炭地，带有静止或流动的淡水、半咸水或咸水的水域地带，包括低潮时水深不超过 6 m 的滨岸水域。"（林业部野生动物和森林保护司，1994）。接着在第 2 条第 1 款规定："可以包括邻接湿地的河湖沿岸，沿海区域以及湿地范围的岛屿或低潮时水深不超出 6 m 的水域。"

按照景观生态学的原理，陆地可以看做是湿地镶嵌的背景基质，沼泽、湖泊、稻田等是这个背景中一个个富水的斑块，溪流、江河、沟渠等是联系这些斑块之间的水力联系的廊道。水的循环是湿地与背景基质、大气和海洋之间的物质交换的基本方式，它把湿地这一遍布全球的生态系统联系在一起，任一地点湿地发生退化和丧失，都会直接或间接影响到其他地点的湿地状况。

综合以上湿地的定义，狭义的定义是指水饱和或浅水、水成土和水生植被三者都具备的土地，强调把湿地看做陆地生态系统与水生生态系统的过渡带（Ecotone），如美国 1956 年的定义。广义的定义主要是指只要三者中水文条件具备即可，如《湿地公约》的定义。狭义定义有利于强调湿地的本质特征，广义定义则利于湿地管理者划定管理边界，且有利于建立流域联系，以阻止和控制人为破坏。但现在看，狭义的湿地定义显偏窄而广义的湿地定义又太宽泛，二者各有其片面性。在不同场合分别使用不同的定义虽能满足保护和管理的需要，但也容易引起争论和纠纷。因此，对湿地定义应在揭示这一生态系统的独特自然属性的同时，又可以确定湿地的边界；既方便人们认识湿地，又有利于湿地的保护管理。

2. 湿地类型的划分

湿地类型的划分是湿地研究的基础工作，也是湿地保护、管理和利用的重要决策依据。应该在充分认识湿地本质特征、综合分析其属性后进行归纳整理后进行科学划分。但由于湿地的分布广、地域性差异大、环境复杂、类型繁多、对湿地认识不足等原因，目前尚难做出被普遍接受的分类方案。和湿地的定义一样，湿地分类体系也是多种多样的。

按照分类的依据，将湿地分类法分为成因分类法、特征分类法和综合分类法 3 类。其中成因分类法以 Cowardin（1979）提出的分类方法最具影响力。由于其分类方法具有分类全面易于操作等优点而成为美国湿地资源等级和管理的基础。Brinson（1993）提出了一种新的湿地分类方法——水文动力地貌学分类法，国内学者也已开展了特征分类法研究。国内倪晋仁等（1998）是最早提出综合分类法的学者。

国际《湿地公约》的湿地分类体系是根据 Dugan（1990）等人的意见并经国际湿地公约局批准制定的。这一分类体系将湿地生境分为如下类型（见表 3-1）：

表 3-1 《湿地公约》的湿地分类体系

湿地类	湿地型	亚型	湿地体
咸水湿地	海域	潮下	1. 低潮时水深不足 6 m 的永久性无植物生长的浅水水域
			2. 潮下水生植被层
			3. 珊瑚礁
		潮间	1. 岩石海滩
			2. 碎石海滩
			3. 潮间无植被的泥沙和盐碱滩
			4. 潮间有植被的沉积滩，包括大陆架上的红树林
	河口	潮下	河口永久性水域和三角洲河口系统
		潮间	1. 具有稀疏植物的潮间泥、沙或盐碱滩
			2. 潮间沼泽：包括盐碱草甸、潮汐半淹水沼泽和淡水沼泽
			3. 潮间有林湿地：包括红树林、聂帕桐和潮汐淡水沼泽林
	泻湖		半咸至咸水湖，有一个或多个狭窄水道和海相通
	盐湖	内陆排水区	永久性和季节性的盐水或碱水湖泥滩和沼泽
淡水湿地	河流	永久性的	1. 永久性的河流和溪流，包括瀑布
			2. 内陆三角洲
		暂时性的	1. 季节性和间歇性流动的河流和溪流
			2. 河流洪泛平原
	湖泊	永久性的	1. 永久性的淡水湖（8 hm^2 以上），包括遭季节性或间歇性淹没的湖滨
			2. 永久性淡水池塘（8 hm^2 以下）
		季节性的	季节性淡水湖（8 hm^2 以上），包括洪泛平原湖

湿地类	湿地型	亚型	湿地体
淡水湿地	沼泽	非林地的	1. 无机土壤上的永久性淡水沼泽
			2. 永久性的泥炭沼泽
			3. 无机土壤上的季节性淡水沼泽
			4. 泥炭地，包括灌木或苔藓和富营养泥炭地
			5. 高山和极地沼泽
			6. 周围有植物的淡水泉和绿洲
			7. 地热湿地
		有林的	1. 灌木沼泽：包括无机土壤上以灌木为主的淡水沼泽
			2. 淡水森林沼泽：包括无机土壤上季节性洪泛林地
			3. 有林泥炭地：包括泥炭森林沼泽
人工湿地		养殖	养殖池塘，包括鱼塘和虾塘
		农业	1. 池塘，包括农用池塘、蓄水池、小型水池
			2. 灌溉田和灌溉渠道，包括稻田、水渠、沟渠
			3. 季节性洪泛耕地
		采盐	盐池、蒸发池
		蓄水区	1. 开采，包括采石坑、取水坑、采矿池
			2. 废水处理区，包括污水处理场、沉淀池、氧化塘
		城市和工业水源地	1. 水库
			2. 水电坝

这个分类系统按照湿地的海、陆、人类活动作用形式不同，将湿地分为海岸湿地、内陆湿地和人工湿地三大类。根据地貌类型和各种作用过程，又将湿地划分为海域、河口、泻湖、湖泊、沼泽和人工湿地等类型。又根据潮汐高低、积水稳定性划分湿地亚型，湿地体是湿地亚型的更具体划分。此外，各国还可依据本国情况进行特定修改，如部分湿地类型可使用本土名称，也可将本国特有的湿地类型增加在其中。

美国 Cowardin 等学者（1979）提出的分类系统将湿地和深水系统首先分为生态特征类似的 5 大系统，再细分为亚系统、湿地类和亚类 4级体系。Tinner R. W.（1994）和 Mitsch W. J.（1986）采用系统、亚系统、类、亚类、主体型、特殊体 6 级体系将美国湿地分为 5 个系统（滨海湿地——Marine；河口湿地——Estuerine；河流湿地——Riverine；湖泊湿地——Lacustrine；沼泽湿地——Palustrine）、10个亚系统和55个类。

加拿大常用的全国湿地分类系统分三级（类、型、体），根据湿地生态系统的成因分成5类（藓类沼泽——Bog；草本泥炭沼泽——Fen；河、湖滨湿地或腐泥沼泽——Marsh；森林泥炭沼泽或湿地——Swamp；浅水湿地——Shallow water），根据湿地地表形态、模式、水源补给类型和土壤性状又分为70个湿地型，然后根据植被外貌再细分为更多的基本类型。

欧洲的学者把湿地主要分为4大类：芦苇沼泽（Reed Swamp）、腐泥沼泽（Wet Grassland Marshes）、泥炭沼泽（Fen）、苔藓沼泽（Bog或Moor）。

我国早期的湿地研究侧重沼泽和沿海滩涂，缺少将湿地作为整体概念研究的历史，因而缺少统一完善的分类体系。对于沼泽，黄锡畴（1980）按自然分异原则将其分为平原沼泽、高原沼泽和山地沼泽；《中国沼泽》从发生学角度，将其划分为富营养、中营养和贫营养三类；区域性沼泽研究中，出现各自分类依据和分类系统。如杨永兴（1988）从生态学观点出发，将三江平原沼泽按水文性质分为季节性积水沼泽和常年积水沼泽两类，根据微地貌差异，进一步划分出多丘沼泽、浮毯沼泽、浅洼沼泽和深洼沼泽4个亚类，最后，根据微地貌、沼泽植被以及有无泥炭堆积划分沼泽体。刘兴土（1997）提出沼泽综合分类，首先分为淡水沼泽及盐碱沼泽两大类，然后再划分为沼泽型、组、体。

湿地国际中国项目办事处依据我国实际情况，根据地质地貌条件、水分补给方式、植被类型及利用方式，结合《全国湿地资源调查与监测技术规程》（试用本）将全国湿地进行了分类，其划分标准见表3-2。

表 3-2　湿地国际中国项目办事处的湿地分类体系

湿地类	湿地型	标准
近海及海岸湿地	浅海水域	低潮时水深不超过 6 m 的永久性浅水域,植被盖度<30%,包括海湾、海峡
	潮下水生层	海洋低潮线以下,植被盖度≥30%,包括海洋湿地
	珊瑚礁	由珊瑚聚集生长而成的湿地
	岩石性海岸	底部基质 75%以上是岩石,少于 30%的植被盖度的硬质海岸,包括岩石性沿海岛屿、海岸峭壁
	潮间沙石海岸	潮间植被盖度<30%,底质以砂、砾石为主
	潮间淤泥海滩	植被盖度<30%,底质以淤泥为主
	潮间淹水海滩	植被盖度≥30%的盐沼
	红树林沼泽	以红树林植物群落为主的潮间沼泽
	泻湖	有一个或多个狭窄水道与海相通的湖泊
	河口水域	从近口段的潮区界（潮差为零）至口外的河海滨的淡水舍峰缘之间的永久性水域
	三角洲湿地	河口区由沙岛、沙洲、沙嘴等发育而成的低冲积平原
河流湿地	永久性河流	仅包括河床和低河漫滩
	季节性或间歇性河流	/
	洪泛平原湿地	河水泛滥时淹没的河流两岸地势平坦地区,包括河滩、泛滥的河谷、季节性泛滥的草地
湖泊湿地	永久性淡水湖	常年积水的淡水湖
	季节性淡水湖	季节性或临时性的洪泛平原湖
	永久性咸水湖	常年积水的咸水湖
	季节性咸水湖	季节性或临时性积水的咸水湖
沼泽和沼泽化草甸湿地	藓类沼泽	以藓类植物为主的盖度 100%的泥炭沼泽
	草本沼泽	植被盖度≥30%,以草本植物为主的沼泽
	高山和冻原湿地	包括分布在高山和高原地区的具有高寒性质的沼泽化草甸、冻原池塘、融雪形成的临时性水域
	灌丛沼泽	以灌木为主的沼泽,植被盖度≥30%
	森林沼泽	有明显主干,高于 6 m、郁闭度≥0.2 的木本植物群落沼泽
	内陆盐沼	分布于我国北方干旱和半干旱地区的盐沼,由一年生和多年生盐生植物群落组成,水含盐量达 0.6 以上,植被盖度≥30%
	地热湿地	由温泉水补给的沼泽湿地

湿地类	湿地型	标准
人工湿地	水库和蓄水池	—
	池塘	—
	鱼塘和虾塘	—
	盐池	—
	采土坑	—
	废水处理池	—
	稻田和水渠	—
	季节性泛滥可耕地	—
	运河	—

该标准将湿地分为 5 大类 34 种类型，比较适合我国的具体国情。其他的分类体系，如斯考特根据《湿地公约》的定义将天然湿地分为 30 类，将人工湿地分为 9 类，可以概括成河口、海域、河滩、沼泽和湖 5 大类系统。我国的郎惠卿等在《中国湿地研究》一书中根据湿地地貌条件、重要指示物种、发育环境将我国湿地划分为 13 种亚型。

另外，徐琪（1996）、蔡立（2006）根据人类活动的影响程度、形成条件、植被与土壤条件和地表水、地下水浸润状况提出了湿地的四级分类体系。陆健健（2005）、佟凤勤（1995）等，以及李波（2009）等也分别根据自己的研究经验和积累创立了湿地分类系统。

总结以上湿地概念和分类的结果，将主要的观点列表如下（表 3-3）。

表 3-3　湿地定义和分类的总结

方案	定义内容	特征	水深	分类
Circular（1939）	浅水和有时为暂时性或间歇性积水所覆盖的低地	浅水，暂时性间歇性积水；水禽生境	—	marshes, swamp, bogs, wet meadows, potholes, sloughs, bottomland, emergent vegetation

方案	定义内容	特征	水深	分类
《美国的湿地和深水生境分类》（1979）	处于陆地与水生生态系统的转换区，通常其地下水达到或接近地表，或者浅水淹没状态	周期性以水生植物生长为优势；地层以排水不良的水成土为主，土层为nonsoil，生长季节部分时间为水淹或水浸	—	系（高级单位）类（中级单位）型（基本单位）
美国军人工程师协会（1977）	指那些地表水和地面积水浸淹的频度和持续时间很充分，能够供养（正常环境下确实供养）那些适应于潮湿土壤的植被的区域	植被	—	灌丛沼泽（Swamps）腐泥沼泽（Marshes）藓泥炭沼泽（Bogs）
加拿大（1988）	水淹或地下水位接近地表，或浸润时间足够长，从而促进湿成或水成过程，并以水成土壤、水生植被和适应潮湿环境的生物活动为标志的土地	强调湿润土壤条件	—	湿地类（Class）湿地型（From）湿地体（Type）
英国（1991）	地面受水浸润的地区，具有自由水面。通常四季存水，但也可以在有限的时间段内没有积水。自然湿地控制因子是气候、地形和地质，人工湿地有其他控制因子	—	—	—
日本	湿地主要特征，首先是潮湿，第二是地下水位高，第三，至少一年的某段时间内，土壤处于过饱和状态	强调水分和土壤，忽略了植被现状	—	—

方案	定义内容	特征	水深	分类
Ramsar 公约	湿地是腐泥沼泽、泥炭沼泽、泥炭地或水体区域，不论是自然的还是人工的，永久的还是暂时的，水体不管是停滞的还是流动的，淡水还是咸水，包括那些深度在低潮时<6 m的海水区，都称为湿地	低潮时水深<6 m的海水区称为湿地	水深<6 m	分为海洋和滨岸湿地、内陆湿地、人工湿地三个组；下分35个湿地类型
佟凤勤等	湿地是陆地上常年或季节性积水（水深2 m以内，积水期>4 个月）和过湿的土地，并与生长、栖息的生物种群构成的独特生态系统	强调了湿地构成的三要素：积水、过湿地和生物群落	季节积水<2 m，积水期>4个月	—
李波等	湿地为水陆系统的过渡区，向陆地可到历史最高水位影响区（包括人工规划的行洪、滞洪区）；向水体中心可达最低水位<6 m的区域	从复合生态系统"边际"概念来区分	最低水位<6 m	浅水湖泊以及大多数平原型湖泊整体属于湿地概念之范畴，利于管理
国家环保局专家座谈会	湿地是水位经常在或接近地表浅水所覆盖的土地，以水成土和土壤水分饱和为其主要特征	从水成土和土壤水饱和为主要特征	—	—

二、上海的湿地类型、数量及分布

1. 上海的湿地类型及数量

根据原国家林业部结合《湿地公约》对我国湿地进行统一划分的技术标准，我国湿地共分为四大类 26 种类型。参照原林业部制定湿地类型划分标准，上海湿地的调查结果表明：上海辖区内湿地符合以下三大类型的划分标准，共有 27 块。

（1）近海及海岸湿地（Ⅰ）：低潮时水深 6 m 以浅的海域及其沿岸海水浸湿地带，其中上海辖区有岩石性海岸（Ⅰ4）、潮间淤泥海滩（Ⅰ6）、河口水域（Ⅰ11）三种，共 10 块；

（2）河流湿地（Ⅱ）：平均宽度大于等于 10 m，长度大于等于 5 km 的主要水系的四级以上支流，其中上海辖区全为永久性河流（Ⅱ1）一种，共有 9 条永久性河流；

（3）湖泊湿地（Ⅲ）：常年积水的淡水湖泊和人工蓄水设施，上海辖区包括永久性淡水湖（Ⅲ1）和水库（Ⅲ5）两种，其中永久性淡水湖 6 块，人工水库 2 个。

根据以上湿地分类标准和上海湿地调查的具体成果，上海辖区湿地合计 27 块。详见表 3-4。

表 3-4 上海市湿地类型、位置、面积

湿地类型及名称			分布范围	面积/hm²	湿地分类面积/hm²	备　注
Ⅰ 近海及海岸湿地	Ⅰ6 潮间淤泥海滩	杭州湾北岸	金山区边滩	西始于金丝娘桥，东至南汇的汇角	5 703.15	13 494.97	
			奉贤县边滩		5 954.70		
			南汇县边滩		1 837.12		
	Ⅰ4 岩石性海岸	大小金山三岛*		位于金山边滩南东海域，距金山咀 6.6 km	2 501.85	2 501.85	原自然保护区申请 45 hm²

湿地类型及名称			分布范围	面积/hm²	湿地分类面积/hm²	备 注
I 近海及海岸湿地	I 11 河口水域	崇明东滩*	北八溉起向东、南至奚家港	71 896.77	289 424.57	含佘山岛
		崇明岛周缘	除东滩外，崇明岛北缘、西缘、南缘滩涂	41 188.24		北含黄瓜沙南含扁担沙
		长兴岛周缘	主体为长兴岛北部、西部滩涂	15 483.91		含青草沙、中央沙、新浏河沙
		横沙岛周缘	主体为位于横沙岛以东滩涂	50 549.87		含横沙浅滩、白条子沙
		长江南支南岸边滩：吴淞口北宝山边滩	吴淞口北至浏河口	5 654.07		
		长江南支南岸边滩：吴淞口南 浦东新区边滩	吴淞口至浦东机场	5 954.70		
		长江南支南岸边滩：吴淞口南 南汇边滩*	浦东机场至汇角	58 086.13		含铜沙沙咀
		九段沙*	位于横沙岛与川沙南汇边滩间，距浦东机场14 km	40 610.88		
II 河流湿地	II 1 永久性河流	黄浦江*	从松江区米市渡至吴淞口	3 797.97	7 190.71	自米市渡至吴淞口
		吴淞江（苏州河）	自朱家山之东由江苏流入上海在外白渡注入黄浦江	243.00		
		蕴藻浜	其上游于孟泾附近与吴淞江会合，在吴淞镇入黄浦江	142.27		
		淀浦河	始于淀山湖，在龙华长桥注入黄浦江	207.41		

湿地类型及名称			分布范围	面积/hm²	湿地分类面积/hm²	备　注
II 河流湿地	II 1 永久性河流	拦路港至竖潦泾	黄浦江主要源河,拦路港、泖河主要在青浦区,斜塘一横、竖潦泾在松江区	954.02	7 190.71	含泖河—斜塘—横潦泾
		大蒸塘一园泄泾	黄浦江源河之一,大蒸塘在青浦区,园泄泾在松江区	193.77		
		太浦河	黄浦江源河之一,在新池附近从浙江流入本市,在泖岛附近注入泖河	255.30		
		大泖港—胥浦塘	黄浦江源河之一,大泖港主要位于松江和金山交界,其余均在金山区	196.98		含掘石港
		急水港	位于淀山湖之西商榻乡	1 200.00		
III 湖泊湿地	III1 永久性淡水湖	淀山湖	位于青浦区西部朱家角镇与商榻间	4 760.00	6 803.11	
		元荡	位于青浦区金泽镇北西与江苏共有	324.75		
		雪落荡	位于金泽镇的西边与江苏共有	129.20		
		汪洋荡	位于商榻的北偏西与江苏共有	21.30		江苏有 328 hm²
		大莲湖	在莲盛之北属莲盛镇	147.40		
		大蕻漾	位于金泽镇以东,为金泽、西岑、莲盛等乡共有	1 420.46		含小蕻漾,北横港、火泽荡、李家荡
	III5 水库	宝钢水库	位于长江南支南岸近宝钢侧	164.00	299.00	原名石洞口水库
		陈行水库		135.00		
					合计:319 714.22	

*为重点湿地。

2．上海的湿地面积、分布及特点

（1）上海市湿地面积。经勘察和计算，总面积为 319 714 hm²，其中近海及海岸湿地面积为 305 421 hm²，河流湿地面积为 7 190 hm²，湖泊湿地面积为 7 102 hm²。上海市的每一块湿地面积见表 3-4。

（2）上海湿地分布。上海市湿地的分布是由其位置和地形地貌决定的。上海东濒东海、北居长江口、西为太湖碟形洼地的边缘。本区湿地有 4 个分布区，其分布规律非常清楚。

①近海及海岸湿地（Ⅰ）：有 2 个分布区，一是海滩海岸湿地，分布在东海的杭州湾北岸（含潮间淤泥海滩Ⅰ6、岩石性海岸Ⅰ4）；二是河口水域湿地（Ⅰ11），顾名思义，其全部分布在长江的河口区。

②河流湿地（Ⅱ），永久性河流（Ⅱ1）：除急水港外，全部分布在湖泊湿地以东、长江天然南支南岸以南、黄浦江以西的地域内，且都作为黄浦江支流或源流出现，大多呈近似东西向排列，就黄浦江自闸港至米市渡段也是呈东西向展布的。从米市渡向上游就是黄浦江四大源流区，主干源流为拦路港（直接与淀山湖相通）、泖河、斜塘、横潦泾、竖潦泾抵达米市渡，其总体走向为北西—南东向；太浦河及大蒸塘—园泄泾也大体呈东西向注入黄浦江的主干源流；大泖港—胥浦塘大体呈北北东向汇流进横（竖）潦泾。黄浦江源流汇自西部碟形洼地地区，其在吴淞口注入长江。急水港位于淀山湖之西的商塌境内也是呈东西向延伸。

③湖泊湿地（Ⅲ），永久性淡水湖（Ⅲ1）：全部分布在太湖碟形洼地边缘的本市青浦区的西部区域。水库湿地（Ⅲ5），位于长江南支南岸边滩，是宝钢工业用水和市区用水的水源地。

（3）上海湿地的特点。纵贯上海的三大类型湿地，每种类型的湿地特征差异显著，特点各异。现分别论述。

①近海及海岸湿地（Ⅰ）。岩石性海岸湿地：在上海是以大小金山

三岛自然保护区为代表，由于孤悬于杭州湾大海之中，受人类干扰很少。因而是以保护典型亚热带常绿阔叶林为代表的植物群落的保护区。同时，也是生态环境各项指标良好的典型示范区域，是环境指标参照对比范本。由于长江径流携带下来的泥沙，在长江河口和杭州湾北岸地区，受海水顶托或海水离子的絮凝作用，泥沙在长江河口地区和杭州湾北岸边滩地区不断地沉积堆积，形成边滩、沙咀、沙岛、沙洲等湿地并不断向海域的方向新生和扩展延伸，成为潜在土地资源的后备基地。土地资源的围填开发有如下几个方向：

大工业基地：如宝钢、金山漕泾化工基地；空港基地：如浦东机场；休闲娱乐业基地：如浦东三甲港华夏文化旅游区，奉贤"南上海水上乐园"，南汇东海影视乐园等；市政用地：如老港垃圾堆场、陈行水库，石洞口水库；综合农业基地：如崇明、长兴、南汇、奉贤等诸国有农场、林场、渔场以及其他综合农业后备基地。

②长江河口和杭州湾北岸地区边滩、沙咀、沙岛、沙洲等湿地，在滩涂比较稳定而堆积不明显或侵蚀而无沉积物堆积的滩段，则开发成为海运、河运基地：如浦东新区外高桥港区、南汇县芦潮港港区、宝钢铁矿石港区等。

③不断堆积淤涨的边滩、沙咀、沙岛、沙洲等滩涂土地资源和与之伴生的自然植被资源及底栖动物资源，吸引南来北往的候鸟在此停留或栖息或渡过其生活史中的某一重要阶段。每年在上海市的近海及海岸湿地过境或栖息的各种鸟类达百万只次之多，其中既有大量可开发利用的资源性鸟类，如绿头鸭等野鸭；也有国际或国家濒危保护鸟类物种，如白鹳、白头鹤、小天鹅等。

④近海及河口水域湿地，适宜底栖无脊椎动物和浮游鱼类繁殖，经济价值较高的有：鲥鱼、刀鱼、鲈鱼、中华绒螯蟹等。冬春和春夏之交鳗苗、蟹苗汛期。同时，也招引捕捞鳗苗、蟹苗的大小船只，充斥河口水域，对渔业资源和湿地生态系统造成重大的破坏。长江河口湿地区域，

又是中华鲟幼鲟索饵肥育和洄游的通道，保护中华鲟幼苗和成鱼，是面临的重要课题。

⑤上海市近海及河口水域湿地，有丰富的水生自然植物资源，其中具有重要意义的有海三棱藨草和芦苇。芦苇（几乎分不清自然生长和人工栽种）用于造纸业和其他副业，是沿江沿海乡镇重要经济收入之一。海三棱藨草不仅是湿地鸟类的主要食料，也是湿地生态系统的重要生产者。同时，上海市湿地区域内生长的海三棱藨草是我国特有的物种，国外未见报道，国内则以上海市海岸河口湿地发育分布最好，江苏、浙江也有少量发育分布。在生物遗传多样性中，具有自身独特的不可替代的价值。

⑥上海市近海及河口水域湿地，是接纳城市污水排放，并自然处理污水（稀释、净化）的天然场所。如金山石化的废水向杭州湾排放，城市合流污水排放工程（包括一期、二期）向长江口水域排放。这些湿地为城市环境保护工程起到了不可替代的作用。

⑦上海市近海及河口水域湿地，是上海市自然生态系统最为优良的生态系统。也是上海保护生物多样性、保护自然环境最为紧迫的地区。因而，已经建设和正在建设多种类型的自然保护区。已经建设的有金山三岛自然保护区、崇明东滩鸟类自然保护区、九段沙湿地自然保护区。正在建设的有长江口中华鲟自然保护区。

（4）河流湿地（Ⅱ）的特点。上海市的河流湿地最大的特点是多重功能，如航运功能、供水功能、排污功能、造景旅游功能、调洪排涝功能等。

①由于历史原因，上海市的河流所承担的排污、纳污功能给城市带来了巨大的危害和负面影响，其中以本次调查中列出的吴淞江（苏州河）、蕴藻浜尤为突出。近年来，由于合流污水排放一期、二期工程的开展和完成，黄浦江水质已经明显改善和提高。吴淞江治理工程已经实施，水质变清指日可待。

②黄浦江及其上游源流的湖区，是上海市城市用水的水源地。黄浦江上游Ⅰ级饮用水水源保护区（松江区的松浦大桥以下的附近地区）正在建设之中。

（5）湖泊湿地（Ⅲ1）的特点。上海市的湖泊湿地包括永久性湖泊湿地和水库湿地两大类型，永久性湖泊湿地全部分布于本市青浦区西部，地貌单元为湖沼平原地区，亦即俗称西部碟形洼地区域，呈星罗棋布状湖群出现。

①湖泊湿地日趋淤缩，原因是由于上游来水带来泥沙的淤塞、湖区农业方面的种植结构调整以及农林牧副渔的综合发展。几乎所有湖泊的边缘均围殖为鱼塘或网箱养鱼场，如大葑漾；有些湖泊已全部被围殖为养鱼塘，湖泊景象荡然无存，如沙田湖。

②湖水污染日趋严重，污染源主要来自综合农业的有机物污染和农药污染、乡镇企业的工业污染、湖区文体旅游业的污染等，如淀山湖。近年来，在环保部门及当地各级政府部门的努力下，污染已明显控制，水质有所提高。

（6）水库塘湿地（Ⅲ5）特点。陈行水库和宝山水库是上海仅有的两块库塘湿地。两个水库前后相连，毗邻江苏省，位于上海最北沿的浏河入海口，是上海市邻近长江口南支的最初点。水库水源来自于长江水系，由于其地理位置具有相对优势，所以尽管库塘面积不大，但修筑完善，同时水库的水源也经过处理，成为上海宝钢总厂的主要工业用水基地，同时也是上海市区用水的主要水源地之一。

三、上海湿地的演变及开发利用

1. 上海湿地的形成与动因

上海地处长江河口地区，海水和淡水交汇，分汊河段沙洲发育，深槽浅滩相间。长江源源不断地携带泥沙入海，由于潮汛和科氏力作用，泥沙在长江口南岸边滩沉降，使得长江口南岸边滩湿地不断地外伸，陆地也不断地向外推展，同样，一道道海堤也随着边滩的伸展而不断修建。

（1）上海近海和海岸湿地的形成。

①距今 5 000～6 000 年以前，古代长江口南部海岸线的贝壳堤和沙堤（冈身）开始形成，位于太湖平原的前缘，即现在的嘉定、马桥一线。公元 3 000—4 000 年间，岸线推展的速度很慢，平均每百年仅 100～300 m。之后，随着人类文明的不断发展，人类向长江流域移居。公元 3 世纪孙吴征服山越和公元 4 世纪的晋室东渡时代，由于古人对长江流域山地进行了刀耕火种式的开垦，致使水土流失严重，河流的泥沙量不断加大，三角洲海岸伸展的速度开始逐渐加快。由于海岸的持续推进和海塘的不断修建，便形成了现在的岸线，而且仍在不断地淤涨之中。公元 8 世纪至 12 世纪的唐宋年间，上海陆上滩涂由现在的盛桥—月浦—江湾—北蔡—周浦—下沙—青村一线向海推至川沙城—祝桥—盐苍—惠南—大团—奉城—匾家墩一线，这期间处在陆上滩涂淤涨速度较快时期，岸线向东海推进 6～16 km。在长江口南岸边滩向海推进过程中，南部金山县城不断成陆，加速了杭州湾漏斗状河口的形成，直至 1472 年后才基本趋于稳定。公元 13—16 世纪，长江口南岸滩涂，仅在川沙县北沿至奉城以北一线，推进至黄家湾—合庆—江镇—黄路—海潮寺—四团—奉城一线，向海推进约 3 km，此后，长江口主泓从北支入海，陆域形态为三角形突出海中，东濒长江口，南临杭州湾滩涂，后经两三百年围滩修建，形成海塘。宝山大陆海塘—人民塘—胜利塘—团结塘—金山塘为国家主塘，岸线全长 170.8 km。滩涂从江苏省界经长悍线至杭州湾北岸浙江省界，滩涂呈带状分布。在南汇东滩，零米以上滩涂最宽处约 7 km。

②河口地区边滩不断发育的同时，长江口北部的岸线则以沙洲并岸的方式不断向前伸展，形成一个漏斗状的海湾。与此同时，原先宽阔的

海湾河口变成了狭窄的河口,河口中逐渐形成一些沙岛,之后由于水汛动力发生变化,有些岛屿或是坍塌、或是移动、或是并入江岸,近 1 000 多年来,长江河口地区出现了 6 次重要的沙滩并岸。

③崇明岛是长江口三岛中最初露出水面的岛屿,大约在公元 618—626 年间,当时为两个小沙岛:东沙、西沙,总面积仅十几平方公里。公元 10 世纪在西沙设立崇明镇,后经 700～800 年的淤涨扩大为一个崇明大岛。公元 20 世纪 40 年代以来,周围水域又有老鼠沙、开沙、新安沙、百万沙、合隆沙、大新沙、永隆沙、东旺沙、团结沙等诸沙露出水面,经人工筑堤围垦,并入崇明岛,使崇明岛范围大大扩大。

④13 世纪前长兴岛诸沙为水中暗沙,公元 18 世纪中叶开始露出水面,后经 200 年冲淤变迁,到 20 世纪中叶形成石头沙、瑞丰沙、鸭窝沙、金带沙、圆圆沙六个沙体,到 20 世纪六七十年代,经人工在沙体之间泓道抛石筑坝封堵,至 1972 年相连并成长兴岛。

⑤横沙岛于 18 世纪 40 年代初露出水面,沙体长约 6 km,面积为 10 km^2,后经 100 多年的冲淤变迁,整个横沙由东向西北移动了 10 km,其后采用工程保护措施,稳定沙洲移动,并发展成为横沙岛。

⑥江心沙洲:上扁担沙、下扁担沙、九段沙、青草沙、中央沙、铜沙的沙洲都是近年来冲淤发育而成。

(2)上海近海及海岸湿地变迁动因和规律。

①上海近海及海岸湿地演变的动因。源源不断的长江泥沙堆积不仅是上海近海及海岸湿地的形成原因,也是其演变的动因。据观测,1949—1984 年长江来沙年均为 4.86 亿 t,而如今随着长江中上游水土保持力度加大,1985—1999 年年均为 3.35 亿 t。统计数据显示,近 15 年输沙量年平均减少约 1.51 亿 t。随着长江中上游水土保持力度加大,长江三峡水利枢纽等梯级电站的开发和南水北调工程建设,长江泥沙来量将越来越少,这将对上海湿地的演变产生较大的影响。

②上海近海及海岸湿地变迁规律。纵观长江河口地区海岸湿地、沙

洲岛屿的形成和发育过程，发现上海近海及海岸湿地变迁规律，即上海市沿海滩涂湿地的演变规律：长江河口湿地逐步外移，杭州湾西段湿地渐趋稳定，东端向东海淤涨延伸，形成新的三角洲；同时长江口北支逐渐淤迁，长江口南岸向外淤涨，长江内河口逐步缩窄；长江口三岛由小变大，江心沙洲逐步露出水面。

2. 20 世纪 50 年代至今上海近海及海岸湿地的演变

（1）近海与海岸湿地的演变。

①20 世纪 50 年代初，长兴岛出现雏形，横沙大、九段沙面积较小，横沙浅滩和横沙东滩已初步形成，南北槽格局开始形成，南港涨落潮沟已归于一槽，九段沙老的涨潮沟已演化为落潮流冲刷沟。整个区域水下地形坡度变化较缓，除-1 m 水深以上面积较小外，其他各级水深面积基本相等。吴淞口至九段沙段河槽顺直，涨落潮流在河槽中间，涨潮流略偏北，落潮流略偏南，主槽中无浅滩和暗沙的生长于下移。南汇边滩水下沙嘴有一淤积体由北向南最终指向杭州湾，中心位置在中骏偏南。

②70 年代末，长兴岛、横沙岛发育成型，九段沙、横沙东滩和横沙浅沙面积进一步扩大，南港单一河槽变为复式河槽，整个南港河道内形成一个狭长的淤积带，南港下段在九段沙附近淤积，深槽发生北移，南北槽已形成对峙格局，北港深槽进一步扩大，新崇明水道一带出现泥沙沉积，团结沙形成，并得到迅速淤积发育。北港与北槽在牛皮礁附近贯通入海。

③90 年代初，江亚边滩进一步扩大，形成南港中心沙脊。江亚边滩向西逐渐形成江亚心滩，并已显示出九段沙并和的趋势，整个南槽呈淤积趋势，-6 m 水深线以上区域面积迅速增加。北槽呈冲刷之势，因此，断面面积不断增大，北港断面增大，团结沙沙体增大，横沙东滩南移。

（2）长江口南支、北支潮下湿地的演变。

随着崇明东滩的形成，长江三角洲中的长江入海口分成南支和北支。长江口的南支和北支的潮下湿地，通过两个时段：50—70年代、80—90年代的分析，能清楚地看到长江口南支、北支潮下湿地演变的情况。

①长江口南支潮下湿地。1953—1979年，长江口南区潮下湿地淤积范围较广，主要部位在南港主槽、北槽北港附近。本时期淤积量和平均淤积速率较高。长兴岛、九段沙和横沙岛面积的扩大主要与这一时期的淤积有关。大部分淤积厚度在1～4 m，局部地区在6 m以上。北港口外严重淤积，团结沙淤积厚度在3～6 m，崇明东滩大量泥沙淤积并且南移较快，北港中段冲刷较大，南港大部分淤积，中心淤积幅度大，在4 m以上，两侧呈现冲刷态势，厚度在1 m左右。1979—1990年，长江口南区潮下湿地冲刷范围较广，淤积范围较冲刷范围变小。淤积幅度较大的区域为南港、九段沙、横沙东滩、团结沙、横沙浅滩北侧等区域，且淤积幅度大都在2～3 m，局部达到4 m。南港中心沙脊平均淤积厚度3 m，局部地区在5 m以上，南槽顶部江亚边滩西移形成江亚心滩，淤积厚度在2 m以上。

②长江口北支潮下湿地。1953—1979年，长江口北区潮下湿地主要淤积部位在南汇东滩、南汇南下沙嘴南侧及整个杭州湾近岸部分。南汇边滩由陆向海淤积深度逐渐变浅，淤积范围较广，直至东经121°40′左右，南汇角到芦潮港淤积范围不大，但深度在1 m以上。南汇东滩以东大片区域为冲刷区域，冲刷深度不大，大都在1 m以下。杭州湾沿岸近岸带有一较宽的东西向淤积带，厚度较大，局部淤积厚度在5 m以上，且由陆向海淤积深度变小。1979—1990年，长江口北区潮下湿地中的南汇沙嘴北移，冲刷为本时期的主流，冲刷厚度在2 m以下，但范围较广，主要淤积部位在南汇南滩，淤积厚度小于1 m，芦潮港部位淤积幅度较大，厚度在3 m左右，杭州湾除近岸有一狭长淤积带外，在近岸海域有

一冲刷带，其冲刷厚度在 3 m 左右，局部地区达到 4 m，东经 121°50′以西偏南区域有少量淤积，且厚度在 1 m 以下。

上海近海与海岸湿地的演变，同样从边滩处兴建海塘的情况，也可以计算出岸线湿地的演变。

第二节　湿地生态服务功能

一、湿地的重要性

湿地与人类的生存、繁衍和发展息息相关。它提供给人类淡水资源，并在涵养水源、补充地下水和维持区域水平衡中发挥巨大作用；人类生产、生活所必需的许多资源都来自湿地。同时，湿地作为巨大的遗传基因库，生息着许多特有的、珍稀的，甚至濒危的生物种类。它所保存的遗传基因对保障生物种群的存续，特别是对珍稀濒危物种的存续具有难以估量的价值。湿地还具有调节气候、控制土壤侵蚀、促淤造陆，降解污染物、美化环境等多种功能，被誉为"地球之肾"。按景观生态学的观点，无论是淡水湿地还是濒海湿地都是一种独特的、重要的景观组分。因此，湿地是地球上具有多功能的独特生态系统，也是自然界最富生物多样性的生态景观和人类最重要的生态环境之一。

湿地效益是湿地所提供的功能、用途和属性的总称，也称为生态系统服务。湿地效益来自湿地内部生物、物理、化学成分之间的相互作用过程，其价值取决于湿地规模的大小、作用性质和该湿地所处的人类社会经济环境。湿地能够产生的诸多效益（见表3-5），体现了这种独特的生态系统不可替代的重要性。

表 3-5　湿地的功能、用途和属性

类别	功能类型	对人类和自然界的作用
功能	1. 均化洪水	降低洪峰，滞后洪水过程，减少洪水造成的财产损失
	2. 补水	
	a）补给地下水	补给地下水，提高地下水位
	b）向其他湿地供水	地下水承泄区
	3. 防止盐水入侵	控制地表盐化和避免海水从地下侵入造成水质恶化
	4. 防止自然力侵蚀	
	a）防止岸线侵蚀	防止河岸、湖岸和海岸侵蚀
	b）降低风速	抵御风暴袭击，保护社区财产
	5. 移出和固定营养物	吸收、固定、转化和降低土壤和水中营养物含量
	6. 移出和固定有毒物质	降低土壤和水中有毒物、污染物含量，提高水质
	7. 移出和沉淀沉积物	拦蓄径流中悬浮物，提高水质
	8. 调节气候	诱发降雨、提高湿度，增加地下水供应
	9. 野生生物栖息地	野生动物栖息、繁衍、迁徙、越冬地
	10. 维持自然系统和过程	
	a）生态地质过程	维持各种自然系统的过程持续发展
	b）碳循环	泥炭积累
用途	11. 供水	直接提供生产、生活用水
	12. 湿地植物产品	提供林产品、芦苇、蔬菜、用品、药材等
	13. 湿地动物产品	野生动物、鸟类、鱼类、蛤类等
	14. 能源产品	泥炭燃料生产、水力发电
	15. 水运	水运通道
	16. 休闲/旅游	休闲、旅游、摄影场所
	17. 研究与教育用地	
	a）科学研究地点	提供特种标本、研究对象
	b）模式地	提供同类系统典型模式
	c）环境教育地点	环境教育地点
属性	18. 生物多样性	物种资源
	19. 社会文化重要性	
	a）文化价值	传统文化
	b）历史价值	历史遗迹
	c）美学价值	旅游景观
	d）荒野价值	自然风格
	20. 典型生态系统代表	独特系统

二、湿地生态系统服务功能

湿地历来被误认为荒滩，任其自生自灭，或开垦造田。其实，湿地是生产力很高的生态系统，不仅能产生较高的经济效益，还能发挥减灾护堤、物种保护等社会效益和生态效益。

1. 经济效益

（1）土地资源。湿地是不可更新资源，不能长出土地。但是，长江河口地区则不然，由于常年受长江水动力和挟带泥沙以及海潮的顶托作用，推动泥沙的沉积和滩涂的淤涨，使陆岸边滩、岛屿边滩和江心沙洲沿水平方向不断地向江、海域伸展，如崇明东滩每年向海域伸延约150 m，南汇东滩每年向海域外涨约40 m；同时在高程上每年也相应地升高，由此渐向"低潮滩—高潮滩—潮上滩"方向演替成陆。上海现有的内陆原是泥沙冲积而成陆。自新中国成立以来至1997年，通过围垦滩涂，增加的土地达785.33 km^2，占现有内陆面积的12.39%，这为上海经济高速发展和土地资源紧缺起到了缓解作用。

（2）生物资源。湿地生态系统中生产力最高的是植物资源和动物资源两大类。湿地植物资源有130多种，其中分布最广而且经济价值较高的为芦苇、海三棱藨草和藨草等。芦苇是高秆植物，据调查，每年可收割10万～16万t，其茎干可编织芦席或用作造房材料，又可作造纸原料，经济收入十分可观。海三棱藨草和藨草的营养价值极高，是良好的牧草，它们的地下球茎可作为越冬鹤类和小天鹅的饵料，其种子可作为雁鸭类的饵料，茎秆也可作造纸原料。

（3）湿地动物资源又可分底栖动物、鱼类和鸟类等资源。底栖动物有100多种，是湿地中的优势类群，如甲壳类的各种蟹类和虾类，资源量极为丰富，其中中华绒螯蟹苗每年捕获量达600 kg，白虾每年捕获量250～400 t，其他如各种"蛏蝛"、贝类和螺类因处于无人管理状态，任人捕捞，估计直接经济收益也是很大。底栖动物在湿地生态系统中的物质和能量流转中是重要的一环，它们的兴衰直接制约着赖以为食的涉禽类和水禽类的数量。

鱼类约有 114 种，长江河口及杭州北岸水域咸淡水鱼类计 60 多种，内陆河湖淡水鱼类约 50 多种。前者年渔产量近万吨，后者加上养殖鱼类约 10 多万吨，满足市民四季食有鱼，经济效益可想而知。

鸟类种类 110 种（限于湿地），目前，仍处于无人管理状态，资源尚未有计划合理开发。但是，据调查每年长驻在长江河口地区从事捕猎鸟类的人数达 500 人之多，而且以中青年占优势，捕鸟的方式有 4 种：网捕、投毒（呋喃丹、三纳）、枪猎和鹰捕等，所捕得鸟类主要是雁鸭和鸻鹬两类经济鸟类。由此可见，经济效益也是非常可观的。

2. 生态效益

生态效益是一种无形的经济效益，对湿地的发展、减灾护堤和调控水资源等起着重要的作用。

（1）净化污水，减灾护堤。湿地植物如芦苇、海三棱藨草和藨草等分布广，根系发达，地下根茎盘根错节，可深入土层 40 cm 之深，起着固定土壤的作用，不易被潮汐冲刷；并对水碱的金属和非金属物质有较强的吸附能力，因而可以降解环境污染，净化污水，曾被誉为地球的"肾脏"；浓密的地上植株起着减缓潮流的流速，将携带的泥沙沉积下来加速淤积，扩展滩地；尤其在台风汛期，加上暴雨的袭击，更可挡风消浪，阻缓洪水急流直冲海塘堤坝，对减灾护堤保安全起着不可轻视的作用。同时，植株和地下根茎枯萎，沉积在土层中可增加有机质，改良土壤，为过渡到农业用地作后备资源。

（2）湿地是一个天然的蓄水池，又可调节水资源。湿地既能储存暴雨和过量的雨水，又能在上游洪水泛滥季节，通过淀泖湖群和黄浦江水系汇入长江河口来调节水量，控制洪涝灾害，并可调节气候，维持区域生态平衡。同时，为上海大都市提供市民用水、工业用水和农田用水等。

（3）发展旅游业。湿地是一种特殊的景观，生物种类多，资源量丰富，开展旅游，既可提高人们保护生物和生态环境的意识，又可陶冶情操，提高人们的文化素质。20多年来，上海在淀山湖畔、长江口南岸三甲港、长兴岛和崇明东平林场等地发展各种旅游业，为当地经济发展和就业作出了积极的贡献。

（4）科研教学实习的基地。湿地是生物资源最多样又最集中的区域，是一个天然的基因库。但是，由于上海经济高速发展，土地资源矛盾十分突出，每年占用耕地量相当大，只能以土地置换的办法，围垦湿地来弥补。当然在上海"发展是硬道理"，为了我们的子孙后代，建议留下部分湿地，如将崇明东滩鸟类自然保护区、九段沙湿地保护区和金山三岛自然保护区等作为湿地原始面貌的一角，提供科研和学生的教学实习基地。

第三节　湿地生态系统面临的威胁

一、人为活动对上海湿地植物的影响

自然因素对植物区系的影响是限制性和选择性的，人为活动的影响则是对区系成分的改变。尽管东滩植物区系相对比较贫乏，被选择的种类仍是能够适应东滩环境的，但在人为活动的干扰下，东滩的植物正在承受着巨大的生态压力。这些干扰都直接作用于滩涂湿地植被和植物区系，有的作用强度几乎大到足以完全破坏原有生态条件的程度，强烈地影响甚至改变了原有的滩涂植被组成和景观，从而改变了其他生物的生境。实地调查和文献资料都表明，这些干扰对崇明东滩这样一个以鸟类为主要保护对象的保护区来说是非常严重的。将这些人为干扰归纳起来，频度较高、强度较大的干扰主要有：滩涂的围垦；农、牧、渔业活

动等。

（1）围垦：崇明东滩自 1968 年起开始筑堤围垦，90 年代以后又有过几次，现在东滩最外沿的堤坝建于 1998 年。它将崇明东滩鸟类自然保护区分割为堤内区域和堤外区域两部分，加上大堤本身，形成了三种不同的植物生境。

堤外受到潮汐影响的滩涂是保护区的核心区，主要分布有典型的滩涂植被。由于滩涂植被的种类组成本就简单，围垦对滩涂植物区系的影响暂时不大，主要对滩涂植被具有重大影响，一是极大地减少了植被的分布面积，二是较大程度上加快了滩涂植被中生化的演替进程，这都将直接影响到滩涂湿地鸟类栖息。从长远看，由于植被演替进程的加快和改变，植物的区系组成最终将会发生改变。

堤内经过围垦后，主要是大量的水产养殖区和上实集团的现代农业示范区，此外尚有一部分未开垦的残余斑块，主要植被为水生植被、农业植被、残存的芦苇和莎草植被以及一些不稳定的杂草植被。围垦使得生境多样化，一些中生性植物，特别是农田杂草（其中很多为归化种类）开始侵入，并在这里扎根；被大堤断开的不连续潮沟段，由于不受潮汐的影响，与外界没有交换，变成了池塘，加上人工开凿的水体，也为一些水生高等植物的进入和定居提供了条件。因此，堤内的植物区系成分变得复杂，多样性远远高于堤外。

堤坝上生境基本为中生化，人行、车行非常频繁，自然分布的主要为耐践踏、耐采摘的多种杂草，如豆科、菊科、藜科、蓼科、禾本科等科的种类。此外，在围垦最早的 68 堤则因芦竹或其他防护林的关系，出现一些中生性的乡土种类，草本植物的多样性更高。

围垦使原来的单一的滩涂生境变得多样化，单从植物区系的角度看，围垦在一定程度上增加了多样性，区系成分趋于复杂化，但就湿地植被的环境功能及其对鸟类等动物的生态支持而言，围垦的不利影响也是显而易见的。东滩经历了 30 余年的围垦，在 1998 年的大规模围堤后，最近（2002 年 2 月）的调查发现，在白港口向南范围一块 8 000 多亩的滩涂已经被围垦，保护区范围内的植物区系组成发生了很大变化，并将继续变化，虽然成分变得丰富和复杂，但滩涂组分的减少以及湿地功能的丧失必须给予充分的重视。

（2）农牧渔业活动：放牧，尤其是在滩涂上放牧牛群，对崇明东滩滩涂植被产生重要影响。夏秋季节，崇明东滩的东南部有牛群放牧，数目多达 100～200 头。牛群的践踏、过度啃食不仅会影响植物正常生长、破坏土壤结构，还会造成新种入侵，从而改变湿地区系成分，对湿地生态系统造成负面影响。

（3）农业活动：主要是在保护区的堤内部分进行的一种强度和频度很高的人为干扰。农业耕作区将原有的滩涂高潮滩部分植被全部铲除，重新构建了精耕细作的种类单一的农作物，加上带有污染性的作业方式，如机械和化学药品的使用，改变了原有湿地植物的多样性，破坏了很多鸟类的栖息地，还影响到原来的滩涂植被的演替方向和速度。

（4）渔业活动此处包括养殖业和捕捞业两方面，前者主要发生在堤内，后者在堤外。保护区的堤内部分有很大部分被围成水产养殖塘，有的是人工开挖的，大多是围垦后，由于潮汐作用消失，逐步形成的浅水湖泊、池塘。这些养殖塘原有的植物群落是受到潮汐影响的潮间带植物，主要是芦苇为优势种的群落，伴生有糙叶薹草等植物。进行养殖以后，湖池水浅出芦苇依然是优势植物，但其他水生高等植物开始出现，并处于变化之中。98 堤以外，是渔业捕捞活动非常频繁的区域。主要捕捞对象为海瓜子、黄泥螺、蛏子、蟹类等，虽然是个体行为，但人次多，干扰也很大，且作业人群形成的通道破坏了滩涂植被的连续性，造成景观的破碎，增加了外来植物进入的机会。

二、资源面临的主要威胁

长江河口和内陆水域的鱼类资源每况愈下，严重威胁着鱼类的生存和繁衍，主要有如下两大因素。

1．水环境污染严重

历史上，随着上海市工业的迅速发展和城镇的扩大，工业废水和生活污水日排放量 500 万～550 万 t，或直接排放长江口，或通过江河排放长江口。特别长江河口西区和南区排污口日排放量约在 100 万 t，污水被长江水推压至沿岸，造成长约 70～80 km，宽约数百米范围的污染带，鱼类在其中难以生存，影响了凤鲚、银鱼和河蟹苗等水产资源的产量。内陆黄浦江中下游水质受污染达 42 km，苏州河自北新泾以下 17 km 河段成了臭水浜，阻碍洄游鱼类的过境，影响鱼虾的生存。过去外滩每逢冬季鸥类迁来，竞翔于黄浦江和苏州河上空，成为观鸟一景，由于江河污染，鱼虾数量减少，鸥类踪迹罕见。后来，政府部门下定决心拨出巨款，采取措施建造排污工程和污水预处理工程，制止污水直接排放；治理和疏浚河道，特别是苏州河治理，堵塞黄浦江两岸的排污，使河水变清，鱼虾重返昔日的水域。

2．捕捞过度造成鱼类资源衰退

鱼类资源属可更新资源，只要善于保护、合理捕捞，可使资源取之不尽、用之不竭。但是，由于长江河口和内陆水域过去无计划地滥捕狂捞，终年没有休止，繁殖季节捕亲鱼，繁殖季节后捕仔幼鱼，导致鱼类资源的锐减。如长江河口既是鳗苗又是蟹苗，由海洋或浅海转入内陆江河生长的过境要道，前者每年 2—5 月是汛期，后者 5—6 月是汛期。在这汛期，江苏、浙江和上海渔民云集数以千计的机帆船，桅樯林立，密撒张网和挑网，捕捞鳗苗、蟹苗。据崇明县渔政站资料表明，1990 年鳗苗捕捞量为 1 170 kg，1995 年降至 1 000 kg，1998 年降至仅 200 kg；同样命运的蟹苗从 1969—1981 年年捕捞量为 7 453 kg，但从 1982—1994 年年捕捞量仅 600 kg。如果无休止捕捞下去，将导致天然鳗苗和蟹苗的数量锐减。

三、湿地生态系统遭受的破坏和干扰

1. 过量过度的围垦

1990 年围垦团结沙，1992 年围垦东旺沙，新筑围堤建到海三棱藨草带，甚至筑到海三棱藨草的外带位置（保护区的核心区位置），围垦面积多达 61.3 km²。这样大幅度地侵占湿地鸟类栖息地，对鸟类的种群数量、驻留时间、活动范围等产生严重影响。特别对越冬的小天鹅、雁鸭类和鹤类的数量影响，如小天鹅由原 3 000～3 500 只锐减为 50～160 只；雁鸭类从 4 万～5 万只降为 3 万只；白枕鹤已不再出现。1999 年又在 1992 年围垦之外侧，又进行新一轮对东旺沙的围垦，围垦面积达 22 km²。这样过量过度地对滩涂湿地的围垦，对湿地其他资源和湿地生态系统的破坏和干扰是极其严重的。

2. 捕捞活动

"捕鳗大战"干扰雁鸭类越冬，一条鳗苗价值 10 多元，吸引了 10 个省的捕鳗大军汇集长江口，成千条渔船"堵塞"长江口，人声、机器声昼夜不息，机油污染水面、鸟类栖息地被侵占，在此越冬候鸟不能栖息。因长江口湿地生境资源未统一管理，海三棱藨草、鱼类、贝类、蟹类等任人猎取，自然环境被肆意破坏，使生态系统处于危急状态。

3. 牛群放牧

据调查统计，崇明东滩特别是东旺沙一侧，约有数千头耕牛、肉牛放牧，牛群主要取食海三棱藨草的茎叶，破坏了候鸟赖以生存的藨草、海三棱藨草（根、球茎、草叶、种子），使鸟类食物蓄积量锐减；另外，大片的草地被牛群踩踏成寸草不生的"泥浆地"，严重危害湿地植物和

动物的正常生长繁衍。

4．偷猎鸟类

因保护和管理措施实施不力，长江口及其周围地区捕捉、偷猎候鸟以致国家、国际重点保护的珍稀鸟类锐减的现象屡见不鲜。本市和江浙等外来人员偷猎鸟类主要用网、枪、投毒等方式，其中投毒危害较大。被毒杀者不仅是雁、野鸭，还有一些在此栖息的鸬鹚类、鹤类、小天鹅等珍稀鸟类。据实地调查，近年来在崇明东滩和南汇边滩等湿地被网捕、枪杀、毒杀的国家重点保护动物有小天鹅、雀鹰、红角鸮、鸳鸯及鸬鹚类等。

捕猎湿地鸟类较为严重的地区是崇明东滩和南汇东滩。宝山的长兴、横沙以及中央沙、九段沙等沙岛捕猎湿地鸟类的现象也较突出。此外，奉贤、金山等沿海地区和青浦的淀山湖区也存在捕猎候鸟的现象。

第四节　湿地的保护和开发

一、上海湿地的利用

1．上海的土地资源压力

上海地处长江入海口这一独特的地理位置，长江口目前仍以每年 3.35 亿 t 的输沙量由长江径流携带到长江口，因受潮流上溯顶托，水流扩散、盐淡水混合引起的泥沙悬粒聚凝沉降等多种因素作用，下泄部分泥沙在长江口、杭州湾落淤形成了丰富的滩涂资源，形成了上海广袤的近海与海岸湿地资源。

由于上海处于全国经济建设的前沿地位，随着经济建设和社会发展的需要，耕地面积减少十分明显。上海人均耕地面积为 0.33 亩，约为全国平均耕地面积的 1/5，不足世界人均耕地面积的 1/10。随着上海经济

的飞速发展，1949—1998 年上海占用耕地 252 万亩，年均占用耕地 5.1
万亩，上海城市发展对土地资源的需求量不断加大和加快，城市发展最
高峰一年占用耕地约 25 万亩。严峻的土地资源减少和匮乏的现状及矛
盾已经成为事实。

上海自 1949 年起至 2000 年的 52 年间中，共圈围 126.97 万亩土地，
年均圈围 2.4 万亩，1996 年至 2000 年间的全市计划占用耕地为 23 万
亩，围垦滩涂所圈围的土地面积为 18.5 万亩，年均圈围 3.7 万亩（年均
圈围的土地已经是 1949—1995 年年均圈围的土地的 1.5 倍）。1999 年高
峰时围垦土地达 7.1 万亩，2000 年也有 4.7 万亩。

纵观上海的围海造地和占用耕地数量，截至 1998 年，滩涂圈围造
地 115 万亩，占用耕地 252 万亩，两项指标计算比较可见，减少的耕地
面积仍有 137 万亩，相当于 1995 年的崇明、南汇、浦东新区的耕地面
积总和。事实上，由于圈围造地并不全是耕地面积，实际耕地面积减
少的情况还要严重，特别是 1978 年改革开放以来，经济发展带来的
耕地面积减少（见表 3-6）。显然，通过围垦圈围土地确实在一定程度
上缓解了上海市土地资源的矛盾，但是仍然无法满足土地资源的巨大
缺口。因此，为达到全市耕地总量动态平衡的要求，滩涂资源地围垦
还要加大。

表 3-6　新中国成立以来各阶段耕地面积减少数量表　　　　单位：万亩

年　份	1949—1977	1978—1986	1987—1998	1949—1998
年均圈围	2.6	1.4	2.3	2.3
年均占耕	3.0	6.4	9.3	5.1
年均减少	0.4	5.0	7.2	2.8

按照《上海市城市发展的总体规划》，虽然限制了占用耕地的强度，
但是城市发展的要求，2000 年后每年计划占用耕地约 2 万亩。因此，上
海市水务局规划 2001—2010 年围垦滩涂湿地 52 万亩，2011—2020 年围

垦滩涂约 80 万亩。计划促淤圈围的规划全部为上海近海和海岸湿地：长江口三岛、长江口沙洲和大陆边滩区域。

新中国成立以后，为解决人口与资源问题，上海利用得天独厚的滩涂资源。根据上海市统计年鉴等资料统计，在圈围后的土地上先后建立了 15 个国营农场、3 个军垦农场、4 个垦区乡、5 个县属场和 30 多个乡属垦区村场等，还建有年产值超百亿元的特大型国家企业：上海石化股份有限公司和上海石化实业公司，市府实事工程上海化学工业区，国家重点项目浦东国际机场，崇明绿色食品园区，热带海宫旅游区，华东地区最大的平原人造森林——东平国家森林公园、蓄水量达 2 000 万 m³ 的边滩水库，停靠万吨轮的港区、各种废弃物的堆场等。

2. 上海湿地的圈围状况

新中国成立以来至 2000 年，全市共圈围土地约 126.97 万亩，年均圈围 2.4 万亩，围海造堤，圈围湿地，是上海湿地发生变迁的主要因素。现将新中国成立以来全市圈围滩涂面积列表如下。

表 3-7　新中国成立以来全市圈围滩涂面积一览表（当年/累计）　　单位：万亩

年份	1953	1954	1955	1956	1957	1958	1959	1960
面积	0.076 2	0.558 7	1.352 4	1.922 0	0.075 0	0.784 5	15.720 0	13.664 7
	0.634 9	1.987 3	3.907 3	3.982 3	4.766 8	20.486 8	34.151 5
年份	1961	1962	1963	1964	1965	1966	1967	1968
面积	0.744 9	0.686 0	2.924 6	3.005 5	2.574 2	0.160 0	0.231 5	12.971 2
	34.896 4	35.582 4	38.507 0	41.512 5	44.086 7	44.246 7	44.478 2	57.395 4
年份	1969	1970	1971	1972	1973	1974	1975	1976
面积	0.880 0	0.552 5	4.445 0	0.960 0	10.359 1	0.060 0	0.010 0	0.150 0
	58.275 4	58.827 9	63.272 9	64.232 9	74.592 0	74.652 0	74.662 0	74.812 0
年份	1977	1978	1979	1980	1981	1982	1983	1984
面积	0.592 4	1.102 3	4.669 6	0.530 1	1.548 6	1.516 9	0.040 8	0.941 5
	75.404 4	76.506 7	81.176 3	81.706 4	83.255 0	84.771 9	84.812 7	85.754 2

年份	1985	1986	1987	1988	1989	1990	1991	1992
面积	1.233 2	0.891 1	1.830 3	2.051 6	1.369 8	1.449 4	3.157 9	6.600 0
	86.987 4	87.878 5	89.708 8	91.760 4	93.130 2	94.579 6	97.737 5	104.337 5
年份	1993	1994	1995	1996	1997	1998	1999	2000
面积	0.887 5	1.840 9	1.407 6	2.088 9	2.673 0	1.923 4	7.093 6	4.713 9
	105.225 0	107.065 9	108.473 5	110.562 4	113.235 4	115.158 8	122.252 4	126.966 3

注：未包括江苏来崇明本岛圈围的 3.3 万亩。

从以上围垦的滩涂资源情况表获知：1965 年以前共围垦滩涂 44.1 万亩，年均圈围 2.6 万亩；1966—1977 年圈围滩涂 31.3 万亩，年均圈围约 2.6 万亩；1978—1986 年圈围滩涂 12.5 万亩，年均圈围 1.4 万亩；1987—1995 年圈围滩涂 8.53 万亩，年均圈围 0.95 万亩；1996—2000 年圈围滩涂 18.49 万亩，年均圈围 3.7 万亩。在 126.96 万亩圈围的滩涂中，崇明圈围了 81.6 万亩，占 64.27%；其次是奉贤、南汇、宝山、浦东和金山地区。圈围滩涂通常基于两点考虑：

（1）国家对湿地的重视和需求程度。围垦工作历来受到各级主管部门的高度重视，即使后来经历了数次政治运动，但围垦工作一直坚持，充分体现了该项工作的重要性。除此之外，国家对湿地的重视和需求程度。表现在文化大革命期间，围垦工作照常进行。对土地资源的需求增加，势必引起政府部门对湿地资源的重视。主要原因是国家耕地面积在减少，为解决十几亿人口的粮食问题，土地资源问题历来是国家的宏观调控政策。1978 年以前，年均圈围滩涂为 2.6 万亩，1978—1986 年期间，年均圈围滩涂才 1.4 万亩；1987—1995 年年均圈围滩涂 0.95 万亩。1995—2000 年年均圈围滩涂 3.6 万亩。年均圈围滩涂的回升，主要是《上海市滩涂管理暂行条例》和《上海市滩涂管理条例》的陆续公布。滩涂管理条例的颁布，使得圈围滩涂的积极性得到了发挥。

（2）上海地处宽阔的长江河口地区，湿地资源丰富，大量的滩涂资源开发具有极低的开发成本。因此，新中国成立后至七八十年代，大量的滩涂高滩资源已经全部开发，低滩资源的开发成本相对较大，因此在整个滩涂湿地的资源开发中相对滞后。进入 90 年代后，上海的经济有了飞速的发展，对土地资源的需求矛盾更加突出，这就使人们再次关注上海的滩涂湿地资源，尽管新中国成立后经过了 20 多次大规模的围垦，高滩资源所剩无几，但中低滩资源尚有一定数量，所以现在的围垦，为了考虑开发成本，一般将低滩，甚至是 0 m 以下的滩涂资源一起围垦。在上海的新一轮滩涂开发计划中，将促淤围垦滩涂资源列入了重要的步骤，滩涂湿地资源的利用已经到了山穷水尽的地步。

二、上海湿地资源现状分析评价

湿地是兼有水陆之间过渡性质的一种特殊生态系统，有着很高的生产力。它们不仅为上海辖区提供后备的土地资源，也是生物多样性最丰富和最集中的载体，为发展水产、畜牧和狩猎等产业提供了空间。

1. 湿地的土地资源

上海辖区地处长江河口，每年江水携带的泥沙约有 4.72 亿 t，近年有所减少，但也达 3.5 亿 t，其中约一半的泥沙沉积在河口地区，使岛屿边滩和沙洲以及陆岸边滩不断地向江、海域扩张延伸，为上海辖区土地资源提供源源不断的物质基础。

据 40 多年来的资料，上海地区先后开展数十次围垦，截至 1997 年已围垦的滩涂湿地达 785.33 km²，占全市陆域面积的 12.39%，为上海工农业快速发展扩大了空间。据本次湿地调查，目前长江河口和近海湿地尚存 3 054.23 km²（堤坝外至 –5 m 水深处），其中潮间带湿地为 1 083.68 km²（吴淞 0 m 线以上），潮下带计 1 970.55 km²（0 m 线至 –5 m 水深处）。按其分布：崇明岛周围（含东滩和佘山岛）湿地计 1 130.85 km²、长兴岛周围（含青草沙和中央沙）计 154.84 km²、横沙岛周围（含铜沙）计 505.50 km²、长江口南岸（南支浏河口至南汇角）计 696.95 km²、杭州湾北岸（南汇角至金丝娘桥）计 134.95 km^2、大小金山三岛计 25.02 km^2（三岛陆岸面积 0.45 km^2）和九段沙 406.12 km^2 等。另外在长江口南岸宝山区江边的陈行水库、宝钢水库面积计 2.99 km^2 以及内陆西部淀泖湖群湿地约 65 km^2。

目前，长江河口的湿地虽然仍然很大。但是，由于连续不断地围垦，陆岸边滩除南汇东滩潮间带尚有近 150 km^2 外，其余都成为狭窄的边滩；岛屿边滩除崇明东滩还有一块超过 190km^2 外，其余也成为狭窄的边滩；唯有一些江心沙洲，因露出水面的高程面积小，如九段沙和中央沙等不宜围垦外，基本上都围垦了，剩下的滩涂高程一般都在 3.5 m 以下，按其潮位，只剩下高潮滩和低潮滩或仅存低潮滩，大部分的滩段都丧失了潮上滩。

上海西部淀泖湖群湿地是地势低洼的河网区，近二十年来都被开发成养殖鱼类和其他水产品的基地，又利用淀山湖秀丽的自然景观开发为旅游和度假区，只在湖泊的西部仍保持自然状态。

2. 湿地的生物多样性

湿地是生物多样性的载体。生物直接依赖这个载体才能生存和繁衍，才能使生态系统进行物质循环和能量流转。在这个湿地生态系统中所形成的生物特点是生物多样性，生物资源量既丰富又集中。

3. 湿地植物资源

植物是湿地生态系统中的有机物合成者，是唯一的生产者。它们的生长情况直接影响生态系统中的以植物物质为食的底栖动物、鱼类和鸟类的生存和繁衍。据本次调查和文献记载，上海地区的高等植物有 130 多种，可分为滨海植被、沼生植被和水生植被等。在这些植被中分布面积最广，首推沼生植被中的芦苇、海三棱藨草和藨草三个群落。

4．湿地动物资源

栖息在长江河口潮间带的动物资源主要有底栖动物、鱼类和鸟类等。

（1）底栖动物资源。在长江河口潮间带的底栖动物种类多，资源量丰富。据资料统计：甲壳类 57 种、软体动物 27 种、多毛类 18 种和寡毛类 3 种等，绝大多数均属广盐广温河口性动物。这一类动物属初级消费者，组成湿地生态系统食物链中的主要优势类群，是为更高营养层次的鱼类和鸟类提供饵料。由于潮间带的潮汐潮位、滩涂的高程和植被分布等的差异，底栖动物的分布有一定的规律。

潮上滩植被是以芦苇群落为优势种。栖息的底栖动物以甲壳类为主，如无齿相手蟹（*Sesarma dehaani*）、日本大眼蟹（*Macropholmus japonica*）、宽身大眼蟹（*Macropholmus dilatatus*）、长足长方蟹（*Metaplax longipes*）、招潮蟹（*Uca* sp.）、伍氏厚蟹（*Helice wuna*）等，俗称"蟛蜞"。此外还栖息一些软体动物，如拟沼螺（*Assiminea* sp.）、蜗牛（*Helix* sp.）、石磺（*Onchidium verruculatum*）等。以蟹类和螺类的生物量平均为 15 g/m^2。

高潮滩植被以海三棱蔍草群落或蔍草群落为优势种。栖息的底栖动物以软体动物为主，如蔍眼螺（*Stenothyra glabra*）、蛏蜓（*Sinonvacula constrita*）、四角蛤蜊（*Mactra quadrangularia*）、等边线蛤（*Comphira veneriformis*）、杂色蛤仔（*Tapes variegatus*）等；在杭州湾北岸还分布中国绿螂（*Glaucomya chinensis*）占绝对优势，另外有一些甲壳类中的"蟛蜞"等栖息。该滩地平均生物量最高可达 78.77 g/m^2，是涉禽和水禽主要觅食区。

低潮滩不生长高等植物，退潮后是一片茫茫的光泥滩，仅内侧生长一些硅藻类。栖息的底栖动物以贝类和多毛类为主，如焦河蓝蛤（*Potamocorbula ustulata*）、彩虹明樱蛤（*Moerella iribescens*）、河蚬（*Corbicula fluminea*）、泥螺（*Bullacta exarata*）和各种沙蚕（*Nereis* sp.）等。该滩地生物量很低，平均为 5 g/m^2，也是涉禽和水禽的主要觅食区和活动区。

在长江河口水域生物的底栖动物资源量丰富的是甲壳类中的中华绒螯蟹蟹苗和安氏白虾两种。前者每年5—6月随潮溯河而上，在河口水域和长江口南岸水域形成汛期，据崇明县渔政站资料表明：1969—1981年年捕捞量为7 453 kg，目前降低到年捕获量仅600 kg；后者又称白虾，在长江河口每年5—10月为汛期，常年捕捞量可达250～400 t。这两种底栖动物既是鱼类又是鸟类的饵料。

（2）鱼类资源。上海位于长江河口处，集濒江临海和内陆水网之利，水域环境多样，形成鱼类种类多，生态类型多样。长江河口及杭州湾北岸既是咸淡水鱼类的栖息处，又是洄游性鱼类产卵和索饵的场所或是过境的通道；同时也是海洋鱼类在生殖洄游或索饵洄游至近海时的栖息地，有时也进入河口水域栖息。内陆水系盛产淡水鱼类，但由于内陆水系通过黄浦江与长江河口相通，又受到海潮的顶托，河口咸水（冬季）或淡水（夏季）倒灌内陆水系，远至西部淀泖湖群，随之一些咸淡水鱼类也进入内陆水域栖息。内陆西部淀泖湖群源于太湖，而又成为太湖水量向东入海的通道，所以内陆淡水鱼类具有太湖鱼类区系的特色。

以上独特、优越的自然地理条件，使得上海辖区的鱼类种类多，资源量丰富。据调查，目前鱼类的种类为114种，隶属15目34科，其中3种被列为国家重点保护的珍稀鱼类，如一级保护鱼类——中华鲟和白鲟；二级保护鱼类——松江鲈鱼；经济鱼类几乎占总数的一半，长江河口和杭州湾北岸水域主要经济鱼类近30种，年渔产量接近万吨。内陆淡水经济鱼类有20多种，年渔产量在10多万吨，因有些水系受到不同程度的污染，自然资源捕获量有所下降，而养殖鱼类渔产量已超过自然资源捕获量。

（3）鸟类资源。长江河口恰好位于亚太地区的候鸟迁徙路线的中部，同时河口地区湿地辽阔，饵料丰盛，既为候鸟过境时作短暂的逗留地，补充能量、休养生息，以利续飞的中转站，又成为冬季大批候鸟迁来度过严寒冬季的越冬场，所以长江河口地区的鸟类资源特别丰富，成为上海地区湿地鸟类一大特色。

本次调查和综合前人资料，记录到的湿地鸟类计 110 种，分别隶属 7 目 15 科。在调查到的鸟类中，主要有水禽类如鹈鹕目、鹳形目、雁形目和鸥形目等 40 种；涉禽类如鹳形目、鹤形目、鸻形目等 70 种。属于被列入《国家重点保护野生动物名录》的 12 种，其中一级保护鸟类两种——东方白鹳和白头鹤；二级保护鸟类 8 种——黄嘴白鹭、黑脸琵鹭、小天鹅、白额雁、鸳鸯、灰鹤、小杓鹬、小青脚鹬，其余两种——白枕鹤、大天鹅虽有记录而近年来一直未调查到。属于资源鸟类的经济鸟类是水禽类中的雁鸭和涉禽类中的鸻鹬两大类，前者计 27 种，后者为 48 种，共 75 种，估算每年在长江河口地区过境中转或来越冬的候鸟有上百万只。

长江河口地区的湿地鸟类中绝大多数是候鸟，如鹤类、雁鸭类和鸻鹬类等，为了生存和繁衍后代，每年在繁殖区和越冬地之间两次飞越国界、大洋乃至洲际的长距离迁徙。而长江河口地区在这个过程中为它们提供补充营养和休养生息的基地或越冬地。我国与日本两国之间签订的《保护候鸟及其栖息环境协定》（以下简称《协定》）中列出迁徙或栖息于中日两国间的候鸟 227 种，长江河口地区就有 84 种，占《协定》中鸟类数的 37%；我国与澳大利亚之间也签订类似的保护候鸟协定，列出中澳之间的候鸟 81 种，长江河口地区就有 43 种，占协定的鸟类数的 53.09%。而且长江河口地区的崇明东滩于 1996 年 3 月在澳大利亚布里斯班宣告纳入东亚—澳大利亚涉禽迁飞路线的保护网络。由此更能说明长江河口地区中鸟类在世界上占有重要的地位。

三、上海湿地保护和管理现状

上海市人大和人民政府高度重视湿地的保护和利用工作，社会各界也积极参与湿地的保护，为上海湿地的可持续利用提供了有效的保障。

1. 颁布重要的保护湿地和湿地资源的相关法规

上海市人大常委会和本市各级人民政府一直以来都非常重视对湿地资源的保护，先后制定和通过了有关保护湿地资源的法规和规定。

（1）1985 年 4 月市人大常委会通过了《上海市黄浦江上游水源保护条例》。1987 年 8 月上海市人民政府又发布《上海市黄浦江上游水源保护条例实施细则》。这两个法规都详细地列出黄浦江上游水源保护区的范围和措施。

（2）1988 年上海市水产局发布了《关于保护中华鲟的通知》。

（3）1992 年上海市农林局组织调研起草《上海市实施"野生动物保护法"办法》（以下简称《实施办法》）和《上海市重点保护野生动物名录》（以下简称《保护名录》）。1993 年 10 月市人大常委会审议通过《实施办法》，同年 12 月市人民政府公布《保护名录》。根据野生动物资源调查结果，上海市野生动物重点保护的是湿地鸟类。因此，这两个法规对保护湿地和湿地动物资源是直接相关的。

（4）在湿地鸟类资源集中分布的崇明、南汇等县，当地政府先后颁布了一系列保护湿地鸟类的布告和管理办法。

（5）1994 年 12 月市人大常委会通过《上海市环境保护条例》。该法规第一章第二条、第三章第二十条和第十一条，明确列出"崇明东滩候鸟保护区、金山三岛海洋自然保护区、淀山湖水源保护区……以及规划确定其他需要特定保护的区域，应当重点加以保护"的内容。

（6）1996 年市人大颁布《上海市滩涂管理条例》。制定该条例是为了加强上海地区的滩涂资源管理，合理开发利用滩涂，并对滩涂的促淤、圈围、利用和保护作出了具体规定。

（7）1998 年，市农林局组织制定了《上海市崇明东滩鸟类自然保护区管理办法》，该规章被列为市政府 1999 年立法调研计划和 2000 年出台计划。

2. 建立湿地的保护管理机构

依照1996年市人大颁布的《上海市滩涂管理条例》，上海市开发利用滩涂湿地的行政主管部门是市水利局（2000年更名水务局），上海市滩涂管理处具体负责滩涂开发利用的管理工作。从实施的情况看，水利部门的管理重点在滩涂的促淤、圈围和利用上。1993年市人大颁布的《上海市实施野生动物保护法办法》规定，市农林局是本市野生动物行政主管部门，而上海地区的野生动物资源主要集中分布在滩涂湿地上。农业局、水务局都承担滩涂的管理和保护的责任，但也给湿地的保护和开发带来一定程度的混乱。如1992年和1998年崇明东滩的两次大规模围垦，对湿地的保护带来极大影响，特别是1998年围垦是在市政府正式批准建立保护区情况下实施的。管理体制不健全对湿地保护极为不利。

（1）2000年，市政府批准的《上海市农林局机构编制人员"三定"方案》重新明确市农林局负责组织、协调本市湿地保护工作，与国家林业局的职能相对应，有利形成完整的管理体系。

（2）1982年由上海若干高校的有关专家及上海自然博物馆、上海市环保局、上海市农林局、上海市园林局等联合发起成立了上海市野生动物保护协会，协会秘书处前期挂靠上海自然博物馆，1992年起挂靠市农林局。

（3）建立救护中心。1988年，由长江渔业资源管理委员会、上海市渔政监督管理处和上海市环保局共同集资在崇明县裕安乡建立了"中华鲟抢救暂养保护站"。

（4）建立环志站。20世纪80年代中，在《中日候鸟保护协定》、《中澳候鸟保护协定》的推动下，崇明县成立了"鸟类环志站"，与县林业站共同管理。

（5）初步形成市县管理体系。1990年，国家濒危物种进出口管理办公室上海办事处正式迁至上海市农林局。1992年，成立上海市野生动物保护管理站，与办事处合署办公，加强了上海地区野生动物保护管理工作。1997 年，市农林局设立野生动植物保护管理处，2000 年，本市地方机构改革继续保留野生动植物保护管理处，并增加了组织、协调湿地保护工作职能。1999 年以来，各县区野生动物保护管理机构建设不断发展壮大，先后已有 6 个县区林业站增挂了"野生动物保护管理站"牌子。

3. 宣传教育活动

自 20 世纪 80 年代中期以来，特别是《野生动物保护法》颁布 10 多年以来，上海的野生动物保护机构利用广播电视、报纸杂志、文艺演出、知识（摄影）竞赛、征文（画）和举办展览等多种活动，在"爱鸟周"和"野生动物保护月"期间，集中开展宣传教育活动。譬如每年 4 月第一周的"爱鸟周"，从 1982 年开始已进行了 19 年，累计参加活动的青少年达数十万人次。1992 年，"爱鸟周"期间举办了周本湘教授爱鸟诗词昆曲演唱会。1994 年，市农林局、教育局等单位联合举办全市中小学生《野生动物保护法》宣传教育活动，有 70 多万学生参加了形式多样的教育宣传活动。1995 年，举办上海市野生动物保护成果展览和执法成果展览，约有 3 万多人次参观了展览，其中保护成果展览被列为"1995 年上海市科技节专题展览会"。1997 年，联合本市 16 家面向青少年的报纸杂志共同发起"爱鸟周鸟类知识竞赛"，在 3 个多月活动期间有全国 26 个省市的 6 000 多名中小学生参与活动。1998 年，结合纪念《野生动物保护法》颁布 10 周年和《上海市实施〈野生动物保护法〉办法》颁布 5 周年的主题，组织开展了一系列形式教育活动：上海市中小学生"虎年救虎"科普宣传行动，全市有 10 多万名学生参与了近 10 项主题活动，活动组织编印或出版宣传画册 2 种、宣传招贴画 4 种共 10.5 万多册（张）；"我爱野生动物青少年作文、摄影竞赛"，有 10 多个省市的 1 万多名青少年参与，征集 5 000 多幅摄影作品和近 4 000 篇作文稿件，评选出 200 幅（篇）优秀作品汇编成《我爱野生动物》一书，由少

年儿童出版社出版；"善待人类朋友，关注绿色家园主题宣传活动"；在
上海 10 所高校开展保护野生动物万人签名活动，组织大学生社团通过
本市各大媒体向全体市民倡议"不吃野生动物，保护生态环境"，组织
10 所高校 50 多名大学生志愿者到本市野生动物集中分布区宣传保护野
生动物。1999 年，"野生动物保护月"期间举办了"抵制食用野生动物"
大型座谈会，编印了《提倡不食野生动物，树立饮食新观念》宣传册。
2000 年，"爱鸟周"举办"大手牵小手，抵制食用野生动物"科普宣传
行动，组织 8 位在沪两院院士和青少年野生动物保护野生动物俱乐部向
全市 1 300 万市民和 220 万少年儿童发出"不吃野生动物，提倡文明生
活"的倡议；举行创建 20 所保护野生动物特色学校签约仪式；组织有
11 项内容历时 8 个月全市中小学生的科普宣传活动；编印出版《救救餐
桌上的野生动物》宣传书籍 6 万册、《不吃野生动物，提倡文明生活》
宣传画一套 6 幅共 18 000 张。

4．保护管理和执法措施

自 1990 年以来，市农林局、环保局和水产办等部门对湿地保护比
较重视，开展了大量工作。主要有开展宣传教育、组织制定法规、建立
管理机构、进行资源调查、编制保护规划、建立湿地保护区和查处违法
案件等。

（1）举办由市郊各区（县）、乡林业（野生动物保护）站站长及管
理人员参加的"执法管理培训班"，累计培训人员 200 多人次，提高了
执法工作能力。

（2）设立了宣传保护湿地和湿地资源的户外公益广告和灯箱公益广
告，制作并在播出保护野生动物电视公益广告。

（3）为确保黄浦江上游取水口水质，水源保护核心区沿江两侧兴建
防护林带，并为防护林设立"黄浦江上游取水口防护林"标志牌，并公
布有关保护公告，监督处罚破坏防护林、污染水源的行为。

（4）在野生动物行政管理、行政执法过程中，收缴数量可观的野生动物，其中包括湿地鸟类和中华鲟，对其中可放生的健康个体直接予以放生。

（5）每年进行多次对非法捕猎、运输、交易、经营野生动物（包括野生湿地鸟类为主）活动和有关涉案人员的突出执法查处。其中 1999年 12 月，根据国家林业局《关于加强鸟类保护的紧急通知》的精神，对上海地区非法捕捉、买卖野生鸟类的活动，进行"678 反偷猎行动"。在南汇庙港、芦潮港、崇明陈家镇一带执法检查了捕捉、交易、运输、经营野生湿地鸟类的非法活动；对涉案有关人员，由随同执法的公安干警，对其进行训诫、教育、罚款，个别情节严重者，由相关县的警方立案侦查。

5．建立湿地自然保护区

自 20 世纪 60 年代以来，上海市的湿地、湿地资源和湿地生态系统正受到人类活动的严重威胁，因此，有必要加强对湿地、湿地资源和湿地生态系统进行保护和管理，而建立湿地自然保护区是最为有效的保护和管理。上海市现已正式建立湿地类型自然保护区 3 个，正在筹建的有2 个。

（1）1985 年 4 月，市人大常委会通过了《上海市黄浦江上游水源保护条例》，在该条例中明确划定黄浦江上游水源保护区的范围，并确定了保护措施和职责。这是黄浦江上游水源保护区正式实施保护和管理的开端。

（2）市农林局等单位用 10 年时间完成东滩保护区的批准建立工作。1987—1990 年，上海市野生动物保护协会等 4 单位联合开展对东部沿海地区鸟类资源的调查。1990 年，孙振华、虞快根据调研结果在《上海环境科学》杂志上首次正式提出建立"崇明东滩候鸟自然保护区"设想。1991 年由市建委、市环保局、东海海洋分局、市农林局等联合组建"崇明东滩鸟类自然保护区"规划组，进行建区论证研究。1995年，管理机构组织郑作新、郑光美等10位鸟类学家，联名写信给有关部门，强烈呼吁建立崇明东滩鸟类自然保护区。1996年以来，市农林局依照市政府领导关于建立崇明东滩鸟类自然保护区的批示，会同有关委、办、局开展保护区的规划论证工作。1997年11月，市政府办公厅发文要求市农林局会同市有关部门抓紧编制崇明东滩鸟类自然保护区的建设论证报告。同年12月，市农林局会同市环保局、计委、农委、规划局、水利局等8个部门开展了建区规划调研。1998年11月，市政府正式批准建立崇明东滩鸟类自然保护区。

（3）建立上海第一个自然保护区——金山三岛自然保护区。1989年，上海市人民政府以19号文，报送国家海洋局关于《上海市三个海洋自然保护区规划》的函。同年，国家海洋局以[89]969号文，回复《关于对上海市三个海洋自然保护区规划的复函》，要求在正式建立金山三岛自然保护区之前，进行全面的、多学科的调查论证。1990年，由上海自然博物馆和东海海洋分局环境监测中心等单位联合组建综合调查组，对金山三岛及其周围海域进行全面调查和研究。1991年1月，正式提出建立金山三岛自然保护区的论证报告。同年，金山三岛自然保护区获得市政府的批准。

（4）上海加快湿地类型自然保护区建设步伐。1998年8月市政府批准建立上海市自然保护区评审委员会。1998年4月，市环保局下达由上海师范大学承担的《九段沙湿地自然保护区建区论证研究》项目。1999年评审委员会评审通过《九段沙湿地自然保护区建区论证报告》、《上海市长江口中华鲟幼鱼自然保护区建区规划报告》。其中九段沙湿地自然保护区已于2000年3月经市政府批准建立。

第四章 生物多样性保护与生物入侵防治

第一节 生物多样性状况

一、生物多样性历史与现状

1. 上海市生物多样性的历史状况

上海地域的生物繁衍历史可以上溯至 5 亿~6 亿年前，从散落于上海各地区的有关岩芯样品以及冈身、马桥新石器时代人类遗址中，发现了诸多种类的生物化石。其中，木本植物种类包括桃（*Prunus persica*）、松（*Pinus* sp.）、柳（*Salix* sp.）、桑（*Morus* sp.），草本植物包括莎草（*Cyperaceae indet*）、香蒲（*Typha* sp.）、眼子菜（*Potamogetonaceae indet*）、菊（*Compositae indet*）、蒿（*Artemisia* sp.）等，无脊椎动物包括海绵（*Spongia indet*）、上海翼形莱得利基虫（*Redlinchia shanghaiensis*）、蛤蜊（*Mactra veneriformis Reeve*）、文蛤（*Meretrix meretrix*）、毛蚶（*Arca subcrenata Lischke*）、红螺（*Rapana* sp.）等，脊椎动物包括獾（*Meles* sp.）、虎（*Felis tigris*）、麂（*Muntiacus* sp.）、麋鹿（*Elaphurus davidianus*）、扬子鳄（*Alligator sinensis*）、鲤（*Cyprininae indet*）以及鸟类等。这些生物化石表明，上海地区曾是生物多样性非常丰富的区域。

　　随着上海市的发展，城市化过程不断加剧，对生物多样性资源造成了严重影响。1291 年上海正式建县时，全县的面积为 2 000 km²，人口7.25 万人，而目前上海已经成为面积超过 6 000 km²、人口超过 1 600 万的大型都市。特别是近十几年来，由于城区范围的迅速扩大，大规模的城市建设使原有的自然生态系统类型发生了根本的改变，自然环境逐渐被人工环境所代替（表 4-1），这对上海地区的生物多样性资源带来了严重的影响。即使是人类活动干扰较小的郊区，也受到了强烈的影响。例如，佘山地区在 1964 年记录到的原尾目的昆虫有 17 种，而 1992 年，在同样的地区仅记录到 3 种原尾巴目的昆虫。曾以出产斗蟋而出名的七宝、莘庄等地区的斗蟋种群数量也大大降低。目前，在上海地区的城镇中，除了校园、公园以及零星的废弃地能见到斗蟋、油葫芦、棺头蟋等地栖性昆虫种类外，在其他区域很难见到。而由于滩涂的围垦、过度捕捞以及环境污染等原因，中华绒螯蟹（*Eriocheir sinensis*）、缢蛏（*Sinonovcula constricata*）、泥螺（*Bullacta exarata*）、牡蛎等经济水产品的产量也急剧下降。

表 4-1　上海市建筑面积的变化

时间	增加面积/km²	增加的速度/（km²/a）
1947—1958	35.8	3.25
1958—1964	22.5	3.75
1964—1979	19.7	1.31
1979—1984	18.9	3.78
1984—1988	27.3	6.83
1988—1993	70.5	14.1
1993—1996	77.8	15.6

　　环境污染，特别是水环境污染对上海市的无脊椎动物产生了严重影响。以苏州河为例，苏州河下游河段狭小曲折，受市区污水排放的影响

特别严重，底栖动物的种类、数量和分布强烈地反映出与河道水体的污染程度。据 20 世纪 80 年代的调查资料，在远郊昆山—安亭段，河水透明度较好，底栖动物的种类出现数有 10 余种，软体动物占优势，年平均生物量达 117 g/m^2，以生物指标法判定为寡污染性（Oligosaprobic）水域。安亭—黄渡段，种类出现数降为 7 种，平均生物量为 54.4 g/m^2，蠕虫类明显增多，属中污性（Mesosaprobic）水域；黄渡—江桥段，软体动物和甲壳动物逐渐消失。至江桥附近，寡毛类的数量猛增，最高密度达 49 000 条/m^2，其生物量为 177 g/m^2，属β-强污性（β-Polysaprobic）水域。从江桥至外白渡桥大约 17 km 河段，此处的污染最为严重，没有底栖动物的分布，基本上可称之为"死河"，仅外白渡桥外侧，受黄浦江水的稀释，有少量寡毛类出现，此处应为α-强污性水域。近年来，苏州河下游河段的水环境污染已引起了市政府的高度重视。通过多年的治理，水污染状况正在逐渐得到改善，一些区域底栖动物的种类和数量也开始逐渐恢复。

上海市由于临江靠海，又有着内陆湖泊和河流，鱼类、蟹类等水产资源非常丰富，在 20 世纪 50 年代以前，上海市水产资源的利用以野生鱼类、蟹类的捕捞为主，从 20 世纪 60 年代开展逐渐进行人工饲养。新中国成立以来，随着水利事业的发展，上海的沿海、沿江地区修建了大量的水利工程，包括主流或支流上的水利枢纽，沿江沿海节制闸以及江湖排灌涵洞等。大量的水利建设使鱼类、蟹类和水生生物的洄游通道阻塞，使降海或溯河洄游的鱼类或蟹类不能到达产卵场进行交配，同时幼苗也无法回到江河、湖泊或海洋种生长。这使水产品的产量急剧下降。以长江口中华绒螯蟹的产量变化为例，1958 年，长江口中华绒螯蟹的产量为 152 t，当时长江江阴以下江段有水闸 31 座；到了 1969 年，长江江阴以下江段有水闸 99 座，中华绒螯蟹的产量下降到了 11.5 t。通过对长江河口段建闸数量的时空变化与中华绒螯蟹的产量进行分析，建闸数量和河蟹资源产量之间具有显著的负相关性。这说明建闸对蟹类具有较大的影响。虽然从 20 世纪 70 年代开始通过增殖放流曾一度使中华绒螯蟹的产量得到了回升，但到 1986 年，长江江阴以下江段修建的水闸数量达 151 座，长江口中华绒螯蟹的产量也仅有 12.5 t。

上海地区内陆水域和海岸带的污染使水体质量急剧下降，严重影响了鱼类及水生生物的正常生活。上海地区的污染源包括工业污染、农业污染、生活污染、港口和船舶污染等，大量的污染物经内陆河流排入近海，水质污染使鱼类和水生生物的种类减少，数量急剧下降。一些污染严重的水域中鱼虾绝迹，严重影响着鱼类的产卵场、洄游路线和鱼类的生长发育。同时，水质污染不仅影响了鱼类资源的捕获量，也影响了鱼类资源的质量。同时，近十几年来，由于大规模地围湖造田、围海造田，使水面面积大大减少，鱼类的生存环境已受到了严重威胁。1990 年出版的《上海市鱼类志》中记录了在上海地区有分布的鱼类为 250 种，隶属 25 目 88 科；而近年来在长江河口湾、杭州湾北岸以及内陆水系有确切记录的鱼类仅 114 种，隶属 15 目 34 科。由于人类活动的影响，国家一级保护鱼种中华鲟（*Acipenser sinensis*）数量逐年减少，国家二级保护鱼种松江鲈鱼（*Trachidermus fasciatus*）也由于产卵地被破坏而几近灭绝。此外，曾在长江口岸崇明岛中有分布记录的白鲟（*Psephurus gladius*）近几年来也未曾见到。

上海地区两栖动物和爬行动物的历史资料较少。Sowerby、Gee、Boing、Pope、Heude 等学者曾零星地提到上海地区的两栖、爬行动物。新中国成立后，上海市对两栖、爬行动物开始了较系统的调查。周开亚（1962，1964）根据文献，报道了上海市的两栖动物 12 种，爬行动物 21 种。黄正一等于 1964 年报道了上海市的爬行动物 27 种。1966 年，郑庆伟报道了在上海市记录到的两栖动物 7 种。1980 年，黄正一、宗愉、马积藩发表了《上海地区两栖动物、爬行动物》，对上海地区的两栖、爬行动物进行了细致的调查、研究，记录了两栖动物 14 种，爬行动物 32 种。1991—1993 年，在上海市地区野生动物资源调查中，报道了两栖动物 14 种，爬行动物 35 种。另外，1980 年，Heude 曾报道了采自黄浦江的斑鳖（*Rafetus swinhoei*）；1991 年，黄正一报道了上海地区爬行动物新种——太平洋丽龟（*Lepidochelys olivacea*）。因此，根据多方面资料，上海市的两栖动物共 14 种，爬行动物共 37 种。但由于各种原因，上海地区的两栖、爬行类动物正在不断减少，如模式产地为上海黄浦江的斑鼋（*Pelochelys maculatus*）、二三十年代曾在黄浦江苏州河生存过的大鲵（*Andrias davidianus*）、在上海自然博物馆有收藏的采于 1911 年的斑腿树蛙（*Rhacophorus leucomystax*）、60 年代还在佘山出现过的沼蛙（*Rana guentheri Boulenger*）等已多年不见踪影，而现存的许多两栖动物和爬行动物的数量也明显减少。

1922 年法国人解侠出版的《上海鸟类》一书中记录了上海鸟类 226 种，Wilkinson 于 1929 年出版的《上海鸟类》和 1935 年出版的《上海地区的著录鸟类》中，共记录了上海鸟类 237 种，Sowerby 在 1943 年出版的《上海地区的著录鸟类》一书中，记载了上海地区的鸟类达 363 种。这表明，在 20 世纪的前半叶，上海市的鸟类资源仍较为丰富。而在 20 世纪 50 年代初期，在上海市的市区的公园、大学校园和一些大的园林，能见到大量的鸟类，如喜鹊（*Pica pica*）、秃鼻乌鸦（*Corvus frugilegus*）、八哥（*Acridotheres cristatellus*）、黄鹂（*Oriolus chinensis*）、乌鸫（*Turdus merula*）、寿带（*Terpswiphone paradisi incei*）、画眉（*Garrulax canorus*）、棕头鸦雀（*Paracoxornis webbianus*）、白头鹎（*Pycnonotus sinensis*）、白脸山雀（*Parus major*）、棕背伯劳（*Lanius schach*）、珠颈斑鸠（*Streptopelia chinensis*）等种类。在上海市的郊区，鸟类的种类和数量更为丰富。

到了 20 世纪 50 年代后期，随着上海市城市的大规模扩张、环境污染以及人类的滥捕乱猎等原因，鸟类资源及其赖以生存的栖息地都受到了直接或间接的严重破坏。到了 70 年代后期，在上海市区几乎很少能够见到鸟类的踪影。而在五六十年代农田中常见的环颈雉（*Phasianus colchicus*）由于环境的变化和人为的捕捉，数量也急剧下降。进入 80

年代，人们开始逐渐认识到了鸟类在生态系统中的重要作用。通过"爱鸟周"活动的长期宣传以及一系列保护鸟类的相关法规颁布，人们的爱鸟护鸟意识逐渐增强，捕鸟的人数大大减少。而近年来上海市的环境治理、植树造林等活动使鸟类的栖息条件逐渐改善。在一些公园、大学校园、动物园等单位，重新可以见到大群鸟类栖息。

在19世纪70年代，上海市就有兽类（豹猫，*Felis bengalensis*）分布的报道。早期较系统的报道是Sowerby于1921年对上海地区的动物区系进行了综述，其中报道上海地区有哺乳动物21种。新中国成立以来，根据资料分析，在上海地区记录到的哺乳动物种类累计有42种。而近十几年来，随着市郊农业的飞速发展和城市的扩张，一些哺乳动物栖息的生境已不存在。现今可确定在上海地区有分布的哺乳动物为27种。除刺猬（*Erinaceus europaeus*）、黄鼬（*Mustela sibirica*）、华南兔（*Lepus sinensis*）等物种的数量较大外，其他种类的数量都较少。而曾经在上海市有分布记录的一些动物，如小灵猫（*Viverricula indica*）、大灵猫（*viverra zibetha*）、穿山甲（*Manis pentadactyla*）等种类，可能在上海市已经绝迹。

2. 上海市生物多样性的现状

（1）生态系统多样性。

①城市生态系统。上海市为人口稠密、工商业发达的大城市，建筑物密度高，环境污染较为严重。多年来，上海市的城市生态系统受到了人口压力的巨大冲击，集中了众多的人工环境。由于土地被大规模地开发、利用，动物赖以生存的栖息地丧失，严重地影响了上海地区，特别是上海市区野生动物的种类和数量。大量的野生动物已经相继在上海市的城市生态系统中绝迹。

市区的一些大型绿地、草坪，由于植被种类较少，且多为引进的观赏植物和草坪草，环境条件较单一。在城市的一些废弃地，也主要是以外来植物为主，如刺果毛茛（*Ranunculus muricatus*）、加拿大一枝黄花

（*Solidago canadensisi*）、喜旱莲子草（*Alternanthera philoxeroides*）等。

上海市城区的河流由于受到严重的环境污染，河流水体的富营养化严重，除大面积分布的外来入侵植物——凤眼莲（*Eichhornia crassipes*）和空心莲子草（*Alternanthera philoxeroides*）外，自然植被非常缺乏。水生生物也基本绝迹。近10多年来，经过水体的治理，原来乌黑发臭的一些河流，如苏州河开始出现一些多年未见的水生生物，如食蚊鱼（*Gambusia affinis*）、麦穗鱼（*Pseudorasbora parva*）等鱼类。这说明苏州河的水体质量正在逐渐转好。

在上海市的一些公园、高校区、大型的林带以及市区边缘新开发的居民区，由于环境条件较好，仍可见到少量的动物栖息。例如，在一些庭院和路边的草丛中可以见到饰纹姬蛙（*Microhyla ornata*）、泽蛙（*Rana limnocharis*）、蟾蜍（*Bufo gargarizans*）、蓝尾石龙子（*Eumeces elegans*），在一些住宅区可见到多疣壁虎（*Gekko japonicus*），鸟类有白头鹎、白脸山雀、乌鸫、珠颈斑鸠（*Streptopelia chinensis*）、麻雀（*Passer montanus*）、白腰文鸟（*Lonchura striata*）等，兽类有黄鼬、伏翼（*Pipistrellus abremus*）、小家鼠（*Mus musculus*）、黄胸鼠（*Rattus flavipectus*）、褐家鼠（*Rattus norvegicus*）等。另外，在一些大型的草坪、绿地，有一些人工饲养的鸟类，如家鸽（*Columba livia*）、珠颈斑鸠等。

上海市市区的自然植被种类较少，多分布于屋角、路边等偏僻处，市区几乎没有自然植被。植物多以园林植物为主，动物资源也非常有限，没有大型的动物。

②农田生态系统。上海地区的农田生态系统主要分布于金山、青浦、松江、嘉定、南汇、川沙、上海、崇明、奉贤和宝山等郊区。据统计，1997年底，上海市的耕地面积达 2 980 km^2。由于上海市郊区有着大面积的农田，以农田为栖息地的动物种类相对较多，数量也相对较大。虽然农田受到的人类活动的干扰较强，但在田边、路旁、沟渠中仍保留了一些自然的栖息地斑块。另外，还有村庄、人工林带、废弃地等次

生生境。在农田生态系统中，除了农作物外，还有一些上海的本底动植物物种。

上海市的农业历史悠久，人类活动频繁，土地的利用率极高。农田中的栽培植物群落可分为木本栽培植物群落和草本栽培植物群落。前者以果园为主，主要分布于长兴岛、横沙岛、崇明岛以及奉贤、松江、南汇等地的橘园、苹果园、桃园等，这些木本栽培植物群落多为人工纯林。草本栽培植物群落主要以各种粮食作物以及棉花（*Gossypium* sp.）、油菜（*Capsella bursa pastoris*）、蔬菜、瓜果等。粮食作物中，夏粮以小麦（*Triticum aestivum*）、大麦（*Hordeum vulgare*）等为主，早秋作物以水稻为主，晚秋作物以水稻（*Oryza sativa*）和玉米（*Zea mays*）为主。草本栽培植物群落中有部分经济植物，如药用植物的地黄（*Radix rehmanniae*）、黄芪（*Radix astragali*）、丹参（*Radix salviae*）、太子参（*Radix pseudostellariae*）、白术（*Rhizoma atractylodis*）、红花（*Flos carthami*）等，香料作物的薄荷（*Herba menthae*）、留兰香（*Herba menthae spicatae*）和熏衣草（*Lavandula angustifolia*）等。由于农田生态系统的植物组成较单一，除了一些较固定的机耕路边有自然的杂草分布外，自然生境基本完全消失。在这种环境下生存的动物主要是作物的伴生群落，如各种农业昆虫、螨类和软体动物以及以昆虫和植物为食的脊椎动物，如黑斑蛙（*Rana nigromaclata*）、中华大蟾蜍（*Bufo bufo gargarizans*）、红点锦蛇（*Elaphe rufodorsata*）、白脸山雀（*Parus major*）、麻雀（*Passer montanus*）、棕背伯劳（*Lanirs schach*）、环颈雉（*Phasianus colchicus torquatus*）、鹰科、隼科的各种猛禽以及华南兔、黄鼬等。

在上海市郊区及沿江地区的农田生态系统中，还混杂有人工林带。人工林带包括河堤、海堤林带、农田林网带和公路林带，起到了保护堤坝和保护农田的作用，此外，人工林带对农田生态系统环境的改善具有重要的作用。农田林带的树种多为本地树种。20 世纪 60 年代以前主要为白榆（*Ulmus pumila*）和刺槐（*Robinia pseudoacacia*），60 年代后出现了白榆、刺槐和苦楝（*Melia azedarach*）等树种的混交林，70 年代，水杉（*Metasequoia glyptostroboides*）在上海地区得到了大面积的推广种植，以后又引进柳杉（*Cryptomeria fortunei*）、乌桕（*Sapium sebiferum*）、池杉（*Taxoclium ascendens*）和白蜡树（*Fraxinus chinensis*）等树种以建造农田林网带。

上海地区公路纵横，公路两旁多栽种一至两排树木，形成了公路林带。公路林带不仅起到了绿化作用，沿海公路林带还对周围农田起到了防风作用。公路林带的树种主要有白榆（*Ulums pumila*）、旱柳（*Salix matsudana*）、悬铃木（*Platanus acerifolia*）、加拿大白杨（*Populus canadensis*）等。

在金山、奉贤、南汇、川沙和崇明县等沿江沿海地区的海堤上大都有人工防护林。人工针叶林以水杉和柳杉为主要树种，林冠郁密，起到了很好的防风作用。在海岸防护林带和江堤防护林带以及河堤防护林带中的人工针阔叶混交林或阔叶林的主要树种有白榆、刺槐、苦楝、加拿大白杨、旱柳和杞柳（*Salix sinopurpurea*）等。郊区还有较多的人工竹林，如毛竹（*Phyllostachys pubescens*）林、刚竹（*Phyllostachys*）林和淡竹（*Phyllostachys glauce*）林。在海堤上有大面积的芦竹（*Arundo donax*）带，这些人工林群落结构都不完整，往往缺乏灌木层和草本植物层，乔木层也为一层，高度多为 10～15 m，人工林带的宽度为 5～20 m。

人工林带为一些鸟类提供了栖息环境。这些鸟类包括珠颈斑鸠、杜鹃、喜鹊（*Pica pica sericea*）、灰椋鸟（*Sturnus cineraceus*）、棕背伯劳、家燕（*Hirundo rustica gutturalis*）、白头鹎、金翅雀（*Carduelis s. sinica*）、大山雀等。

自然村落一般由农舍、菜园、屋旁的竹林和果树、禽畜圈以及沟渠等构成。在这个小生境中，也可以见到一些常见的动物物种，如中华蟾蜍、黑斑蛙、金线蛙（*Rana plancyi*）、多疣壁虎、麻雀、家燕、金腰燕（*Hlrundo d. daurica*）、白头鹎等。

③湿地生态系统。上海市地处长江入海口，濒临东海和杭州湾，且内陆河流湖泊众多，因此，湿地为上海市生态系统的重要组成部分。上海市湿地总面积为 5 991 km²（包括吴淞零米线以下 5 m 的区域），其中自然湿地的面积约 2 313 km²，包括沿江沿海的滨海湿地 405 km²，沙洲岛屿湿地 1 745 km²，湖泊和低洼地约 163 km²；人工湿地约 3 679 km²，其中包括水田约 3 348 km²，沟渠、池塘等面积 330 km²。

沿江沿海的滨海湿地包括潮上带淡水湿地、潮间带滩涂湿地和潮下带近海湿地三种类型。上海地区的滨海湿地主要分布于长江口南岸和杭州湾北部的沿江沿海地区。以修筑的海堤为界线，堤内为人工湿地，堤外为自然湿地。近年来，由于对沿江沿海湿地进行了大规模的围垦和开发，对湿地生态系统，特别是潮间带滩涂湿地的影响极大。

长江每年有 4.86 亿 t 的泥沙流向东海，其中约一半的泥沙在长江口沉积，并在长江口形成了一系列的沙洲，并逐渐发育成沙岛。上海地区的沙洲岛屿湿地主要分布于崇明岛、长兴岛、横沙岛周围的滩涂以及九段沙、青草沙等区域。另外，位于水面以下扁担沙、中央沙、铜沙等沙洲也属沙洲岛屿湿地类型。

上海地区的湖泊和低洼地湿地包括江河源头湿地、江滩湿地、自然的水网河道湿地、大型湖泊的湖滨湿地和浅水湖泊湿地，包括淀山湖及其周围的湖荡低洼湿地以及黄浦江、苏州河两岸和市郊人工河沿岸的水网湿地。

上海地区的人工湿地分布较广。上海地区的河流众多，交织成网，如黄浦江、吴淞江、川杨河和蕴藻浜等。这些河流与种植水稻、茭白（Zizania caduciflor）、荸荠（Eleocharis dulcis）等粮食、蔬菜的水田以及饲养鱼、虾、蟹等水产品的养殖塘等共同构成了上海市的人工湿地生态系统（图 4-1），一些未受污染的水域为湿地动植物提供了广阔的栖息地。另外，上海市还有一定面积的蓄水池。

图 4-1　水产品养殖塘（人工湿地）

湿地对上海市具有重要的生态服务功能。研究表明，湿地生态系统对上海市的生态服务功能占上海市全部生态系统服务功能的90%以上，对上海市维持良好的生态环境条件具有重要作用。然而，近年来，由于人类活动和自然环境变化的影响，上海地区的湿地发生了很大的变化。一方面，由于人类对自然湿地的开发和利用使得自然湿地的面积不断缩小；另一方面，由于湿地所带来的经济效益，一些水产品养殖塘以及粮食、蔬菜基地的建设使人工湿地的面积不断增加。同时，由于受到环境的污染，自然湿地的质量不断下降，湿地生态系统的服务功能逐渐降低。另外，由于长江携带泥沙在河口湾地区的不断淤积，新的自然湿地逐渐形成，面积不断增加，成为湿地动植物的重要栖息地。

综上所述，由于上海沿江沿海地区具有较广的滩涂，内陆河湖密集，同时又有着大面积的人工湿地，这不仅为湿地鸟类迁徙过境提供了中途停歇点和良好的越冬地，也是鱼类栖息、洄游、产卵、索饵育肥地场所和两栖动物、爬行动物以及水生兽类的重要栖息地。可以说，上海地区湿地生物的种类繁多，数量巨大，具有重要的生态价值。

（2）湿地植物群落。上海地区湿地植物中苔藓 6 种，蕨类 10 种，被子植物 138 种，其中有很多经济作物。上海地区湿地植物主要为湿生的草本被子植物，主要建群种为莎草科和禾本科的植物以及水生维管束植物。从植物的生态特征上来划分，上海地区的湿地植被群落可分为河湖水生植被和滩涂植被两种类型。河湖水生植被主要分布于内陆的湖荡沟渠，以西部青浦的淀泖湖为主，其他郊县也有少量分布；滩涂植被主要分布于沿江沿海滩涂和河口岛屿边滩，主要分布于金山、青浦、奉贤、南汇、川沙、宝山、崇明等地。

　　①河湖水生植被。包括挺水水生植被、浮水水生植被和沉水水生植被三种类型。挺水水生植物的植物体上部或叶片挺出水面生长，根或根状茎生于水底的淤泥中，以芦苇（*Phragmites australis* Trin）和菰（*Zizania caduciflora*）为主，各处河湖湿地几乎都有这两种植物分布。另外，常见群落还有莲（*Nelumbo nucifera* Caerther）和慈姑（*Sagittaria trifolia* Linn）群落，但多以人工栽培的植物为主。浮水植物较为多样，可分为漂浮型和浮叶型植物两类。漂浮植物随水流、风吹而漂浮，常见群落包括金鱼藻（*Ceratophyllum demersum*）群落、黑藻（*Hydrilla verticillata*）、狐尾藻（*Myriophyllum spicatum*）群落、川蔓藻（*Ruppia maritima*）群落等；浮水水生植被浮叶型植物多扎根于水底泥中，常见群落有菱（*Trapa matans*）群落、凤眼莲（*Eichhornia crassipes*）群落、空心莲子草群落、满江红（*Azolla imbricata*）、槐叶萍（*Salvinia natans*）群落、荇菜（*Nymphoides peltatum*）、水鳖（*Hydrocharis dubia*）群落等。在许多湖汊、小河多分布有凤眼莲的单优势群落，喜旱莲子草在很多湖汊的浅水处生长，形成优势群落，菱、荇菜、水鳖、槐叶萍等在淀泖湖分布较广，多与挺水和沉水植物混生；满江红和槐叶萍等在一些小池塘水面形成单优的漂浮群落，或散布于其他水生群落中。沉水植物的茎叶全部沉没水中，开花在水面或水中，根插于水底淤泥或悬浮于水中。上海地区的沉水植物主要由苦草（*Vallisneria asiatica*）、菹草（*Potamogeton crispus*）、金鱼藻、狐尾藻等构成，不同地区不同季节的优势种及种类

组成有所不同，其中苦草群落和菹草群落在不少湖荡、池塘分布，市区的一些人工湖中也有菹草群落。由于受到围垦的影响，大多数的湖岸都为人工修筑，因此湖边没有滩地，在一个湖泊中挺水、浮水和沉水三种植物带之间的界线不明显。

②滩涂植被。主要生长于上海市沿江沿海的滩涂区域，主要以莎草科和禾本科的挺水植物为主。莎草植被主要包括海三棱藨草（*Scirpus mariqueter*）群落、水葱（*Scirpus tabernaemotani*）群落、藨草群落、糙叶苔（*Carex scabrifolia*）群落等；禾草群落包括芦苇群落、茭笋（*Zizania latifolia* Turcz.）群落等。从岸边向外，滩涂植被可分为两个植被带。内带的高潮区以芦苇、菰等群落为主，其中一些湿地类型的植物多样性较高，特别是在近岸的区域物种。芦苇群落在上海分布很广，为最主要的滩涂植被类型。另外，在内陆的湖泊、池沼、河流两岸也有大面积的分布。在滩涂的潮间带区域，有人工引种的互花米草（*Spartina alterniflora*）等植物，主要分布于崇明、南汇、石化、九段沙等区域，目前有大面积扩散的趋势。外侧的潮间带主要以藨草和海三棱藨草群落为主，生物多样性较低，几乎为单一种群的群落，向内可与芦苇群落交错分布，向外逐渐向光滩延伸，形成过渡的混生群落。海三棱藨草群落在长江口南岸边滩、杭州湾北岸、崇明东滩以及长江河口湾的一些沙岛均有大面积的分布，为上海地区的特有滩涂植被类型。另外，蓼科、毛茛科、禾本科、莎草科、泻泽科、南天星科等多种植物在河湖的岸边滩地、海边滩涂的高潮带也有分布，但并不占据群落的主要位置。长江河口湾的一些未被开垦的盐渍土区域有少量的盐生植被，如碱蓬（*Suaeda glauca*）、盐蒿（*Suaeda ussuriensis*）、獐毛（*Aeluropus sinensis*）、白茅（*Imperata cylindrical* var. *major*）等。

（3）湿地动物群落。上海市临江靠海，长江河口水面辽阔，并与黄浦江相连通的内陆河湖形成湖源型感潮河网区。长江河口既是海水和淡水的交汇处，又受长江携带的丰富有机物，孕育着浮游动植物资源，并为鱼类提供了丰富的饵料来源。长江河口为多种鱼类提供了良好的栖息地。因此，上海地区鱼类资源特别丰富。

上海地区鱼类分布受水域环境的含盐量差异的制约。根据鱼类栖息水域的含盐量，可将鱼类分为咸淡水鱼类和淡水鱼类。咸淡水鱼类主要有鲱形目、鲻形目、鲈形目、鲽形目和鲀形目等 60 余种；淡水鱼类包括鲤形目、鲇形目、合鳃目和刺鳅目等 50 余种。但是，由于内陆淡水水系通过黄浦江汇入长江河口，又因濒临东海，受潮汐的顶托，河口咸水或淡水倒灌入内陆水系，所以河口有些鱼类，如刀鲚（*Coilia ectenes*）、大银鱼（*Eperlanus chinensis*）、太湖短吻银鱼（*Neosalanx tankankei*）、鲻鱼（*Mugil cephalus*）、鲈鱼（*Lateolabrax Japonica*）、舌鳎（*Cynoglossus* sp.）和暗纹东方鲀（*Takifugu obscurus*）等，和一些江海洄游性鱼类，如日本鳗鲡（*Anguilla japonica*）、松江鲈鱼（*Trachidermus fasciatus*）等进入内陆水系栖息，远可达上海地区西部的淀山湖。有些江河洄游性鱼类，如青鱼（*Mylopharyngodon piceus*）、草鱼（*Ctenopharyngodon idellus*）、鲢鱼（*Hypophthalmichthys molitrix*）、鳙鱼（*Aristichthys nobilis*）等在繁殖季节由河湖游至长江上游的急流中繁殖。

上海沿江及沿海地区有较广阔的滩涂，内陆河湖密集，人工湿地分布广泛，为湿地动物提供了良好的栖息环境。因此上海地区的湿地动物资源非常丰富。根据 1998—2000 年上海市湿地资源调查报告，在上海市的湿地生态系统共记录到鱼类 114 种，两栖类 8 种，爬行类 22 种，湿地鸟类 110 种，哺乳类 15 种。

由于上海市位于我国东部海岸线的中间，长江每年夹带的泥沙在河口湾沉积，形成了广袤的滩涂湿地，而该区域位于亚太地区候鸟迁徙路线的中间，滩涂湿地为鸟类的迁徙提供了良好的栖息地。每年春季和秋季的迁徙时期，有大量候鸟在此路过或停歇，冬季，大量的水鸟在此越冬。因此，上海市的东部地区为候鸟的重要栖息地。主要鸟类包括环颈鸻（*Charadrius alexandrinus*）、黑腹滨鹬（*Calidris alpina*）等鸻形目鸟类，银鸥（*Larus argentatus*）、红嘴鸥（*Larus ridibundus*）等鸥形目鸟类以及各种鹭科、鸭科鸟类（图4-2）等。

图4-2　鹭科鸟类

　　上海市的西部地区具有纵横交错的江河水系和宽阔的湖泊低洼湿地，非常有利于两栖动物和爬行动物的栖息。而低矮的丘陵和广阔的水稻农田也为野生动物提供了丰富的食物资源和优良的繁殖和隐蔽场所。因此，上海西部地区的两栖动物和爬行动物资源比较丰富。代表性的物种包括中华蟾蜍、泽蛙、多疣壁虎等。

　　（4）森林生态系统。森林是指以乔木为主体，具有一定面积和密度的植物群落。森林生态系统是陆地生态系统的主干，上海市的森林生态系统主要位于上海西南部由中生代燕山运动时岩浆侵入和火山喷发所形成的低山和丘陵地区。

　　上海市地处中亚热带北缘，从地理位置上看，其森林生态系统的自然植被应为亚热带常绿阔叶林和常绿、落叶阔叶混交林。然而，由于受到人类活动的强烈影响，上海市的大部分森林生态系统都为次生林和人工林。自然植被主要位于金山岛上。由于金山岛位于杭州湾而与大陆隔离，受到的人类活动影响较小，因此在该地区保存了上海市唯一的处于半自然状态的常绿阔叶林。

位于金山岛的常绿阔叶林主要有两种植物群落类型，一种为青冈栎群落，另一种为红楠群落。常绿阔叶林的建群种分别为山毛榉科的青冈栎（*Cyclobalanopsis glauce*）和樟科的红楠（*Machilus thunbergii*），林木高度为 10～15 m，郁闭度为 80%～90%。群落中常见的树种有天竺桂（*Cinnamomum japonicus*）、枬木（*Eurya japonica*）、木荷（*Schima superba*）、滨枬（*Eurya emarginata*）、日本野桐（*Mallotus japonicus*）、豆梨（*Pyrus calleryana*）、黄檀（*Dalbergia hupeana*）、合欢（*Albizia julibrissin*）、黄连木（*Pistacia chinensis*）和盐肤木（*Rhus chinensis*）等。层间植物较为发达，有常春油麻藤（*Mucuna sempervirens*）、菝葜（*Ficus pumila*）、薜荔（*Ficus pumila*）和络石（*Trachelospermum jasminoides*）等。

常绿阔叶林受到破坏后，通过次生演替，经灌丛阶段可以发展到落叶阔叶或常绿落叶阔叶混交林。落叶阔叶林主要是分布于金山岛的日本野桐、黄檀、算盘子（*Glochidion puberum*）群落，群落高度为 3～4 m，乔灌木分层不甚明显，多为阳性落叶树种，其他常见树种有豆梨、臭椿（*Ailanthus altissima*）、白檀（*Symplocos paniculata*）、野柿（*Diospyros kaki*）、臭梧桐（*Clerodendrum trichotomum*）、丝棉木（*Euonymus bungeanus*）、麻栎（*Quercus acuvessima*）、盐肤木和构树（*Broussonetia papyrifera*）等。常绿落叶阔叶混交林主要分布在佘山的苦槠（*Castanopsis sclerophylla*）、白栎（*Quercus fabri*）群落，林木高 7～11 m，郁闭度为60%～80%，落叶树种的数量较多，常见树种还有冬青（*Ilex chinensis*）、化香（*Platycarya strobilacea*）、野柿、厚壳树（*Ehretia thyrsiflora*）、山合欢（*Albizia macrophylla*）等。在次生演替过程中，有些植物群落发展成次生性的常绿针叶林，主要为暖性的马尾松（*Pinus massoniana*）林，在上海各个低山丘陵地区均有分布，但以天马山最多，林相整齐，林木高 8～15 m，郁闭度 40%～70%，以纯林为主，但马尾松有时也与白栎等阔叶树种组成针阔叶混交林。

近几十年来，通过绿化造林，上海地区的低山丘陵地区出现了一些人工林，包括：人工阔叶林，如梧桐（*Firmiana simplex*）林，主要分布于天马山；人工针叶林，如黑松（*Pinus thunbergii*）林和杉木（*Cunninghamia lanceolata*）林。黑松林主要分布于东佘山和横云山等地，而杉木林主要分布在市郊区的一些森林公园，如共青森林公园、崇明的东平森林公园等。另外，在佘山还有较大面积的毛竹（*Phyllostachys pubescens*）林和刚竹（*P. viridis*）林等人工竹林分布。这些人工林往往植物种类单调，通常为纯林，林下灌木层和草本层均不发达。

在森林生态系统中生活的鸟类多为树栖鸟类，而在上海地区则多为留鸟和夏候鸟。森林为鸟类提供了大量的果实和种子等食物来源。上海地区低山丘陵的森林植被由于被分割成岛状，面积狭小，缺乏适于鸟类栖息隐蔽和营巢的成片山林，因此上海地区留鸟和夏候鸟的种类贫乏，数量也较少。常见种类主要为池鹭、牛背鹭、小白鹭、红脚隼、珠颈斑鸠、白腹鸫、黑脸噪鹛、小树莺、北蝗莺、斑文鸟等。

在森林生态系统中，除鸟类外，还有其他动物。以昆虫为代表的无脊椎动物是鸟类的主要觅食对象之一；脊椎动物包括爬行动物草蜥（*Takydromus septentrionalis*）、石龙子（*Eumeces chinensis*）、蝮蛇（*Agkistrodon halys*）、宁波滑蜥（*Scincella modestum*）、赤练蛇（*Dinodon rufozonatum*）等，哺乳动物包括短耳兔（*Lepus sinensis*）、刺猬（*Erinaceus europaeus*）、黄鼬（*Mustela sibirica*）、黄鼬獾（*Melogale moschata*）、猪獾（*Arctonyx collaris*）、豹猫（*Felis bengalensis*）、小灵猫（*Viverricula indica*）等。

由于上海地区的森林分布面积较小，因此生活在其中的动物常常在森林以外的农田等区域活动。

（5）物种多样性。

①植物资源。上海市目前有标本记录的种子植物有 168 科 981 属共 1 900 种。但由于上海地区大部分区域为冲积平原，地形地貌比较单一，而且大部分地区都已经被开垦利用，除了一些水生的植被和沿海沼生植

物外，很难见到自然的植物种类。因此，上海地区的大部分植物为外来种类，乡土植物只有 500 多种。仅在一些人类活动干扰较少的区域还保留着一些自然植被，但也面临着严重的破坏。上海市自然植物的分布区主要是佘山和金山三岛地区。这些地区基本上能够反映上海地区的乡土植物的组成。然而，这些区域也正受到严重的破坏，乡土植物的种类迅速减少。根据徐炳声（1999）对佘山地区植物区系的研究，50 年代末该区域有种子植物 655 种，到 80 年代中期种子植物的数量下降到 535 种，1999 年，该区域的种子植物的数量仅有 254 种。

上海地区乡土植物的常绿成分是由山毛榉科青冈属的青冈（*Cyclobalanopsis glauca*）、锥栗属的苦槠（*Castanopsis sclerophylla*）以及樟科的樟属（*Cinnamomum*）、润楠属（*Machilus*）、冬青科的冬青属（*Ilex*）植物组成。落叶成分主要由山毛榉科的栎属（*Quercus*）、榆科的朴属（*Celtis*）、榉属（*Zelkova*）、榆属（*Ulmus*）、胡桃科的化香属（*Platycarya*）、大戟科的野桐属（*Mallotus*）组成，针叶林的组成以松属（*Pinus*）的马尾松（*Pinus massoniana*）、黑松（*P. Thunbergii*）、杉属的杉木（*Cunninghamia lanceoata*）、柳杉属的柳杉（*Cryptomeria fortunei*）为主。这些都是中国—日本森林植物区系的典型属种，反映了上海地区森林植被的特点。上海地区的植被可分布自然植被和人工植被两类，其中自然植被包括亚热带常绿、落叶混交林，盐生植被、沼生植被和水生植被。人工植被主要为行道树、绿地植被、观赏植物、农作物和经济作物等。

②亚热带常绿、落叶混交林。上海地区大部分区域为栽培植物，地带性植被仅在佘山、金山等几个小山头上还保留着一些。在佘山地区，上层树木以落叶树为主。主要有白栎（*Quercus fabri*）、糙叶树（*Aphananthe aspera*）、麻栎（*Quercus acutissima*）等，偶尔也可见到常绿的苦槠（*Castanopsis sclerophylla*）。灌木丛的主要常绿植物为乌饭树（*Vaccinium bracteatum*）、美丽胡枝子（*Lespedeza formosa*）、算盘子

（*Glochidion puberum*）、冬青（*Ilex purpurea*）等。在上海最南端的大金山岛，该区域的植被类型也是常绿落叶阔叶混交林。大金山岛的常绿树种主要有青冈（*Cyclobalanopsis glauca*）、红楠（*Machilus thunbergii*），落叶树种主要有麻栎（*Quercus acutissima*）、豆梨（*Pyrus calleryana*）、黄连木（*Pistacia chinensis*）、日本野桐（*Mallotus japonicus*）、朴树（*Celtis sinensis*）等。这些树种都是北亚热带的典型树种。该区域常绿树的高度一般不超过 10 m，它的高度、树木的数量和分布面积都低于落叶树。这可能是由于上海市位于中亚热带的北缘，本身就渗透有不少的落叶阔叶树种。另外，由于常绿阔叶树的萌蘖再生能力和自然更新能力都不及落叶阔叶树，遭到砍伐后在短时期内难以恢复。另外，大金山岛还分布有少量的柃木（*Eurya japonica*）、天竺桂（*Cinnamomum japonicum* Sieb）、舟山新木姜子（*Neolitsea sericea*）等中亚热带树种，后两种还是乔木，占据了林冠的上层。这说明该区域位于从北亚热带地带向中亚热带地带过渡的区域。

上海地区的常绿落叶阔叶混交林主要由山毛榉科、榆科、樟科、山茶科、胡桃科以及禾本科的竹亚科的植物构成。山毛榉科的植物有 4 属 5 种，市亚热带山地森林的优势种或在低平的次生林里占据重要地位。尤其是锥栗属（*Castanopsis*）、青冈属（*Cyclobalanopsis*）为亚热带地带性植被的代表类型。栎属（*Quercus*）也有相当高的比例，是落叶阔叶林中的主要成分之一，它反映了本地区的过渡类型。榆科有 4 属 6 种，以朴属（*Celtis*）、榉属（*Zelkova*）、榆属（*Ulmus*）为主，在常绿落叶阔叶混交林中占有相当重要的比例。樟科有 3 属 5 种，樟属（*Cinnamomus*）、润樟属（*Machilus*）、山胡椒属（*Lindera*）都是常绿落叶阔叶林的主要建群种和组成成分。山茶科植物有 2 属 4 种，柃属（*Eurya*）是常绿落叶阔叶混交林下的常见树种。胡桃科有 3 属 3 种，其中以化香属（*Platycarya*）为组成常绿落叶阔叶混交林的主要建群树种。禾本科的竹亚科有 5 属 9 种，在本区植被中占有突出的地位，有的组成纯竹林，有的伴生在各种各样的植被类型中。其中尤以毛竹属（*Phyllostachys*）、倭竹属（*Shibataea*）更为常见。另外裸子植物也是本区植物的重要组成部分，共有 10 属 15 种，大多数种类与阔叶林混交，以马尾松（*Pinus massoniana*）、黑松（*Pinus thunbergii*）、杉木（*Cunninghamia lanceolata*）、水杉（*Metasequoia glyptostroboides*）和柳杉（*Cryptomeria fortunei*）为主。但在现存的植被中，都属于人工栽培植物。

③盐生植被。盐生植被分布在沿海的狭窄地带，面积小，类型也少。从群落的组成上来看，可分为肉质型和禾草性两类。肉质型植被有碱蓬群落和拟漆姑草群落。碱蓬群落由碱蓬（*Suaeda glauca*）和盐地碱蓬（*Suaeda salsa*）组成，分布在海堤内侧的低洼地，也出现在已围垦但未耕种的且含盐量较高的地方。拟漆姑草群落以拟漆姑草（*Spergularia marina*）为主，群落中还有碱蓬、小飞蓬（*Comnyza canadensis*）、碱菀（*Tripolium vulgare*）、蒲公英（*Taraxacum mongolicum*）等。

禾草型盐生植被有白茅群落、獐毛群落、结缕草群落等。白茅群落分布在滩涂的高潮位地带，根据水质的盐度不同，可分为南北两种群落类型。两种群落类型的建群种都是白茅（*Imperata cylindrical* var. *major*），但在群落其他植物种类的组成上差异很大。在金山和奉贤的沿江滩涂，白茅群落的外观整齐，组成较单纯，在群落的边缘常见糙叶苔草（*Carex scabrifolia*）、海三棱藨草（*Scirpus mariqueter*）和芦苇（*Phragmites communis*）等植物。而在崇明岛的西部，白茅群落的外观杂乱，群落中常有双子叶植物，如旋复花（*Inula britannica*）、草木犀（*Melilotus*）、马兰（*Kalimeris indica*）等植物，偶见水莎草（*Cyperus serotinus*）、飘拂草（*Fimbristylis dichotoma*）等。獐毛群落主要分布在海堤外侧地势较高的滩涂上。以獐毛（*Aeluropus sinensis*）为主，呈单优势种群落或在边缘区域长有白茅和海三棱藨草。结缕草群落分布在滩涂的地势较高处，群落生长良好，但面积一般较小。群落中常见种类有水蜈蚣（*Kyllinga brevifolia* Rottb）、鸡眼草（*Kummerowia striata schindl*）等。

④沼生植物。沼生植物多分布于沿海滩涂以及河流湖泊沿岸的浅水中。主要有芦苇群落、茭笋群落以及蘸草、海三棱蘸草群落。芦苇群落是沿海滩涂最主要的植被类型，无论从分布面积还是从生长数量上来看，都超过其他植被类型。芦苇群落具有很强的繁殖力，尽管大部分芦苇群落都是以加快滩涂淤积、保护堤坝为目的而人工种植的，但种植后不需要管理很快就能够迅速繁殖、扩散。芦苇群落的分布范围非常广，在大量沿海滩涂和崇明岛东北沿岸的滩涂上均有分布。芦苇群落的宽窄不一，多呈带状分布。群落的结构整齐，组成种类单纯，通常呈单优势群落。另外，在九段沙也有大面积的芦苇群落分布。

茭笋群落散布于河流湖泊沿岸，生长在浅水中，通常都在芦苇沼泽的外围。伴生种有芦苇、泽泻（*Alisma orientale*）、萍蓬草（*Phar pumilum*）、野菱（*Trapa incisa*）等。

蘸草（图4-3）、海三棱蘸草群落为生长在沿海滩涂上的原生草本植被类型，分布面积仅次于芦苇。群落的种类单一，外观整齐，可分布到滩涂的低潮区上线。蘸草、海三棱蘸草群落为长江口以及钱塘江口滩涂的特有群落。

图4-3　海三棱蘸草群落

另外，近年来，上海沿江滩涂和崇明岛的沿海滩涂出现了大面积的互花米草群落。互花米草为外来入侵种，目前在我国东部沿海地区分布广泛。互花米草有促进滩涂淤涨、保护堤坝的作用，但对滩涂生态系统有严重的威胁。目前，上海地区的互花米草群落正在迅速扩张，很可能对上海地区的生物多样性造成严重破坏。

⑤水生植被。上海地区的水生植被分布广泛，但面积较小。水生植被主要分布于河道、池塘和沟渠中。沉水水生植被主要有：狐尾藻、金鱼藻（*Ceratophyllum demersum*）、黑藻（*Hydrilla verticillata*）群落，菹草（*Potamogeton crispus*）、苦草（*Vallisneria asiatica*）群落，竹叶眼子菜（*P. malaianus*）、篦齿菜眼子菜（*P. pectinatus*）群落，多孔茨藻（*Najas* sp.）、角茨藻（*Zannichelllia palustris*）群落，川蔓藻（*Ruppia maritima*）群落和狸藻（*Utricularia* sp.）群落。浮水水生植被主要有：水鳖（*Hydricharis dubia*）、荇菜（*Nymphoides peltatum*）群落，浮萍（*Lemnaceae Minor*）、紫萍（*Spirodela polyrrhiza*）群落，菱（*Trapa* sp.）群落，空心苋（*Alternanthera philoxcroides*）群落，凤眼莲群落，满江红（*Azolla imbricata*）、槐叶萍（*Salvinia natans*）群落。挺水水生植被有慈菇（*Sagittaria sagittifolia*）群落和莲（*Nelumbo nucifera*）群落等。

⑥浮游植物。上海地区水域类型众多，理化性质差异很大，因此浮游植物具有丰富的种类。据多年的调查，共记录到浮游植物8门111属。其中硅藻门44属，绿藻门35属，蓝藻门19属，甲藻门3属，隐藻门2属，裸藻门4属，金黄藻门4属。各水系属的分布见表4-2。

表4-2　上海市主要水系浮游植物区系分布（表格中数字为属数）

	硅藻门	绿藻门	蓝藻门	甲藻门	隐藻门	裸藻门	金黄藻门
长江水系	34	27	12	3	2	4	2
杭州湾水系	31	—	2	3	—	1	—
黄浦江水系	21	27	8	2	2	4	3
淀山湖	20	35	15	3	2	4	4
苏州河	16	32	12	3	2	4	3
内陆河沟*	22	30	10	3	2	4	2

*：内陆河沟指除长江、黄浦江、杭州湾、淀山湖、苏州河外的各河沟水体。

各门主要藻类的属名如下：

硅藻门：

直链藻属 *Melosira*	星杆藻属 *Asterionella*
圆筛藻属 *Coscinodiscus*	针杆藻属 *Synedra*
小环藻属 *Cyclotella*	布纹藻属 *Gyrosigma*
骨条藻属 *Skeletonema*	舟形藻属 *Navicula*
冠盘藻属 *Stephanodiscus*	桥弯藻属 *Cymbella*
根管藻属 *Rhizosolenia*	异极藻属 *Gomphonema*
角毛藻属 *Chaetoceros*	曲壳藻属 *Achnanthes*
双尾藻属 *Ditylum*	菱形藻属 *Nitzschia*
脆杆藻属 *Fragilaria*	双菱藻属 *Surirella*

绿藻门：

衣藻属 *Chlamydomonas*	十字藻属 *Crucigenia*
空球藻属 *Eudorina*	胶网藻属 *Dictyosphaerium*
纤维藻属 *Ankistrodesmus*	聚镰藻属 *Selenastrum*
浮球藻属 *Planktosphaeria*	角锥藻属 *Frrerella*

⑦人工植被。上海市区除行道树外。绿地均以绿化和美化为主要目的。大型绿地以及机关、工厂、学校多以常绿灌木配以四季更替的花草组成花坛；公园、庭院及大型居民区则乔木、灌木、草本、藤本植物并重。

城市绿化点以及村落、沟渠、道路旁的乔木多以落叶树为主，常见种类有悬铃木（*Platnus hispanica*）、旱柳（*Salix matsudana*）、垂柳（*Salix babylonica*）、杨（*Populus* spp.）、丝棉木（*Euonymus bungeana*）、白榆（*Ulums pumila*）、榔榆（*Ulums parvifolia*）、朴树（*Celtis sinensis*）、臭椿（*Ailanthus altissima*）、刺槐（*Robinia pseudoacacia*）、桑（*Morus alba*）、构树（*Broussonetia papyrifera*）、乌桕（*Sapium sebiferum*）、重阳木（*Bischofia javanica*）、楝（*Melia azedarach*）、水杉（*Metasequoia glyptostroboides*）等。近年来，还大量栽培了半常绿性质的香樟

（*Cinnamomun camphora*）。此外，还有一些常绿树种，如石楠（*Photinia serrulata*）、女贞（*Ligustrum lucidum*）、桂花（*Osmanthus fragrans*）、海桐（*Pittosporum bobira*）、黄杨（*Buxus sempervierans*）等。这些树种都是北亚热带常见的栽培树种。这也说明了上海市虽然处于中亚热带的北部，但也留有北亚热带的痕迹。

郊区的人工植被除农田植被及行道树外，主要集中在低山上，以种植毛竹和杉木为主。

上海地区的农作物以粮食作物——水稻为主，各郊区（县）均有种植，但以西部淀泖洼地的青浦、松江、金山的种植面积最广，通常实现一年2～3熟制。夏秋以1～1熟的水稻为主，冬春以麦、油菜、蚕豆（*Vicia faba* Linn.）为主。棉花多分布在滨海沿江地区各乡村，一般实现粮棉间套轮作。上海地区的瓜果主要有西瓜、葡萄、草莓等。上海地区的果树种类主要有桃、李、橘等。

近年来，上海从国内外引进了很多的观赏植物、花卉以及蔬菜等植物种类及品种。这对上海地区的生物多样性资源起到了重要的补充作用。但是，近年来，一些外来植物，如喜旱莲子草、凤眼莲、加拿大一枝黄花等，逐渐成为了入侵生物，并对上海地区的生物多样性资源带来了极大的威胁，需引起高度的重视。

⑧重点保护的野生植物。上海市的国家重点保护野生植物共有3种，即香樟（*Cinnamomun camphora*）、天竺桂（*Cinnamomun japonicub*）和舟山新木姜子（*Neolitsea sericea*）。这三种植物仅分布于金山三岛自然保护区内，香樟分布于大金山岛的东部岩石缝中，仅6株，目前未形成种群。但发现有幼苗生长，种群有希望得到恢复。天竺桂分布于大金山岛的东部岩石缝中以及岛的北坡，呈零星分布类型，仅5株，也未形成种群，但有较多的幼苗，有望成为主要的建群种。舟山新木姜子分布于大金山岛的北坡，仅记录到1株。但由于该植物为雌雄异株，因此种群已无法恢复。目前这三种植物基本上处于自生自灭的状态。一方面，由

于上海市野生植物资源贫乏；另一方面，由于上海市野生植物的保护与管理工作起步较晚，目前尚未制定相关的地方性管理法规。有关管理和保护工作亟待开展。

另外，上海地区涉及全国重点保护野生植物资源栽培、贸易的植物有：金钱松（*Pseudolarix amabils*）、水松（*Glyptostrobus pensilis*）、福建柏（*Fokienia hodginsii*）、榉树（*Zelkova schneideriana*）、厚朴（*Magnolia officinalis*）、夏腊梅（*Calycanthus chinensis*）、香樟（*Cinnamomum camphora*）、杜仲（*Eucommia ulmoides*）、羊角槭（*Acer yanjuechi*）。

（6）动物资源。

①无脊椎动物。无脊椎动物种类众多，数量巨大，在生态系统的物质循环和能量流动中起着重要的作用。因此无脊椎动物在生态系统中占据着重要的地位。另外，上海市的许多无脊椎动物具有重要的经济价值，如中华绒螯蟹、缢蛏、泥螺、牡蛎等。

②浮游动物。上海市各水系浮游动物种类众多。据多年调查，共记录到原生动物40属，轮虫35属80种，枝角类21属30种，桡足类57种，磷虾类4种，糠虾类4种，毛颚类6种，水母类23种和浮游幼体17种。各水系浮游动物的属种随长江河口内和河口外区域的不同而有显著的变化。上海地区各水系的浮游动物分布见表4-3。

表4-3　上海市各水系主要浮游动物属种分布

	原生动物	轮虫	枝角类	桡足类
长江水系	17属	11属，17种	8属，8种	31种
杭州湾	1属	2属，3种	1属	10属，13种
黄浦江水系	27属	18属，29种	7属，9种	9属，11种
淀山湖	28属	27属，31种	23属，49种	10属，11种
苏州河	26属	25属，39种	13属，17种	10属，12种
内陆河沟	26属	26属，54种	18属，24种	9属，11种

浮游动物主要种类的属名如下：

原生动物：

表壳虫 *Arcella*　　　　　　砂壳虫 *Difflugia*

栉节虫 *Didinum*　　　　　　筒壳虫 *Tintinnidium*

夜光虫 *Noctiluca*　　　　　似铃壳虫 *Tintinnopsis*

钟形虫 *Uorticella*　　　　　累枝虫 *Epistylis*

聚缩虫 *Zoothamnium*

轮虫：

裂足轮虫 *Schizoerca*　　　　臂尾轮虫 *Brachionus*

龟甲轮虫 *Keratella*　　　　　叶轮虫 *Nothalca*

鬼轮虫 *Trichotria*　　　　　鞍甲轮虫 *Lepadella*

腔轮虫 *Lecane*　　　　　　单趾轮虫 *Monostyla*

晶囊轮虫 *Asplanchna*　　　　异尾轮虫 *Trichocerca*

多肢轮虫 *Polyarthra*　　　　三肢轮虫 *Filinia*

枝角类：

秀体水蚤 *Diaphanosoma*　　水水蚤 *Daphnia*

网纹水蚤 *Ceriodaphnia*　　　裸腹水蚤 *Moina*

象鼻水蚤 *Bosmina*　　　　　基合水蚤 *Bosminopsis*

泥水蚤 *Iliyocryptus*　　　　盘肠水蚤 *Chydorus*

桡足类：

剑水蚤 *Cycops*　　　　　　拟哲水蚤 *Paracalanus*

华镖水蚤 *Sinocalanus*　　　许镖水蚤 *Schmackeria*

异足猛水蚤 *Canthocamptus*　温剑水蚤 *Thermocyclops*

荡镖水蚤 *Nuetrodiaptomus*

上海市各水系浮游动物的分布特点及生态类型可归纳如下：

各水系浮游动物密度。原生动物以苏州河为最多（3 144 个/L），轮虫、枝角类以及内陆河沟最高（687.9 个/L 和 14.7 个/L），苏州河次之

（376.8 个/L 和 8.45 个/L）。桡足类以及内陆河沟最多（36.6 个/L），长江河口次之（25.3 个/L）。浮游动物的密度变化可反映出水体的富营养化程度。从总体上分析，上海市各水系以苏州河和内陆河沟浮游动物最丰富，这说明这些水体的富营养化程度较高。淀山湖次之，黄浦江虽然也是一条富营养化的河道，但由于黄浦江西部水体的富营养化程度较低，所以浮游动物的平均值仍较少。

主要类群。长江河口湾和杭州湾水域的地形复杂，水流急，终年由长江、钱塘江和浙江沿岸诸河流流入大量淡水。另外，北受苏北沿岸水和南黄海中央水系、南受东南外海暖流余脉的影响，形成一个复杂多变的交汇区。在紧靠江口和近岸盐度都很低，一般为 0‰~20‰，而在离岸或离江口稍远的近岸水与外海水交汇锋面区，则呈现次高盐水体，盐度值为 30‰~34‰，这种复杂的水文情况反映到浮游动物的种类组成复杂性，大体可分为 4 个主要生态类群：淡水类群，主要种类有汤匙华哲水蚤（*Sinocalanas dorrii*）、广布中剑水蚤（*Mesocyclops leuckarii*）；半咸水河口类群，如火腿许水蚤（*Schmackeria poplesia*）、虫肢歪水蚤（*Tortanus vermiculus*）、华哲水蚤（*Sinocalanus sinensis*）；低盐近岸类群，主要种类有四刺窄腹剑水蚤（*Limnoithoma tetraspina*）、真刺唇角水蚤（*Labidocera eachaeta*）、背针胸刺水蚤（*Centropages dorisispinatus*）、太平洋纺锤水蚤（*Acartia pacifica*）；外海类群，如中华哲水蚤（*Calanus sinicus*）、精致真刺水蚤（*Euchaeta concinna*）、肥胖箭虫（*Sagitta enflata*）。

（7）底栖动物。上海地区的底栖动物主要分布于长江河口湾、杭州湾区域的滩涂及外围区域以及内陆的河流、湖泊、河道等水系。

①河口区域。据多年调查，在长江河口湾及杭州湾以外区域共收集到底栖动物 153 种，包括多毛类 51 种，软体动物 33 种，甲壳动物 37 种，棘皮动物 3 种，鱼类 27 种和其他无脊椎动物 2 种。基本上属于浅海广盐性种类，反映出河口区域种类组成特点，其中多毛类优势种有海不倒翁虫（*Sternaspis scutata*）、长吻沙蚕（*Glycera chirori*）、异

足索沙蚕（*Lumbrineris heteropoda*）、巢沙蚕（*Diopatra neapolitana*）、异单指虫（*Heterocossura acicnlata*）等；甲壳类优势种有长额仿对虾（*Parapenaeopsis hardwickii*）、葛氏长臂虾（*Palaemon gravieri*）、脊尾白虾（*Exopalaemon carinicauda*）、三疣梭子虾（*Neptunus trituberculatus*）等；软体动物的优势种有红带织纹螺（*Nassarius succicauctus*）、金星蝶铰蛤（*Trigonothracia jinxingae*）等；棘皮动物有潮栖遂阳足（*Amphiura vadicola*）等。长江河口湾以内区域的底栖生物数量较河口湾以外区域的生物量较为贫乏，但仍记录到一些优势种类，主要为甲壳类，包括中华绒螯蟹（*Eriocheir sinensis*）、脊尾白虾和安氏白虾（*E. annandlei*）。它们既是鱼类的饵料，其本身又是长江口主要渔汛的渔获对象。

②内陆水系。据多年调查的资料，全市内陆水系共收集到底栖动物41 种（属），其中软体动物 21 种（属），占 51.20%；甲壳动物 10 种（属），占 24.4%；环节动物 7 种（属），占 17.1%，昆虫 3 种（科），占 7.3%。多毛类（Polychaeta）的优势种有日本刺沙蚕（*Neathes japonica*）、沙蚕（*Nereis* sp.）；寡毛类（Oligochaeta）的优势种有尾盘虫（*Dero* sp.）、颤蚓（*Tubifex tubifex*）、尾鳃蚓（*Branchiura sowerbyi*）、水丝蚓（*Limnodrilus hoffmeisteri*）；蛭类（Hriudinea）的优势种有水蛭（*Hriudo* sp.）；昆虫类（Insecta）的优势种有蜻蜓（*Aeschna*）、蜉蝣（*Cloeaon*）、摇蚊（*Chironomus*）；腹足类（Gastropoda）的优势种有方形环棱螺（*Bellamya quadrata*）、梨形环棱螺（*B. purificata*）、圆顶珠蚌（*Unio donglasiae*）、短褶矛蚌（*Lanceolaria grayana*）、射线裂脊蚌（*Schistodesmus lampreyanus*）、背瘤丽蚌（*Lamprotula leai*）、背角无齿蚌（*Anodonta acraeformis*）、具角无齿蚌（*Anodonta angula*）、尖锄蚌（*Ptychoshychus pfisteri*）及河蚬（*Corbicula fluminea*）；甲壳类（Crustacea）的优势种有钩虾（*Cammarus* sp.）、锯齿米虾（*Caridina denticulata*）、细足米虾（*C. nllotixca gracilipes*）、脊尾白虾[*Palaemon*（*Exo*）*carinicauda*]、安氏白虾[*P.*（*Exo*）*annandalei*]、日本沼虾（*Macrobrachium nipponense*）、

小长臂虾（*Palamoneles* sp.）、中华绒螯蟹（*Eriocheir sinensis*）、狭额绒螯蟹（*E. leplogthus*）、无齿相手蟹（*Sesarma deheani*）。

上海地区底栖动物的区系分布及季节变化具有下列特点：

淀山湖种类及生物量均甚丰富。种类出现数有 33 种（属），约占全市内陆水域种类出现总数的 80%，年平均生物量达 124.72 g/m^2（1982年），其中螺、蚌类的生物量占绝对优势（99%以上）。

黄浦江在米市渡以上江段的水质尚好，但水深流急，无水深植被。底栖动物的种类数和年平均生物量（47.5 g/m^2）已明显低于淀山湖，软体动物以河蚬为优势种。米市渡以下至龙华中游江段，水质已受到二案工厂、码头等污水流入的影响，有机质含量增加，底栖动物的种类数进一步减少，平均生物量为 57.5 g/m^2，河蚬仍为优势种，但蠕虫类的比重有所增加；龙华以下的中游江段污染严重，软体动物和甲壳动物基本上已经绝迹，只有蠕虫类和摇蚊幼虫生存，年平均生物量只有 8.7 g/m^2（外滩公园测点），但多毛类的出现频率较多，表明下游江段已明显有河口水域的特征。

苏州河下游河段受市区污水排放的影响特别严重，底栖动物分布强烈地反映出与水质污染有关。远郊昆山—安亭段，河水透明度较好，底栖动物的种类出现数有 10 余种，软体动物占优势，年平均生物量达 117 g/m^2，以生物指标法判定为寡污染性（Oligosaprobic）水域。安亭—黄渡段，种类出现数降为 7 种，平均生物量为 54.4 g/m^2，蠕虫类明显增多，属中污性（Mesosaprobic）水域；黄渡—江桥段，软体动物和甲壳动物逐渐消失，至江桥附近，寡毛类地数量猛增，最高密度达 49 000 条/m^2，其生物量为 177 g/m^2，属β-强污性（β-Polysaprobic）水域，从江桥至外白渡桥大约 17 km 河段，无底栖动物分布，基本上可称之为"死河"，仅外白渡桥外侧，受黄浦江水的稀释，有少量寡毛类出现，此处应为α-强污性水域。

郊县其他内河的底栖动物区系，主干河道以河蚬等鳃瓣类为优势种群，流经城镇的二级河道，底栖动物常以石棱螺、方格短沟蜷、摇蚊幼虫等为主，个别有机质丰厚之处，寡毛类的密度亦较大，有些乡办企业的污水任意排放，可殃及个别河段严重污化。在海滨地区的通潮河段，常有沼螺、钩虾、多毛类等分布，并有较多的底栖爬行甲壳动物，如河蟹等。

在季节变化上，内陆水域的底栖动物周年以螺、蚌类为主体，平均占各类水体总生物量的91%，而螺、蚌类又是多年生的，迁移性小，故在同一水体内的季节数量变动未见较大波动。

③昆虫。由于昆虫种类繁多，目前上海地区还没有完整的昆虫名录。研究较多的昆虫主要是和人类关系比较密切的种类，如农业害虫、蔬菜瓜果害虫以及园林害虫等。据统计，上海市的有害昆虫种类有 880 多种，如小稻蝗（*Oxya intricate*）、台湾蓟马（*Frankloniella formosae*）、菜蚜（*Rhopalosiphum pseudobrassicae*）、灰地老虎（*Diarsia canescens*）、小菜粉蝶（*Pieris rapae*）、棉红蜘蛛（*Tetranychus telarus*）、棉铃虫（*Heliothis armigera*）等，以天牛科、夜蛾科、盾蚧科和蚜科等为主，其中天牛科的种类最多，达 82 种。除了这些害虫以外，蚊蝇等是与人类接触最为密切的害虫。上海地区已知蝇种 155 种，与人类接触最为密切并与传播疾病有关的蝇种约 15 种。其中最主要的蝇种是家蝇（*Musca domestica*）、大头金蝇（*Chrysomya megacephala*）和丝光绿蝇（*Luxilia sericata*）等。上海地区有蚊虫 24 种，其中与人类关系密切、能够传播疾病的主要媒介蚊种有 5 种，它们是传播乙脑的三带喙库蚊（*Culex tritaeniorhynchus*）和淡色库蚊（*Culex pipiens*）、传播疟疾、丝虫病的中华按蚊（*Anopheles sinensis*）和传播登革热的白纹伊蚊（*Aedes albopictus*）以及骚扰阿蚊。近年来，由于上海市环境卫生状况的不断改善，蚊蝇的滋生场所得到了有效的清理和整治，上海地区的蚊蝇密度显著下降。

另外，还有许多昆虫为益虫，对人类生活具有一定的帮助。如能够帮助植物传粉的膜翅目昆虫蜜蜂，能够消灭和抑制农业害虫的赤眼蜂

（*Trichogramma evanescens*）、金小蜂（*Dibrachys cavus*）、肉食性蜘蛛、蜻蜓等。

近年来，上海市政府大力加快绿化的速度，使绿化面积大大增加，与此同时也改变了原先的城市昆虫生态分布。如我们经常看到的危害梧桐树的黄刺蛾（洋辣子）已经越来越少，而散白蚁危害呈上升趋势，原因在于现在的农药对黄刺蛾的杀灭效果较好，而白蚁对农药的抗药性较强。同时由于将果树作为绿化的一部分，原先城市中没有的一些昆虫种类也进入城市，如梨木虱等。还有就是因为大量引种一些非本地化的植物，使一些园林害虫快速在上海分布，今后可能会产生较严重的后果。本市的传粉昆虫，如蜜蜂、熊蜂、条蜂、无垫蜂、蝴蝶的种类都有所增加，为城市生态环境的改变作了很大的贡献，单是蝴蝶的种类就已经增加到 60 多种。而与此同时，大量增加的草地面积也使蝗虫、蟋蟀的种类有所上升。

在城市住宅小区内，地表昆虫的种类明显降低，一些原来生活在泥土中的昆虫由于大量的水泥马路的面积扩大，使它们无法生存，退出了居住区域，但由于小区内绿化面积的不断增加，一些原来比较少见的蝴蝶、蛾子种类有所增加，但常见的蝉却不见了踪迹，原因也是因为蝉的若虫阶段是生活在土壤里面。因此如何在合理地改善小区道路的同时，增加道路两边树木中昆虫与土壤的接触面积，是施工部门和设计部门应该予以充分考虑的问题。

在城市中心绿化地带，由于绿化面积的迅速扩大，植物种类的迅速增多，导致昆虫的种类数量和种群数量在阶段性范围内呈跳跃性增加。但是由于人工喷洒杀虫剂和杀菌剂，因此在喷洒后几天内，昆虫的种类和数量明显下降，然后又缓缓上升。同时我们还发现昆虫天敌的种类也比以前有了提高，传粉昆虫的种类提高较快，因为种植有花蜜的种类大幅度增加。但是我们也发现一些原来不应该生活在这一区域内的果树害虫，现在却大量为害，原因在于将果树引入到绿化的植物种类中。为此，在进行绿化建设时，应大量引入园林天敌昆虫，不但能减少农药的喷洒次数和数量，而且更加符合生态型城市的内容，即运用生态环境的自我调节功能，来压低害虫的为害面积，减少农药对城市环境的污染。

而在近郊的调查中发现，昆虫的种类不断减少，昆虫自然生态环境正在退却。原因在于城市建设的不断扩展，钢筋水泥替代了杂草和泥土。

通过对卫生害虫进行调查，发现了一些变化，如：原先在本市蟑螂中占优势种的美洲大蠊，现在比较少见，而德国小蠊却越来越多，这主要与环境有着很大的关系，美洲大蠊由于主要生活范围的环境变得整洁而越来越小；德国小蠊大多喜爱生活在饭店、宾馆的餐厅和食堂，因为卫生工作不够细致，环境不够整洁，因此呈蔓延趋势。同时由于城市建设工程的不断加大，蚊子和苍蝇的滋生地也越来越多，加上气候变暖，所以它们的数量也在增加，市民感染疾病的概率也有所上升。目前仅浦东地区的小范围调查就发现有苍蝇种类近百种，整个上海地区的苍蝇种类会更多。蚊子也从以前的库蚊、按蚊变化为以白蚊、伊蚊为优势种。同时，以前较为少见的生活在污水环境中的蛾蠓有明显的抬头趋势。相反，以前人类最讨厌的臭虫，基本已在上海绝迹，这与市民卫生环境的改善有直接关系。但也发现，寄生在人体的体虱和阴虱有增加趋势，这与一些人的不健康生活习惯有密切关系。

另外，由于城市温度与湿度的变化，也引起了一些昆虫的数量分布发生变化，如目前市民反映最多的仓储昆虫中，书虱的比例是最高的，而根据以前的调查，书虱与螨类是经常共生的，螨类则能引起人类的哮喘、过敏等疾病。昆虫是种类最多、分布最广的动物类群。在上海地区，昆虫无处不在，城市绿地、住宅园林、荒野废地到处都能看到它们。上海市自然博物馆最近的调查表明：在上海园林土壤中，仅弹尾目昆虫就有 69 种。此外，蜜蜂、蚂蚁、蝴蝶、蜻蜓、蟋蟀等膜翅目、直翅目、鳞翅目的昆虫经常可以在城市中见到。

④鱼类。上海市位于长江入海口，并有着密集的内陆水网，水域环

境多样。因此，上海地区的鱼类种类多，生态类型多样。长江河口湾及杭州湾北岸既是咸淡水鱼类的栖息处，又是洄游性鱼类产卵和索饵的场所或过境通道；同时海洋鱼类在生殖洄游或索饵洄游至近海时，有时也进入河口水域栖息。上海内陆的水系也生产鱼类。由于内陆西部的淀泖湖群源于太湖，而成为太湖水量向东入海的通道。因此，内陆鱼类具有太湖鱼类区系的特点。

上海地区的鱼类资源非常丰富。据上海市鱼类志记载，上海市有鱼类 250 种，隶属 25 目 88 科。其中中华鲟（*Acipenser sinensis*）和白鲟（*Psephurus gladius*）被列入国家一级保护野生动物，松江鲈鱼（*Trachidermus fasciatus*）被列入国家二级保护动物。上海地区一半左右的鱼类为经济鱼类，长江河口和杭州湾北岸水域主要经济鱼类近 30 种，渔业年产量达近万吨。内陆淡水经济鱼类有 20 多种，年产量在 10 万 t以上。

根据鱼类生活的环境条件不同，上海地区的鱼类可分为以下 5 类：

淡水鱼类：上海地区有淡水鱼类 50 余种，这类鱼终生生活在淡水水域，如鲤鱼（*Cyprinus carpio*）、鲫鱼（*Carassius auratus*）、鳊鱼（*Parabramis pekinensis*）、黄颡鱼（*Pelteobagrus fulvidraco*）、鳗鲡、黄鳝（*Monopterus albus*）、鳜鱼（*Siniperca chuatsi*）、乌鳢（*Channa arga*）等。另外，也有少数种类在生殖时期从江河下游或湖沼向上游急流进行产卵，如青鱼（*Mylopharyngodon piceus*）、草鱼（*Ctenopharyngodon idellus*）、鲢鱼（*Hypophthalmichthys molitrix*）、鳙鱼（*Aristichthys nobilis*）等。

洄游鱼类：洄游性鱼类可分为两类，即溯河洄游鱼类和降海洄游鱼类。溯河洄游鱼类平时生活在浅海或近海，每年繁殖季节由海入长江河口或上游产卵，产卵后亲鱼死亡或与仔鱼返回近海或浅海育肥生长，如中华鲟、银鱼、鲥鱼（*Tenualosa reevesii*）、刀鲚等。降海洄游鱼类平时生活在江河、湖泊或溪流中，繁殖季节洄游到浅海或深海产卵，亲鱼产卵后死亡。如松江鲈鱼、鳗鲡等。

咸淡水鱼类：又称河口性鱼类。这类鱼终生生活在长江口的咸淡水区域，如鲻鱼（*Mugil cephalus*）、鲈鱼（*Lateolabrax japonicus*）、河鲀（*Takifugu obscurus*）等。

海水鱼类：这类鱼平时生活在海洋中，在生殖洄游或索饵洄游至长江河口近海区域时，偶尔进入河口和陆岸浅海域。如黄姑鱼（*Nibea albiflora*）、大黄鱼（*Pseudosciaena crocea*）、小黄鱼（*Pseudosciaena polyactis*）、带鱼（*Trichiurus lepturus*）、银鲳（*Pampus argenteus*）等。

沿岸浅海定居性鱼类：这类鱼终生生活在长江河口或陆岸浅海区的滩涂和水域，如弹涂鱼（*Periophthalmus cantonensis*）和各种鰕虎鱼科鱼类 10 余种。

⑤两栖动物。在上海地区的两栖动物共计 14 种，其中中华蟾蜍、泽蛙、黑斑蛙（*Rana nigromaclata*）、金线蛙的数量最多、分布最广，为上海地区常见的两栖动物。另外，日本树蟾（*Hyla japonica*）、饰纹姬蛙（*Microhyla ornata*）和虎斑蛙（*Rana rugulosa*）也有一定的数量分布。可确定现今在上海地区仍有分布的两栖动物共 8 种。

中华蟾蜍（*Bufo gargarizans*）为上海地区分布广泛、数量较多的两栖动物。根据 1997—2000 年对上海市陆生野生动物的调查，中华蟾蜍在上海地区的密度可达每平方公里 4.8 万只。其中以宝山区的分布密度最高，主要生活于水田、旱地及水沟、池塘、小河的静水水域附近的农田或杂草丛中。上海地区的中华蟾蜍大部分生活在农田和田间，另外，村落中也有较高的数量。

日本树蟾（*Hyla japonica*）在上海地区主要分布于浦东新区、南汇、奉贤、松江等地区，嘉定和青浦偶尔可见。日本树蟾多栖息于水田、池塘、河沟边的草丛、植株和灌丛中，目前数量仍在日趋减少。

日本林蛙（*Rana japonica*）在上海地区非常罕见，仅被记录到 4 次。其栖息于草丛、灌丛林下，对消灭林业害虫有重要作用。

泽蛙（*Rana limnocharis*）在整个上海地区都有分布，数量也最多，在上海地区的密度可达每平方公里 5 万只以上。泽蛙生活于各种水域或水田附近，栖息地包括草丛、土块、田埂边、水田、水坑、沟渠，甚至雨后积水的水塘也可成为其栖息地。

黑斑蛙（*Rana nigromaclata*）在上海地区为广布种，主要分布于水稻田的田间、田埂、沟渠及静水水塘区域。上海地区的平均密度达每平方公里 1.2 万只，以嘉定区的密度最高。黑斑蛙对控制农田害虫有重要作用。虽然黑斑蛙在上海地区的数量较大，但平均每亩农田黑斑蛙的数量仅为 2 只。另外，近年来，黑斑蛙被作为一种食用的野味而被大量捕捉，因此应加强保护措施。

虎纹蛙（*Rana rugulosa*）在上海地区主要分布于西北及东南地区，以青浦的淀山湖地区、南汇东部沿海地区、上海西部的乡镇以及嘉定与宝山的交界处的分布最为集中。虎纹蛙在上海市的数量约 1 万只，主要分布于水网地带以及稻田、茭白田等静水水域，栖息在田间、沟渠以及小河、水塘边的杂草灌丛下。虎纹蛙也作为可食用的野味而被大量捕捉，应采取相关的保护措施。

金线蛙（*Rana plancyi*）在上海地区的分布较广，数量以金山、奉贤、南汇较多，主要栖息于水草较多的河沟、水池、鱼塘等处。

饰纹姬蛙（*Microhyla ornata*）在上海地区呈零星分布，主要见于南汇、金山、奉贤、浦东新区和宝山等处，主要生活在水坑、静水塘附近的杂草丛中，数量较少。

⑥爬行动物。上海地区记录到的爬行动物有 37 种，且数量较少。除生活在沿海区域的棱皮龟（*Dermochelys coriacea*）、蠵龟（*Caretta caretta*）、玳瑁（*Eretmochelys imbricata*）、青环海蛇（*Hydrophis cyanocinctus*）等外，以多疣壁虎、赤链蛇、白条锦蛇、红点锦蛇、黑眉锦蛇、赤链华游蛇、乌梢蛇、短尾蝮等种类的数量相对较多，广泛分布于上海的市郊地区。中国石龙子、蓝尾石龙子、宁波滑蜥、铜蜓蜥（*Lygosoma indicum*）、北草蜥、铅山壁虎、双斑锦蛇（*Elaphe bimasculata*）、

王锦蛇、虎斑颈槽蛇（*Rhabdophis tigrinus*）、黑脊蛇（*Achalinus spinalis*）、乌龟以及鳖等种类的数量稀少，分布区域十分局限，有的种类已濒临绝迹。目前可确定现今在上海地区仍有分布的爬行动物为 21 种（包括水生的 7 种）。

中华鳖（*Trionyx sinensis*）在上海主要分布于奉贤、南汇、金山、青浦、嘉定等区，主要生活于江河湖泊、池塘、水库等区域。在 20 世纪 60 年代，中华鳖在上海仍有一定的数量分布。近几十年来，由于人为滥捕而导致中华鳖的数量急剧下降，分布范围也迅速缩小。目前，野生中华鳖在上海面临绝迹的威胁，亟待采取保护措施。

乌龟（*Chinemys reevesii*）在上海地区主要分布于金山、奉贤、南汇、嘉定等处。主要栖息于江河、湖泊、池塘中。20 世纪 50 年代，乌龟在上海的分布区域较广，数量也较多。但 20 世纪 60 年代后，乌龟在上海地区的分布区域迅速缩小，数量也急剧下降。目前濒临绝迹，亟待采取保护措施。

铅山壁虎（*Gekko hokouensis*）在上海仅见于大金山岛，主要栖息于山区丘陵的建筑物的缝隙中、野外的砖石下以及岩缝和草堆中。数量也非常罕见。

多疣壁虎（*Gekko japonicus*）在上海地区广泛分布，多见于建筑物的缝隙中，晚间活动。在上海地区为常见种。

北草蜥（*Takydromus septentrionalis*）在上海地区目前仅分布于余山，生活于山地丘陵的草丛、灌丛和茶林中。数量较少。

中国石龙子（*Eumeces chinensis*）在上海分布于松江、奉贤、南汇、闵行和金山等地区，主要生活于路边的杂草丛和灌丛中。以前在上海地区的农田中也能见到中国石龙子，但近年来由于平整土地等原因，其数量急剧下降。目前已很难见到。

蓝尾石龙子（*Eumeces elegans*）在上海地区分布于松江、奉贤、南汇、闵行和金山等处，主要栖息于路边及茶园等的石缝、草丛或灌丛中，数量较少。

宁波滑蜥（*Scincella modestum*）在上海仅见于松江的佘山、天马山以及大金山岛。在佘山曾有较多的数量分布，但因过度的开发，佘山宁波滑蜥的数量已经非常稀少。目前在天马山仍可见到，但数量较少。在大金山岛宁波滑蜥的数量仍较多。

赤链蛇（*Dinodon rufozonatum*）为上海地区常见的无毒蛇之一，在嘉定、宝山较为常见。赤链蛇一般生活于农田、村舍及水域附近。

王锦蛇（*Elaphe carinata*）在上海地区的分布和数量都很少见，近年在上海的大陆区域未见其分布。目前在大金山岛仍有少量分布。

白条锦蛇（*Elaphe dione*）在上海分布较广，但以南汇、奉贤和金山等地区较多。白条锦蛇一般生活在田野、近水域的灌木丛或草丛中，居民点附近也有其分布。

红点锦蛇（*Elaphe rufodorsata*）在上海地区为广布种，数量较多。南汇、奉贤地区每年的捕获量达 2 t 左右。红点锦蛇常见于河沟、水田、池塘及附近区域。

黑眉锦蛇（*Elaphe taeniura*）在上海地区主要分布于南汇、奉贤及松江等地，其他区域未有记录。黑眉锦蛇主要栖息在居民点的房前屋后及其附近地区，以鼠类为食。

赤链华游蛇（*Sinonatrix annularis*）在上海地区为广布种，在全市各区县均有分布，常见于河内、水田、池塘及附近区域，数量较多。

乌梢蛇（*Zaocys dhumnades*）在上海地区主要分布于浦东新区、南汇、奉贤、松江和崇明等地，生活于农田耕作区地水域附近及土丘坡地的灌丛中。其主要栖息地为农田田间地段、池塘河沟边、堤坝附近的杂草丛、山地的茶林以及山沟灌丛中。

短尾蝮蛇（*Gloydius brevicaudus*）为上海地区的主要蛇类，以奉贤、南汇的数量最多。其栖息地多种多样，主要活动于农田田埂、沟渠以及土坡杂草丛、灌丛以及居民点附近，尤以水域附近的杂草丛为多。

⑦鸟类。上海市有着丰富的鸟类资源，鸟类研究的历史可追溯到 20 世纪 20 年代。近年来，对上海市鸟类又做过多次调查。特别是 1997—2000 年上海市开展了陆生野生动物资源调查，1998—2000 年上海进行了湿地资源调查，获得了大量的资料和数据。根据这两次大规模调查的结果和多年资料积累的整理，上海市有记录的鸟类种数为 424 种（379种和 45 亚种）。上海市的鸟类具有以下特点：

a）上海市具有丰富的湿地鸟类资源。

上海地区广泛分布的湿地为湿地鸟类提供了良好的栖息环境。据统计，上海市有湿地鸟类 116 种，约占上海市鸟类种类总数的 1/3。因此，上海地区对湿地鸟类的保护具有重要意义。其中崇明东滩是湿地鸟类的重要栖息地，该区域为鸟类迁徙途中的重要停歇点，也是迁徙鸟类在不适合飞行和受天气影响情况下的紧急驿站，同时也是鸟类的重要越冬地。崇明东滩对红腰杓鹬（*Numenius madagascariensis*）、中杓鹬（*Numenius phaeopus*）、鹤鹬（*Tringa erythropus*）、大滨鹬（*Calidris tenuirostris*）、黑腹滨鹬（*Calidris alpina*）、环颈鸻（*Charadrius alexandrinus*）、蒙古沙鸻（*Charadrius mongolus*）七种涉禽具有国际重要意义，泽鹬（*Tringa stagnatilis*）和铁嘴沙鸻（*Charadrius leschenaultii*）的数量也几乎达到了国际重要意义的标准。此外，崇明岛还是备受关注的国际濒危鸟类——小青脚鹬（*Tringa guttifer*）和勺嘴鹬（*Eurynorhynchus pygmeus*）的栖息地。2001 年，崇明东滩被批准为国际重要湿地。九段沙也是湿地鸟类重要的栖息地，据初步调查，记录到湿地鸟类 30 种，其中包括国家二级保护动物小天鹅（*Cygnus columbianus jankowskii*）。随着长江夹带泥沙的不断淤积，沙岛的面积逐渐增加，九段沙将成为上海地区湿地鸟类的重要栖息地之一。长江口南岸和杭州湾北岸也是湿地鸟类的重要栖息地。在 1998—2000 年期间进行的上海地区湿地鸟类专项调查中，在该区域共记录到湿地鸟类 72 种，其中包括东方白鹳（*Ciconia boyciana*）、白头鹤（*Grus monacha*）、灰鹤（*Grus grus*）、鸳鸯（*Aix galericulata*）、小青脚鹬（*Tringa guttifer*）等国家一、二级保护动物。由于近年来的大规模围垦、开发，大面积的滩涂被开发为水产品养殖塘、化工区以及开发区，湿地受到了严重的破坏，湿地鸟类的种类和数量都大大低于 90 年代初期的水平，亟待加强保护。

另外，青浦的淀山湖及周围地势低洼的河网区也曾是湿地鸟类，特别是雁形目鸟类重要的越冬地。但随着近年来的开发，大部分区域成为水产基地、旅游区和度假区，除常见的小䴙䴘（*Tachybaptus ruficollis*）、白骨顶（*Fulica atra*）以及鸥形目鸟类以外，湿地鸟类的种类和数量都较少。

b）上海市的鸟类以迁徙鸟类为主，留鸟较少，旅鸟和冬候鸟种类多、数量大。

上海市位于长江入海口，该区域位于候鸟迁徙的东亚—澳大利亚迁徙路线的中部。因此，上海市的一些沿海滩涂和河口湾的一些岛屿是迁徙鸟类的必经之路和重要的中途停歇点。每年春季和秋季路过的鸟类数量达百万只以上，主要是鸻形目、鸥形目的鸟类，每年的 3 月中旬到 5 月上旬以及 8 月下旬到 10 月上旬，是鸟类迁徙的高峰期，在上海地区的沿海滩涂可见到大量的迁徙鸟类。上海地区是我国东部地区鸟类环志的重要回收地，该区域在 1983—1993 年的 10 年间回收环志的鸟类 15 种 121 只，其中大部分为国外环志的鸟类。另外，在上海地区也多次开展鸟类的环志活动。自 1986 年以来，在鸟类迁徙的主要停歇点：崇明东滩共环志鸟类 43 种 1 249 只。因此，该区域在开展鸟类迁徙的研究上具有重要的意义。在上海地区越冬鸟类的种类和数量也非常多。每年冬季，大量的鸟类在上海地区越冬。上海沿江沿海地区、岛屿滩涂和一些人类活动干扰较少的湖泊是雁形目鸟类重要的栖息地。据估计，每年越冬的鸟类数量在 10 万只以上。

上海市的鸟类以候鸟为主，只有很少一部分为留鸟和夏候鸟。根据黄正一等（1993）对上海市 424 种（亚种）鸟类的留居型统计，上海市有留鸟44种，夏候鸟45种，冬候鸟133种，旅鸟197种，其中旅鸟和冬候鸟种类分别占 46.5%和 31.4%。而留鸟和夏候鸟的比例分别仅占10.4%和10.6%（图4-4）。

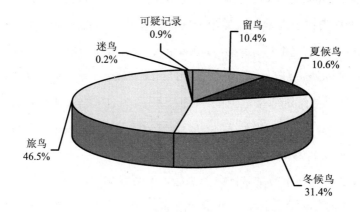

图4-4　上海市不同留居型鸟类的种类及所占的比例

c）上海市缺乏特有的鸟类物种。

上海市位于北亚热带的北部，地处古北界和东洋界的过渡区。由于其独特的地理位置，上海市缺少特有的鸟类种类，和周围江苏、浙江等地区的鸟类种类具有很大的相似性。所有鸟类物种在其他地区均有分布记录。

上海市除西南部的松江、金山等区县有 10 多座海拔高度在百米以下的小山丘以外，大部分地区都为长江泥沙堆积而成的冲积平原和河口沙洲，海拔高度为 3～5 m，环境条件比较单一；同时，由于上海地区高速的城市化过程和经济的迅速发展，市区人口密集，建筑物林立，虽然有城市绿地和公园的分布，但由于受到强烈的人类活动的干扰和控制，无法成为哺乳动物的栖息地，因此，哺乳动物的种类和数量都非常少。而郊区的大部分地区已开发成为广阔的农田，植被资源状况受季节和耕作制度的影响较大，虽然农业生产为哺乳动物提供了丰富的食物，但一些原有的自然环境已不复存在。根据 1998—2000 年的上海市陆生野生动物资源调查和上海市湿地资源调查，上海市现有的哺乳动物种类为 15 种。一些生活在自然栖息地中的哺乳动物的数量大大减少，如豹猫（*Felis bengalensis*）、貉（*Nyctereutes procyonoides*）、狗獾（*Meles meles*）等种类在上海地区仅零星分布，而一些动物在近年的调查中都未记录到，如小灵猫（*Viverricula indica*）、大灵猫（*Viverra zibetha*）、穿山甲（*Manis pentadactyla*）、赤狐（*Vulpes vulpes*）等，这些种类在上海地区可能已经绝迹或接近绝迹。目前，仅一些适应农田环境的哺乳动物仍有一定的数量，如黄鼬（*Mustela sibirica*）、华南兔（*Lepus sinensis*）、刺猬（*Erinaceus europaeus*）等。

从哺乳动物在上海地区的分布来看，从南向北，其种类和数量都逐渐下降。上海的西南地区，为低山丘陵的主要分布区，地形条件比较复杂，除佘山地区 10 多个山头外，还有秦山、查山以及金山、浮山等低山。这些山头的原始植被虽然大部分都已不存在，但仍保存着较好的次生林。由于目前各个山体都采取了一定的保护措施，为哺乳动物的生存提供了很好的栖息地。同时，山林附近的农田又为哺乳动物提供了丰富的食物来源。因此，该区域的哺乳动物资源最为丰富，主要有豹猫、华南兔、獾、刺猬、黄鼬、貉等。

在 1998—2000 年进行的上海市陆生野生动物资源调查中，记录到陆生哺乳动物 8 种，即黄鼬、貉、豹猫、华南兔、猪獾（*Arctonyx collaris*）、狗獾、刺猬、赤腹松鼠（*Callosciurus erythraeus*）。上海地区原来没有赤腹松鼠的分布，但调查发现赤腹松鼠已在上海动物园及周围地区形成了小规模的种群。这可能是在饲养过程中赤腹松鼠发生了逃逸。另外，上海地区原来有记录的 4 种动物（小灵猫、大灵猫、穿山甲、赤狐）在本次调查中没有记录到。

上海地区的哺乳动物主要有黄鼬、豹猫、华南兔和刺猬四种。从数量上看，刺猬的数量最多，整个上海地区的数量约有 2.7 万只；黄鼬数量次之，估计数量有 2.26 万只，华南兔数量有近 2.25 万只。豹猫的数量较少，约有 400 只。不同动物在各个区域的分布情况是不同的：黄鼬在崇明县的数量最大，全县约有 4 000 只；华南兔在南汇的数量最大，全区数量在 7 000 只以上。上海地方刺猬的分布区域较广，但以崇明的数量最多，其次为南汇和闵行，浦东新区刺猬的数量最少，仅 1 000 余只。

黄鼬（*Mustela sibirica*）：黄鼬在上海地区分布较广泛，尤以宝山、崇明、嘉定、金山等地的分布比较集中。南汇和浦东新区等处也有黄鼬的分布。从栖息地类型上来看，黄鼬主要栖息在农田、菜地、废弃田地、居民点、水边、林地等地。其中，麦田、水稻田和菜地是其主要栖息地。这是由于黄鼬的主要食物为鼠类，在鼠类活动频繁的地方，黄鼬的数量较多。

豹猫（*Felis bengalensis*）：豹猫在上海的分布较为广泛。根据 1999—2000 年的上海市陆生野生动物调查，除浦东新区和宝山区以外，其他地区都有豹猫活动的痕迹。上海西南地区为豹猫的主要分布区，该区域以低山丘陵为主，地形较复杂，豹猫有较好的栖息环境。在佘山，大部分山体都有豹猫的分布，且数量较多。一旦某一地区的豹猫被猎杀，附近的豹猫则很快扩散并占据新的栖息地。豹猫主要在种植农作物的田间活动，另外，水体附近也是豹猫的主要活动地点，这与其喜欢捕食鱼类有关。

华南兔（*Lepus sinensis*）：华南兔在上海的分布较为广泛，甚至在市区的公园（共青森林公园）和长兴岛都有华南兔的分布。华南兔主要生活在农田、弃耕地以及菜地中，以农田田埂上的杂草为食，也取食农作物和蔬菜。在上海地区，华南兔隐蔽在林缘、灌丛和竹林中，利用旧坟和土丘等地方居住，自己很少打洞。虽然华南兔在上海的分布较广，但其数量较少，呈零星分布，因此对农作物的危害很小。只是在春季当农民种植的黄豆苗出苗时，此时农田中植物比较少，豆苗的营养又比较好，华南兔大量取食豆苗，引起一定的危害。据估计，上海地区华南兔的总数量在 1.5 万只左右。

刺猬（*Erinaceus europaeus*）：刺猬在上海地区的分布很广，数量也最多。刺猬多在农田、菜地中活动，主要以农田昆虫为食，另外也取食小型的两栖爬行动物、鸟类和鼠类，但很少取食瓜果。由于刺猬具有药用价值，近年来有人捕捉刺猬出售。对此应加以保护。

从上海地区哺乳动物的分布来看，郊区的农田（包括蔬菜和经济作物用地）是其主要的栖息地。上海地区农田哺乳动物具有以下特点：1）由于长期的人类活动的干扰，大型哺乳动物已经绝迹，形成了以小型哺乳动物为主的农田动物类群；2）农业活动有明显的季节性，作物的播种和收割使农田植被的景观特征周期性地产生变化，而生活在农田的哺乳动物也逐渐适应了这种变化，形成了特有的迁移和繁殖规律。3）农田的植物群落单纯，虽然隐蔽性差，但食源丰富。因此，哺乳动物白天隐蔽在农田周围地环境中，夜晚到农田觅食。

另外，上海地区的长江河口湾区域也是水生哺乳动物的栖息地，曾记录到的哺乳动物包括海豚、江豚（*Neophocaena phocaenoides*）等。近年来，由于受到水域环境污染、过度捕捞等影响，种群的数量已非常稀少。另外，在上海市的青浦、金山、松江、南汇、奉贤等地区，水獭（*Lutra lutra*）经常在内陆的一些水质清澈、鱼类较多的水域活动。

在上海市的 424 种鸟类中，有一些为国家级的保护动物。近年有确切记录的，包括国家一级保护动物——白头鹤和东方白鹳，国家二级保护动物——灰鹤、黑脸琵鹭、小天鹅、鸳鸯、小青脚鹬以及松雀鹰（*Accipiter virgatus*）、大鵟（*Buteo hemilasius*）等猛禽，共计 40 余种。

白头鹤（*Grus monacha*）：白头鹤属鹤形目鹤科，国家一级保护动物，并被 IUCN 列为世界易危物种。目前全世界的数量为 12 000 只左右。长江中下游地区为白头鹤在我国的重要越冬地，该区域越冬白头鹤的总数量在 1 000 多只。1988 年，虞快等在崇明东滩记录到越冬白头鹤 100

多只，为白头鹤在上海的最早记录。随后，每年冬季在崇明东滩都有 100
只左右的白头鹤越冬。2001 年冬季的数量为 138 只。1990 年冬季，虞
快等记录到 150 只左右，为白头鹤在上海地区的最大数量。由于自然湿
地在全世界范围内的迅速丧失，白头鹤对人工湿地和人工投喂食物产生
了强烈的依赖性。而在上海市崇明东滩越冬的白头鹤则几乎完全以自然
的滩涂湿地作为其栖息地。因此，崇明东滩是世界范围内白头鹤唯一的
一处基本保持自然湿地状态的越冬地。虽然白头鹤数量虽然不多，但对
白头鹤的保护意义重大。然而，近年来，由于滩涂的大规模围垦开发、
人类活动的干扰、外来植物的引入等对白头鹤及其栖息地带来了严重的
威胁，亟待采取相应的保护措施。

东方白鹳（*Ciconia boyciana*）：东方白鹳属鹳形目鹳科，国家一级
保护动物，并被 IUCN 列为濒危物种。目前其全世界的数量为 2 500 只
左右。在 20 世纪初期，上海地区就有东方白鹳分布的记录。20 世纪 90
年代的调查表明，东方白鹳主要分布于长江口南岸以及杭州湾北岸的滩
涂地区，均为迁徙时期的过境鸟，且数量很少。目前，长江口南岸和杭
州湾北岸的滩涂被大规模的围垦、开发，东方白鹳的栖息地已受到了严
重的破坏。

小天鹅（*Cygnus columbianus jankowskii*）：在 20 世纪 30 年代，上
海市就有小天鹅的记录。1985 年，虞快等首次发现小天鹅在崇明东滩越
冬。20 世纪 80 年代后期，崇明东滩小天鹅的数量为 3 000～3 500 只，
为当时国内小天鹅的最大越冬种群之一。然而，随着滩涂的围垦、开发，
崇明东滩小天鹅的数量急剧下降。90 年代初期，虞快等记录到小天鹅的
数量为 250～450 只，而到 2000 年冬季，马志军在崇明东滩仅记录到 52
只小天鹅（1 只中毒后送动物园抢救），而在 2002 年冬季未记录到越冬
的小天鹅。崇明东滩冬季捕捞鳗鱼苗是对小天鹅最大的威胁，捕鳗苗的
区域正是小天鹅的分布区，对小天鹅的正常栖息影响极大。如不采取适
当的保护措施，崇明东滩小天鹅的栖息地将不复存在。近年来，在对九

段沙的调查中也记录到小天鹅（图 4-5）。如能够采取适当的保护措施，九段沙有望成为小天鹅新的栖息地。

图 4-5　小天鹅

灰鹤（*Grus grus*）：灰鹤属鹤形目鹤科，国家二级保护动物。历史资料表明，灰鹤在上海地区为旅鸟，每年春秋季的迁徙期路过该地区。近年来，虞快、俞伟东、马志军每年迁徙季节在崇明东滩都可见到迁徙的灰鹤。2000 年和 2001 年冬季，马志军分别记录到 2 只和 3 只灰鹤在崇明东滩越冬，整个冬季都和越冬的白头鹤一起活动。这说明少部分个体在上海地区为冬候鸟。

黑脸琵鹭（*Platalea minor*）：黑脸琵鹭属鹳形目鹮科，国家二级保护动物，并被 IUCN 列为世界濒危物种（图 4-6）。根据 2002 年 1 月的调查，黑脸琵鹭在世界上的总数量仅为 1 000 多只。历史资料表明，黑脸琵鹭仅在迁徙季节经过上海市的沿江及滩涂地区，但没有确切数量的记录。80 年代后期，马鸣在崇明东滩曾记录到 3 只，在长江南岸地区记录到 4 只。1997—2000 年上海市湿地资源专项调查中，虞快等在长江口南岸陈行水库记录到 9 只，2001 年 4 月马志军在崇明东滩围垦的鱼塘中记录到 15 只，2001 年 9 月马志军在崇明东滩东旺沙的滩涂记录到 1 只，

2001 年 12 月唐思贤在崇明东滩围垦的鱼塘中记录到 2 只。2002 年 4 月俞伟东在崇明东滩的鱼塘记录到 62 只。这是上海地区黑脸琵鹭记录到的最大数量。另外，马志军和敬凯在 2002 年 10 月在九段沙记录到黑脸琵鹭 3 只。这说明上海市所处的长江河口湾地区为黑脸琵鹭重要的迁徙中途停歇点。

图 4-6　黑脸琵鹭

小青脚鹬（*Tringa guttifer*）：小青脚鹬属鸻形目鹬科，国家二级保护动物，并被 IUCN 列为濒危鸟类。小青脚鹬在全世界的数量估计仅为 1 000 只左右。小青脚鹬在上海地区为旅鸟，每年的春秋季节从该地区经过。近年来，在长江口南岸、杭州湾北岸以及崇明东滩都记录到小青脚鹬。但种群数量较少，每次记录多为 1~3 只。由于围垦所带来的栖息地丧失是其面临的主要威胁。

中华鲟（*Acipenser sinensis*）：中华鲟属，为国家一级保护动物。中华鲟为江海洄游性鱼类，在海洋中发育成熟后，在生殖季节从海洋进入长江，至长江中上游地区产卵。产卵后，亲鱼和幼鱼沿长江顺流而下，幼鱼在 8 月到达长江口区域，在该区域索饵育肥后，9 月进入海洋生活，直到性成熟后再进入长江产卵。因此，长江口区域为中华鲟的栖息地之一，对其完成生活史的全过程具有重要作用。渔民在长江口地区的定置渔具中，偶尔会捕到中华鲟。中华鲟的数量极为稀少，目前在长江口区域拟建中华鲟自然保护区，以期对其进行保护。

松江鲈鱼（*Trachidermus fasciatus*）：松江鲈鱼属鲉形目、杜父鱼科，为国家二级保护动物。松江鲈鱼栖息于近海沿岸浅水水域及与海相同的河流江湖中。具有降河洄游的习性。在淡水水域生长、肥育，到河口近海区繁殖。成鱼在生殖季节自淡水降入海，进行生殖洄游；幼鱼在5月前后进行溯河洄游，到内陆水域生长。由于松江鲈鱼洄游的水域受到污染，产量稀少。

江豚（*Neophocaena phocaenoides*）：江豚属鲸目、鼠海豚科，为国家二级保护动物。它的体型类似鱼类，主要栖息于热带和温带的港湾浅水处，主要食物为小鱼、虾及其他水生小生物。在上海地区，主要分布于崇明岛的沿江水域，在长江下游的河道中也有过记录。每年在崇明岛近海岸的数量相对较多。

水獭（*Lutra lutra*）：水体属食肉目、鼬科，为国家二级保护动物。水獭为夜行性动物，营半水栖生活，经常活动于河流、湖泊及溪流中，通常生活在水质清澈、鱼类较多的江河、湖泊的岸边，食物以鱼类为主，也捕食蛙类、蟹、小型水栖及哺乳动物。水獭在上海地区主要分布于青浦、金山、松江、南汇、奉贤等郊区，目前数量较为稀少。

虎纹蛙（*Rana rugulosa*）：虎纹蛙属无尾目蛙科，为国家二级保护动物。虎纹蛙多生活在平原丘陵的水田、沟渠、池塘及河岸区域。上海地区有大面积的水田分布，河流、沟渠纵横，形成了广阔的水网地带，适合虎纹蛙的栖息。虎纹蛙在上海地区主要分布于西北和东南地区，在青浦县西部的淀山湖区、南汇县东部沿海地区以及西部的郊区乡镇分布比较集中。马积藩曾估计上海市虎纹蛙的数量在10 000只左右。

二、生物多样性面临威胁

1．城市化过程和土地资源的过度开发

上海是我国城市化水平最高、人口最为稠密的大都市。随着工农业的发展，上海地区的生物多样性资源承受着越来越大的压力。特别是最近 20 年来，上海城市的经济建设发展迅速，土地资源被高强度地开发、利用，加上人类活动日益频繁，使野生动物赖以生存的环境遭到了严重破坏，自然生境日趋减少，从而导致野生动物的种类不断减少，数量急剧下降。

上海地区的土地资源开发朝着两个方向发展：一个是农业用地不断被开发为非农业用地。随着上海经济的高速发展，城区的范围不断扩大。中心城市、城镇和居民点不断向周边地区扩张，工矿企业和交通网络的建设也不断地侵吞耕地资源。据统计，上海市 1949 年旧城区地面积为 82.4 km^2，到 1991 年扩大为 281.2 km^2，城区面积增加了 2.4 倍；七个卫星城镇占地 107 km^2，郊区、城镇和区县属镇 35 个，总占地面积 89 km^2；另外，有乡镇 155 个，总占地面积 80 km^2。随着城镇面积的不断增加，耕地的面积逐渐减少。上海地区 1952 年的耕地面积约 3 870 km^2，到 1996 年，耕地面积仅剩下 2 720 km^2，平均每年耕地面积净减少 25.5 km^2。另一方面，随着上海市经济的高速发展，土地短期的矛盾越来越突出。为了缓解耕地面积急剧减少的问题，上海市对一些自然生境进行了大规模的开发。目前，上海地区凡是能开垦为耕地的区域都已经被开发。自然生境的破坏使栖息在这些区域的野生动植物受到了严重威胁。近年来的调查表明，上海市大部分区域的自然植被都被人工植被所代替，而动物资源的种类和数量都急剧减少。一些过去常见的物种目前已很难见到，而一些本来数量很少、分布区域较窄的物种现在已经绝迹。

2. 滩涂围垦

上海市位于长江入海口，由于长江夹带泥沙在河口湾区域的不断淤积，使上海市的沿江沿海区域的边滩及岛屿的滩涂不断向外扩展，为上海市提供了后备土地资源，也为动植物物种，特别是鸟类提供了优良的栖息环境。然而，为了解决土地资源缺乏的矛盾，自 20 世纪 50 年代以来，上海市的滩涂围垦从来没有间断过。据统计，到 1997 年底，上海地区已围垦滩涂面积达 785 km^2，占上海市现在陆地面积的 12.4%。崇明岛的滩涂以及长江口南岸南汇的庙港、芦潮港和金山区漕泾等边滩都被大规模的围垦，围垦区域以外滩涂的高程一般都在 3.5 m 以下，即滩涂只剩下高潮滩和低潮滩，甚至只剩下低潮滩，潮水滩都被围垦到堤坝内了。滩涂的过度围垦使滩涂湿地生态系统受到了严重的破坏，给滩涂的生物多样性资源带来了严重的威胁。

在上海地区中，崇明县围垦滩涂的面积最大，达 488.8 km^2，崇明岛的陆地面积几乎增加了一倍。滩涂的围垦以及围垦后的开发对原生滩涂湿地生态系统造成了严重破坏，已对湿地生物资源，特别是鸟类带来了严重的威胁。虽然崇明东滩目前仍以每年 140 m 左右的速度淤积，但由于围垦的速度大大超过了滩涂淤积的速度，滩涂面积不断急剧缩小，这直接造成湿地动植物的生境丧失。例如，1992 年围垦东旺沙和团结沙使滩涂面积由原来的 220 km^2 减少到 160 km^2；1998—2000 年又在 1992 年建造的堤坝以东 2.5 km 进行围垦，共围垦土地面积 66.7 km^2，使芦苇和海三棱藨草等植被分布区全部在围垦堤坝以内，堤外仅为数百米的光滩，湿地鸟类生境受到了严重的破坏。另外，围垦过程中的施工作业所带来的大规模人类活动也对鸟类生境带来了严重干扰。此外，国家二级保护鱼类松江鲈鱼以崇明岛外浅滩为产卵地，但由于大量的围垦破坏了它的产卵场所，致使松江鲈鱼已几近灭绝。目前，由于对未来泥沙的淤积模式、滩涂的动态变化、长江中下游地区大规模人类活动的影响等还了解很少，很难对滩涂未来的变化进行科学的预测和采取相应的对策。目前滩涂的围垦仅考虑到土地资源和经济效益的获取，并未经过环境影响评价以确定围垦对湿地生态系统的影响。有关滩涂的科学管理方面的工作亟待加强。

2001 年冬季，崇明东滩经历了又一次围垦（图 4-7）。据实地调查，新围垦滩涂位于崇明东滩的东南部，围垦土地面积约 6 km^2。根据崇明东滩湿地自然保护区的功能区规划，该区域位于保护区的核心区和缓冲区的区域。而依照国家有关自然保护区的管理条例，保护区的核心区是严禁进行任何开发活动的。据围垦人员介绍，围垦的单位是崇明县工业园区，围垦工程得到了上海市土地局的批准。围垦的部分滩涂是国家一级保护动物白头鹤的重要觅食地。2001 年冬季的围垦不仅对白头鹤的正常活动带来干扰，并造成白头鹤栖息地的丧失。由于围垦区域滩涂的淤涨速度缓慢，新生滩涂很难在短时间内恢复原貌。

图 4-7　2001 年冬季崇明东滩的围垦

3. 外来生物入侵

上海市为国际化大都市，国际间交往频繁，铁路、公路、航运、水运、管道等运输方式构成了相当规模的综合交通运输网络。上海市频繁的货物、商品、人员等的交流为外来生物的入侵提供了机会，外来生物或通过有意引进，或被无意携带进来。仅 1999 年，上海市海关查获的外来生物就达 1 000 多种。上海良好的自然环境为外来生物的定居、扩散提供了条件。最近十几年来的快速城市化过程和高强度的人类活动干扰也加速了外来生物入侵的生态学过程。目前，外来生物不仅成为上海市生物多样性资源的一大危害，也严重影响着上海市的环境质量。

凤眼莲是上海地区乃至我国大部分地区的著名有害外来植物。每年秋季，铺天盖地的凤眼莲漂浮在黄浦江、苏州河等河流及内陆水体上，与垃圾混杂在一起，严重影响了上海市的市容市貌，同时，对水生生态系统造成了严重的破坏。2001 年，市水域保洁队在苏州河、黄浦江上每天约打捞 250 t，最高一天打捞了 421 t。目前，上海市对凤眼莲大规模暴发的问题非常重视，正采取相应的措施，大力控制凤眼莲的危害。

互花米草是一种滩涂草本植物，原产于美国东海岸。由于它具有耐碱、耐潮汐淹没、繁殖力强、根系发达等特点，互花米草曾被认为是保滩护堤、促淤造陆的最佳植物。1979 年被引入我国。经过人工种植和自然繁殖扩散，在我国北起辽宁南到广东的 80 多个县（市）的沿海海滩上均有生长。但近年来，大面积、高密度的互花草对当地的经济和生态带来了巨大灾难。它破坏近海生物栖息环境，使沿海养殖贝类、蟹类、藻类、鱼类等多种生物窒息死亡；与海带、紫菜等争夺营养，使其产量逐年下降；与沿海滩涂本地植物竞争生长空间，直接威胁着本地生物多样性。互花米草每年给福建造成 7 亿～8 亿元的经济损失。上海市不仅没有接受邻近沿海地区互花米草入侵的沉痛教训，并且在长江南岸的边滩、崇明岛等岛屿的滩涂大规模地种植互花米草。目前，互花米草在长江南岸的边滩、崇明岛东滩、九段沙等地已经形成了一定规模的种群，并对当地的滩涂生态系统构成了严重威胁。互花米草一旦大规模地扩散，将给滩涂湿地的生物多样性资源带来毁灭性的打击。目前亟待对互花米草的扩散过程进行密切监测，研究其与上海地区滩涂的优势植物——芦苇、藨草、海三棱藨草等的种间竞争机理，以采取适当的预防措施，维持上海地区滩涂生态系统的稳定。

4．水域环境污染及水体富营养化

上海为我国工业化程度高度发达的城市。历史上，农村和乡镇工业的迅速发展，大量的废水、废气污染以及农业上大量使用的农药、化肥等，使野生动物赖以生存的环境质量急剧下降。据统计，上海市日排出的生活污水和工业废水约 500 万～550 万 t。仅长江口西区和南区的排污口日排出污水 100 万 t，使宝山区沿江水体严重污染，水生生物无法生存。另外，郊区农民住宅、乡镇企业和禽畜养殖场等，由于缺乏长远规划，零乱地分布在农田区，扩大了污染源的范围。生活污水、工厂废水、禽畜粪尿等在未处理的情况下直接排放到沟渠、溪流及河道，使农田河网成为排污的露天阴沟。污水最终排入苏州河和黄浦江，由黄浦江进入长江河口，从而使苏州河自北新泾以下 17 km 长的河段水质败坏，终年黑臭（图 4-8）。黄浦江中下游长达 42 km 的河段的水质也受到了严重的污染，不仅影响了江中鱼虾、两栖动物的生存及鸟类的栖息，也严重影响了附近居民的生活质量。同时，内陆江河的水体污染也影响到了长江河口湾的水质，使河口湾生存的鱼类、两栖动物等的种类和数量都急剧减少。

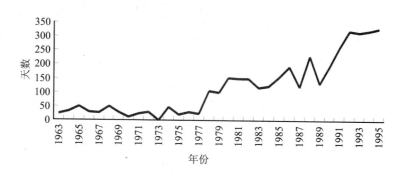

图 4-8   苏州河水体每年黑臭的天数

上海市水域环境的污染对内陆水域和河口湾地区经济鱼类造成了严重的威胁。水体污染不仅直接影响了鱼类的产卵场所和洄游路线，同时，水体污染对浮游生物、水生植物和底栖动物等鱼类饵料造成严重影响，破坏了鱼类的食物链，影响了鱼类的生长发育。水域污染不仅减少了渔获量，还影响了渔获物的质量。

另外，由于上海地区的水体富营养化程度严重，使外来生物，如凤眼莲、喜旱莲子草等每年都大规模地暴发，对上海市的生态环境和生物多样性资源造成严重威胁。近年来，上海市政府对黄浦江和苏州河的水体污染极为重视，投巨资开展污水预处理工程，并在郊区治理和疏浚河道，目前已取得了初步的效果，黄浦江和苏州河的河水质量正在逐渐好转。

5. 人为捕猎

随着人们生活水平的提高，捕捉野生动物作为佳肴、保健品和药物的做法十分普遍，特别是一些两栖、爬行动物以及鸟类被无限度地捕杀，造成了野生动物资源的急剧减少。

上海市所处的长江河口湾区域具有丰富的经济鱼类资源。然而，由于过度的捕捞，导致鱼类资源的产量急剧下降。另外，在鱼类繁殖季节的捕捞也使得一些国家级保护鱼类受到严重威胁。例如，中华鲟每年六、七月份孵化出幼鱼，这些幼鱼从产卵场降至长江河口湾的浅水区域觅食。由于渔民在长江河口湾区域进行捕捞作业，中华鲟经常被渔民捕获。目前中华鲟数量已呈逐年减少趋势。

两栖动物具有丰富的利用价值。中华蟾蜍的蟾酥具有较高的药用价值，长期以来一直被作为药材利用；且其肉质细嫩，兼有清热解毒的功效，近年来在市场上常常作为一种野味来食用。上海地区在夏季食用中华蟾蜍最甚，每年都有大量的中华蟾蜍被捕捉食用。黑斑蛙长期以来一直被作为一种食用蛙类，目前在上海一些地区的市场、餐馆、饭店等处明目张胆地销售。由于对两栖动物资源的大规模捕捉，一些蛙类的数量急剧下降。

蛇类是上海地区最重要的爬行动物资源。蛇类不仅具有药用价值，同时也是美味佳肴。另外，蛇皮又是上等皮革、工业品的原料。上海市蛇类资源本来就不是非常丰富，而近年来，由于人们对蛇类资源的过度利用，导致蛇类的数量急剧下降。上海地区短尾蝮蛇的利用量最大，它主要被用于出口和药用，每年的消耗量在 150 万条左右。乌梢蛇、黑眉锦蛇、王锦蛇以及水蛇（包括红点锦蛇、白条锦蛇和赤链华游蛇）等主要用于食用。据统计，上海地区近年来每年仅食用蛇的消耗量就达到 1 000 t 以上。虽然很大一部分是从附近的江苏、浙江、安徽、福建、江西等省贩运而来，但上海每年捕捉短尾蝮蛇的数量也保持在 15 万～20 万条。短尾蝮蛇在上海地区为广布种，历史记录曾有较多的数量。但由于近年来过量的捕捉，一些地区已难觅短尾蝮蛇的踪迹。即使在南汇、奉贤等短尾蝮蛇数量相对较多的地区，其个体的大小也明显减少。另外，乌梢蛇、黑眉锦蛇等每年的捕捉量也在 1 万条左右，水蛇类每年的捕捉量约 20 万条。由于过度捕捉，上海地区蛇类资源正逐渐减少，每年的捕获量也逐渐下降，且捕获的个体大小越来越小。两栖动物和爬行动物本身的生活史周期长，一般要到 3 龄以上才能性成熟，捕获个体大小的不断缩小说明了蛇类种群正趋于幼年化。长此下去，将导致上海市野生动物资源的枯竭。

上海地区对鸟类的捕猎由来已久。每年春季（3—5 月）和秋季（9—10 月）正值鸻形目鸟类迁徙的高峰期，许多当地居民在滩涂上利用鸟网对鸻形目鸟类进行大规模的捕捉。冬季，一些居民利用毒饵对滩涂和湖泊的雁形目鸟类进行捕捉。根据当地群众反映，2000 年，仅在崇明东滩捕捉鸟类的就有 130 余人，对鸟类资源造成了极大的破坏。崇明县陈家镇曾一度是鸟类的非法交易市场，在一段时间，偷猎者甚至明目张胆地进行鸟类交易活动。根据多次调查，陈家镇市场每天交易的鸟类数量数百只，一些国家级保护鸟类也在交易之列。2000 年 12 月 5、6 日，崇明东滩自然保护区在多家单位的配合下对偷猎现象进行了严厉的打击，取得了一定的效果。但是，由于保护区在东滩的管理站仍在筹建之中，这对管理和保护活动的开展极为不利。在 2000 年冬季的调查过程中，每天都能见到在东滩猎捕鸟类的现象，每天都有数百甚至上千只水禽被猎杀。一些珍稀鸟类，如小天鹅也受到严重的影响。2000 年冬季，保护区在东滩发现一只食物中毒的小天鹅，送到上海市动物园救护后脱离危险。

三、生物多样性的保护

1. 加强自然保护区的管理建设及升级工作，对生物多样性的重点区域进行重点保护

自然保护区是自然与自然资源的重要保护地，保护区的建设是生态环境建设的重要组成部分，是当地政府生态意识的具体反映。目前，我国已建立各级保护区千余个，其中国家级自然保护区 180 多个，对自然与自然资源起到了重要的保护作用。令人遗憾的是，上海市自然保护区的建设远落后于我国其他省份，目前仅具有 4 个自然保护区，即崇明东滩候鸟自然保护区、金山三岛自然保护区、长江口中华鲟自然保护区和九段沙湿地自然保护区，上海市自然保护区建设的落后与上海这一国际大都市的形象是完全不相称的。

然而，上海市完全拥有建设一流自然保护区的自然条件。上海市所处的长江河口湾区域为鸟类迁徙的重要中途停歇点和鱼类洄游的重要通道，在生物多样性的保护上具有重要的国际意义。如何加快这些自然保护区的建设和发展步伐，是上海市自然保护区建设的一项重要而迫切的任务。

目前，在上海市已经建立的 4 个自然保护区中，由于保护区在管理体制、机构设置以及经费来源等方面存在各种问题，一直无法实现对生

物多样性资源的有效保护。以崇明东滩自然保护区为例，崇明东滩的湿地资源是按照不同的资源分布由市政府的各职能部门分散管理：水产资源归水产和渔政部门管理，湿地和水资源归水利部门管理，环境归环保部门管理，鸟类归农林局管理。这种条块分割的现象使各部门从自己的短期利益出发，各行其是。虽然市政府于 1998 年批准建立崇明东滩候鸟自然保护区，但保护区管理站的建设费用一直无法落实，保护区的管理部门一直无法对保护区进行有效的管理，一些部门仍然继续对滩涂进行肆意围垦和开发。目前，崇明东滩的围垦和开发已经使其在生物多样性保护方面的价值逐渐下降。例如，20 世纪 90 年代初期崇明东滩曾有 3 000～3 500 只小天鹅越冬，而 2001 年冬季在崇明东滩多次调查都没有记录到小天鹅。

崇明东滩已于 2002 年被国际湿地组织列为国际重要湿地，而中国政府为湿地公约的缔约国之一，对国际重要湿地具有保护的权利和义务。如果对崇明东滩的湿地资源继续进行无节制的开发，不仅会使崇明东滩的生物多样性资源遭受毁灭性的破坏，而且会大大影响中国政府在国际上的形象和地位。崇明东滩的保护问题应引起有关部门的高度重视。

金山三岛是上海市植物的重点分布区，且上海市的国家重点保护野生植物集中分布在大金山岛上。因此，金山三岛对上海市野生植物资源的保护具有非常重要的地位。1993 年，上海市批准建立了金山三岛海洋生态自然保护区，1998 年颁布了《金山三岛海洋生态自然保护区管理办法》。但由于体制不健全和管理机构、经费无法落实以及地方政府不能正确地协调保护和开发的关系等原因，该保护区一直处于"划而不建、建而不管"的状态。金山区的旅游部门为了开发旅游，在保护区的核心区修建了住房。同时，渔民经常上岛砍伐树木。例如，1999 年春季，两株胸径 20 cm 的红楠被盗伐。由于保护区无法正常地开展工作，保护区的植物资源一直面临着严重威胁。

2. 开展流域的环境治理行动，控制水体污染和水体富营养化

在上海市的工农业迅速发展和城市化过程中，保护环境、防止环境污染具有非常重要的意义。在农业生产中，应着力改变耕作制度，禁止焚烧秸秆，控制农药和化肥的使用量，利用高科技手段发展农业，使之成为一个没有污染的农田生态系统。这样，可以使农田及其附近的水域及河道保持清洁的环境，为陆生和水生生物提供优良的栖息场所。

工业废水和生活污水也是上海市的主要污染源之一。大量的工业废水和生活污水排入河道，一方面对水体造成了严重的污染，使大量水生生物无法生存；另一方面生活污水中所含有的大量氮、磷等营养物质在水体中富集，造成水体的严重富营养化，使一些耐污染的生物种类大量繁殖。近年来，黄浦江、苏州河等水体中外来植物——凤眼莲的大规模暴发和水体的富营养化有着直接的关系。由于水体中含有丰富的营养元素，为凤眼莲等外来生物的生长提供了物质基础，因此，凤眼莲每年都能够迅速繁殖并对上海市的生态环境造成了严重的危害。

上海市环境状况的改善不仅有赖于上海当地的环境保护和污染治理的工作，同时，有关部门也应注意到，环境治理，特别是水体环境的治理也与上海市周边省份的污染物排放密切相关。处于上海市河道上游的周边省份所排放的各种污染物（农药、化肥、富营养化物质）都能够通过河道进入上海，从而对上海市的生态环境造成直接危害。

3. 对滩涂的围垦必须进行环境影响评价，特别要评价围垦活动对湿地生态系统的影响，为湿地生物保留适宜的栖息地

栖息地是动植物赖以生存和繁衍的基础。要保护好生物多样性资源，首先要保护好动植物的生存环境。目前，滩涂的盲目围垦是上海地区湿地生物多样性所面临的最大威胁。滩涂的围垦仅仅只从当地的经济效益出发，而并未真正考虑围垦所造成的严重生态后果，从而使丰富的

湿地动植物资源遭受极大破坏。

随着上海市经济的发展，上海地区对土地资源的需求将日益加剧。而长江夹带泥沙在长江河口湾的淤积为上海市提供了丰富的后备土地资源。因此，将长江口南岸的边滩及岛屿的滩涂完全保留下来是不现实的。然而，目前上海市对滩涂的过度围垦和高强度开发已经破坏了滩涂生态系统的完整性，对湿地生物多样性资源造成了严重的破坏，须引起有关部门的高度重视。

4. 改变资源的利用模式，限制资源的过度开发和利用，实现资源的可持续利用

生物多样性资源的过度开发和利用不仅仅是对生物多样性本身的破坏，其所带来的干扰对整个生态系统及其组成部分也有着直接或间接的影响。目前，上海地区野生动植物的开发和利用还没有系统的管理机制。由于开发者多只追求经济效益，忽视生态效益；只顾眼前利益，不顾长远利益，采取掠夺式的开发和利用对策，使动植物资源遭受到了严重的破坏，造成了上海市生物多样性资源的日趋枯竭。因此，对生物多样性资源的可持续利用是协调资源开发与保护之间关系的重要措施。为了实现生物多样性资源的可持续利用，制定相关的管理措施，改变目前资源的利用模式是至关重要的。

5. 加强生物多样性保护的立法，特别是外来物种引种和控制方面的立法，使生物多样性的保护规范化

国家已经颁布了一系列的法规来对生物多样性资源进行有效的管理和保护。虽然上海市结合本地区的情况也制定了一系列的法规，但大部分的法规都是针对物种的保护，并没有涉及物种栖息地的保护。这在一定程度上使一些重要的栖息地处于缺乏管理的状态。同时，在执法的力度上还远远不够。另外，上海市虽然已经建立了崇明东滩、九段沙和金山三岛三个自然保护区,但由于在自然保护区的机构设置、人员配置、土地权属、基础设施建设以及保护区同各部门间的协调关系等方面存在一系列的问题,使保护区的工作无法正常开展,保护区形同虚设。

上海市作为最大的沿海开放城市和国际通航港,频繁的商品、货物和人员的流动为外来生物的入侵提供了便利的条件。目前,外来物种入侵已成为上海市生态环境和生物多样性所面临的最大威胁。上海市政府对外来物种入侵的问题非常重视。为了对外来物种进行有效的控制,特别是对外来物种的有意引入和释放进行有效的管理和监督,有关单位应及时制定相应的管理措施,预防和减少外来物种入侵对上海市生态环境和生物多样性所带来的威胁。

第二节　外来物种与生物入侵

一、外来生物物种及其本土化

外来生物泛指非本土原产的外域生物,它们通过自身的生长扩散、种子传播或是人类活动进入新的地域,并且在当地的自然或人为生态系统中定居,可自行繁殖和扩散。

针对不同的地理气候等生态条件,引进适宜的优良外来生物品种是生物资源开发行之有效的技术措施。据资料记载,中国粮食作物排名第三位的玉米引进中国已有 400 余年历史;陆地棉于 19 世纪后期引入中国,并成为我国主要栽培品种;花生引进中国约 600 余年,甘薯和马铃薯分别于 16 世纪和 17 世纪引入中国。这些作物的引进对我国粮食生产和农业发展起到了重要作用。目前,从国外引到中国的牧草,初步统计已达 20 属、204 种。这些引进的外来种对人类的生存和社会经济的发展起到了十分重要的作用,同时极大地丰富了引进国的生物多样性,对改善生态环境带来巨大效益。

而外来生物入侵是指物种从自然分布区通过有意或无意的人类活动引入其他地区，在自然或半自然生态系统中形成自我再生能力，并给当地的生态系统或景观造成明显损害或影响的现象。入侵生物种包括细菌、害虫、藻类等，传播途径千变万化，入侵机制也各不相同，常令人防不胜防。

生物入侵被称为"人类生态系统的癌"，威胁人类生存，是当今世界最棘手的三大环境难题之一。19世纪以来，世界上由于生物入侵导致的灾害屡见不鲜：1845年，爱尔兰从南美引进的马铃薯带有晚疫病，导致境内马铃薯全部枯死，饿死150万人，成为人类史上"生物入侵"造成的最大悲剧。19世纪中期，从俄国侵入北美的白松锈病，几乎毁灭了美国全部的白松；20世纪70年代，为平息境外传入的"猪霍乱"，荷兰销毁了全国2/3的存栏生猪。近10多年来，生物入侵的势头并没有减弱。1986年英国暴发"疯牛病"事件，欧盟各国为防止该病入境至少耗去30亿欧元。美国康奈尔大学公布的数据表明，美国目前每年要为"生物入侵"损失1 370亿美元。

如今随着国际贸易和旅游事业的发展，使得海洋、山脉、河流和沙漠等自然障碍所造成的自然隔离作用大大缩小，外来种有意或无意的引入和传播变得更为频繁，大大增加了全球生物跨地域入侵的趋势。我国2001年出入境总人次已达2亿，随着"入世"的到来我国又将进入一个国际贸易和旅游发展的新时期，"生物入侵"问题无疑将日趋重要。

1. 外来植物

（1）概况。根据上海植物志记载，目前上海地区共有高等植物2 030种，而其中789种已明确是外来植物，外来种比例高达38.9%（而大多数国家植物区系中只有20%左右为外来种）。

这些外来植物的性质和分类分布见表4-4。

表 4-4　外来植物性质与分类分布

植物性质	分类	种数	总数	比例/%
观赏植物	观赏植物、绿肥	1	525	66.5
	观赏植物、果树	3		
	观赏植物、药用植物	7		
	观赏植物	264		
	温室观赏植物	250		
偶见外来种	偶见外来种	131	131	16.6
蔬菜、药用植物、水果	蔬菜、油料作物	1	61	7.7
	水果	1		
	药用、芳香植物	1		
	果树	4		
	蔬菜、药用植物	6		
	药用植物	12		
	蔬菜	36		
杂草	杂草、饲料、净水植物	1	29	3.7
	恶性杂草	3		
	杂草	25		
各类作物	粮食作物	1	24	3.0
	饲料作物	1		
	油料作物	1		
	纤维作物	1		
	作物、逸生	1		
	纤维作物	2		
	油料作物、药用植物	2		
	作物	15		
其他	用于编席和工艺品	1	15	1.9
	牧草	3		
	无法归类	11		
芳香植物	芳香植物	4	4	0.5
总计		789	789	

从以上数据可以看出，上海的外来植物中大多是人为引入的观赏植物、蔬菜作物等，只在一定范围内栽培，虽然有一些有逸生现象，但是目前还没有达到泛滥的程度而对环境产生破坏。

还有相当一部分的植物为偶见外来种，这些植物有很多是分布在北郊火车站、大场飞机场等交通路线附近，或是生长在运入上海的沙石上，所以这部分的外来植物极有可能是通过火车、飞机、运沙车进入上海。这些偶见外来种逸生在外，更有可能发展为入侵生物。

上海目前已经有 29 种外来杂草，其中包括臭名昭著的凤眼莲、加拿大一枝黄花、豚草、一年蓬等。

图 4-9 为上海外来植物的原产地分布图。

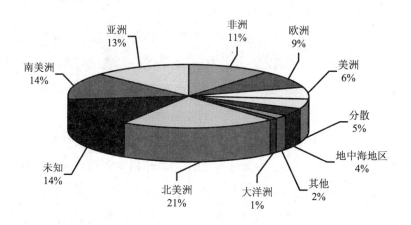

图 4-9　上海外来植物的原产地分布图

从中可以看出原产于北美洲、南美洲、亚洲的外来植物在上海分布最广。原产南美洲的大多是作为热带观赏植物被引入的，而原产亚洲的植物在地理位置上更容易传入上海。目前还无法确切解释为何相当一部分外来植物原产于北美洲，而且上海目前已有 29 种外来杂草中有 11 种来自北美洲，可能是因为上海和北美洲的贸易比较频繁，并且北美洲的气候条件和上海相似的缘故。

（2）主要外来入侵植物简介

①水葫芦。学名凤眼莲（*Eichhornia crassipes* Solms-Laub），属雨久花科凤眼莲属，原产南美洲，是目前世界上危害最严重的多年生水生杂草，世界十大入侵植物之一。该草是浮水草本，多生于河流、湖泊、池塘、水库甚至稻田中；有有性和无性繁殖两种繁殖方式，主要以匍匐茎无性繁殖，扩展蔓延速度极快，形成覆盖密度为100%的单一群落；其根系较发达，像羽毛状，能将水中的氮、磷和一些有害污染物吸收在体内；种子在

图4-10　水葫芦

水中的休眠期可达20年。水葫芦曾作为观赏或净化水质植物被引进，大约于20世纪初传入我国，曾于50—60年代作为猪饲料推广种植，但如今猪的"生活水平"提高了，不再以水葫芦作青饲料，所以它逐渐失去其利用价值而被人们放弃，成为野生植物。

近年来，本市出现大规模、季节性的水葫芦暴发，已形成"一江葫芦向东流"的特殊景观。每年9月中旬，苏州河先出现水葫芦；11月，黄浦江上紧接着出现水葫芦高峰；12月，黄浦江再度出现高峰。由于上海的河道水体大多富营养化，给水葫芦的疯狂繁殖提供了温床，一棵植株一年之内甚至能长出几千棵分株。

水葫芦的大量繁殖给上海带来了诸多危害。成片的水葫芦聚集于河道，形成30 km长的"绿岛"，淤塞河道、影响通航、阻碍排泄；水葫芦的疯长抢夺了其他水生生物的养分、阳光和空气，长此以往会使其他生物被排挤而灭绝，从而破坏水生生态系

图4-11　水葫芦大量繁殖

统；目前只有靠打捞来解决水葫芦泛滥的问题，据统计，仅一年来，本市打捞的水葫芦达 27 000 t，每天打捞 50 t 都不算稀奇，然而这还只是水上垃圾总量的 5%不到，打捞费用是一笔不菲的支出，我国每年因水葫芦造成的经济损失接近 100 亿元，而每年光是打捞费用就高达 5 亿～10 亿元。

目前对于水葫芦的治理还没有切实可行的措施，有人想将其变废为宝用于生产其他有用产品，但是还没有成本低廉产品销路好的方案。生物防治的实验也刚处于起步阶段。

②互花米草（*Spartina alterniflora*）。是一种滩涂草本植物，原产于美国东海岸。1979 年被引入我国进行研究和开发。由于它具有耐碱、耐潮汐淹没、繁殖力强、根系发达等特点，互花米草曾被认为是保滩护堤、促淤造陆的最佳植物。上海曾将其引入种植于崇明海滩，可是这种没有天敌的植物藜科很快就霸占了整个海滩，互花米草肆无忌惮地生长繁殖，形成块再连成片，由于它们根深株高，抢夺了大量的阳光和养分，本地植物根本不是它的对手，纷纷被排挤出去。此外，互花米草还能使鱼类、贝类等动物大量窒息，水产养殖业遭受严重威胁。不仅如此，现在发现岛

图 4-12　互花米草

上鸟类由于小鱼数量的减少而断了食物来源。如果这种情况再不加控制，崇明岛的生物链将严重断裂，生物多样性将受到威胁。

现在对于这种植物几乎无计可施，因为它的根太深，想用手拔除基本是不可能的；想用它来喂养牲畜，但牲畜不愿吃；造纸厂想利用它造

图 4-13　互花米草群落

177

纸，但因其盐分过高，制造的纸质差而作罢；农民想把它晒干做燃料使用，又因其盐分过高，易使铁锅生锈腐烂，仅能做补充燃料。互花米草功能的开发几乎成了泡影。现在寻找互花米草的治理办法已成为当务之急。

③加拿大一枝黄花（*Solidago Canadensis* L.）属于菊科一支黄花属，多年生草本植物，原产北美洲。它身长挺拔，每到夏末秋初，它的顶端就会开出一朵黄色的小花，看上去文静优雅，所以最初是作为庭院观赏植物被引进的，可是现在加拿大一枝黄花已经成为上海最常见的杂草之一。只要有一点水分、阳光和土壤，只要有一棵植株，它就能在城郊的荒地里、公路旁、建筑工地内、废弃的房屋边等恶劣的环境中疯长成一大片，挤死所有周围其他植物，即使在水泥地上都毫无畏惧。更可怕的是它的地下

图 4-14　加拿大一枝黄花

茎能像竹鞭一样到处生长，遇到合适的地方就有长出小苗钻出地面，所以要彻底根除它，不仅要扫除地上部分，还得把地下部分也挖出来才行，而这基本上是无法付诸实践的。加拿大一枝黄花目前在上海还没有天敌，如果能从它身上找到有价值的地方加以利用就有可能根治这个顽疾了。已有专家在进行这方面的研究。

④喜旱莲子草（*Alternanthera philoxeroides*）。俗称"水花生"的喜旱莲子草原产巴西，于 20 世纪 30 年代传入我国上海及华东一带，50 年代后南方很多地区将此草作为猪饲料人为引种扩散种植，后逸为野生。水花生一般出现

图 4-15　喜旱莲子草

在池塘、沟渠、稻田、蔬菜田、旱作物田、果园、河流、房前屋后、路旁地边等，常常形成单一的优势群落，覆盖水域或陆地。水花生对水稻、小麦、玉米、红苕和莴苣五种作物全生育期引致的产量损失分别达 45%、36%、19%、63% 和 47%。虽然生物防治有效地控制了南方水域中的水生型水花生，但陆地、农田中的湿生型和旱生型水花生仍然未得到有效控制。

2. 外来动物

由于上海地区的动物资料不齐全，所以无法统计外来动物的种类和种数，只能举几个比较典型的例子。

（1）福寿螺（*Ampullaria gigas* Spix）。又名大瓶螺，两栖淡水贝类软体生物，属软体动物门腹足纲瓶螺科，原产南美洲亚马逊河流域，20 世纪 70—80 年代引入台湾、广东等地，最初价值很高，颇受欢迎，但其肉质松软，缺乏本地田螺的香脆，致使销路大减，人们被迫弃养，福寿螺因此成为河道、水沟、池塘的野生生物。由于福寿螺食性杂、繁殖力强、发育速度快，很快便成为福建、广东、广西、浙江、上海

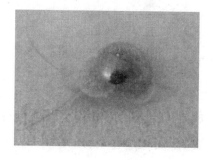

图 4-16　福寿螺

等地的有害动物，福寿螺经常啃食水生植物叶片和茎秆，严重影响植物生长。另外，福寿螺还是一种人畜共患的寄生虫病的中间宿主，极易给周围居民带来健康问题。目前福寿螺的防治以化学防治为主，辅以人工防治，尚未开展生物防治。由于没有系统、科学的立项研究，目前防治中存在的问题有：所选用的化学杀螺剂品种对水体毒性大，严重污染水质；施药量过多，增加防治成本；防治技术不够精确，防效较低。

（2）松材线虫（*Bursaphelenchus xylophilus*）。属蠕形动物门，线虫纲，垫刃目，滑刃总科，伞刃属。它通过松墨天牛等媒介昆虫传播入松树体内引发松树病害。被松材线虫感染后的松树，针叶黄褐色或红褐色，萎蔫下垂，树脂分泌停止，树干可观察到天牛侵入孔或产卵痕迹，病树整株干枯死亡，木材腐烂。

图4-17　松材线虫

松材线虫病在日本、韩国、美国、加拿大和墨西哥等国均有发生。1982年在我国南京中山陵首次发现，以后相继在安徽、山东、浙江、广东等省的局部地区发生并流行成灾，导致大量松树枯死，已被我国列入对内、对外的检疫对象。2000年，上海地区已经记录到松材线虫的发生，为了防止其进一步蔓延，政府应引起高度重视。

（3）美国白蛾（*Hyphantria cunea*）。又称秋幕毛虫、秋幕蛾，属鳞翅目，灯蛾科。美国白蛾为重要的国际动物检疫对象，原产北美洲，1940年传入欧洲，1945年传入日本，1979年传入我国辽宁丹东一带，1984年在陕西发现。它是目前对我国农林业造成毁灭性灾害的最为严重的入侵性害虫，可危害200多种农林植物。美国白蛾以蛹的状态在树皮下或地面枯枝落叶处越冬，幼虫孵化后吐丝结网，群集网中取食叶片，叶片被食尽后，

图4-18　美国白蛾幼虫

图4-19　美国白蛾成虫

幼虫移至枝杈和嫩枝的另一部分织一新网。1～4 龄幼虫多结网危害，网幕为乳黄色，可达 50 cm。5 龄后的幼虫开始脱离网幕，分散危害，达到暴食阶段。2000 年，美国白蛾在上海等地区发生。

（4）克氏螯虾（*Procambarus clarkii*）。原产于美国南部和墨西哥北部。从斯堪的纳维亚北部到澳大利亚，美国、亚洲和非洲都有养殖。中国在 20 世纪 40 年代早期从日本引进克氏螯虾，日本于更早时期从美国引种。与大多数水生物种不同，雌性克氏螯虾自己孵化卵，因此不需要花钱进行人工孵化。一旦池塘投放了原种，克氏螯虾即可实现自我维持、病虫害防治，在收获后，不需要再投放原种。克氏螯虾常常和其他的农作物，特别是水稻一起混养。收获时逃逸的个体在堤坝上

图 4-20　克氏螯虾

挖洞生存下来。到下个季节，又形成繁殖种群，以残留的农作物和其他食物为生。在南京、安徽滁县有养殖，然后扩散到中国中部、北部和南部地区，并在野外形成了大量种群。目前，上海郊县地区已发现克氏螯虾的踪迹，它们在堤坝上的挖洞行为对堤坝产生了潜在的威胁。

二、外来有害物种的入侵

1. 上海市外来生物的历史

早期上海对于外来生物并无详细记载，但是可以从中国外来生物的历史中看出些许端倪。中国从外地或国外引入优良品种有悠久的历史。公元前 100 多年，汉朝使者张骞和他的助手从中亚带回葡萄（*Vitis vinifera*）、紫苜蓿（*Medicago sativa*）、石榴（*Punica granatum*）、红花

（*Carthamus tinctorius*）等经济植物的种子。北宋期间，原产非洲东北部的芦荟（*Aloe barbdensis*）第一次在中国出现。1645 年伽马航线开辟后，旅居印度、东南亚各地的华侨将西欧人带来的物种，如烟草（*Nicotiana tabacum*）、西番莲（*Passiflora coerulea*）等传入中国。而以上列举的外来植物在上海都有分布。

1842 年鸦片战争结束后，香港、广州、厦门、上海、青岛、烟台和大连等海港成为外来杂草进入中国的主要入口。1886 年，原产北美洲的一年蓬出现在上海，现已逸生为杂草，20 世纪 30 年代原产巴西的喜旱莲子草传入上海，50—60 年代水葫芦引入，80 年代互花米草引入。除此之外，还有许多通过各种途径进入上海的外来种没有确切的年份记录。

2. 上海市外来生物的传入途径

上海外来生物的传入可分为有意引入和无意引入两种。

（1）有意引入。有意引入是指人们认为某些异地生物对本地的经济、生态有益而有意地将该生物引入种植。引入的目的各不相同，如：作为牧草或饲料引入的有喜旱莲子草、凤眼莲、苏丹草等；作为观赏植物引入的有加拿大一枝黄花、大花金鸡菊、大滨菊等；作为作物、蔬菜、药用植物引入的有大麻、甜菜、决明等；作为草坪植物引入的有毛花雀稗等；作为环境植物引入的有大米草等（以上外来生物有的最初并不是直接引入上海，但是现在上海已有发现，估计是从上海邻近地区传入的）。

（2）无意引入。无意引入指的是异地物种通过人类的各种活动间接被引入，而非人们的主动意愿。无意引入的方式也有好几种：

①随交通工具传入。上海是一个国际性大港口，还是我国铁路、河运和海运的交通枢纽，外来生物就极可能"搭乘"火车、轮船甚至是飞机进入上海，如分布于北郊火车站的望江南、刺沙蓬等。

②由农产品和货物的输入夹带进入。上海的交通枢纽地位使得各种物资的交易交流十分频繁，物种夹带的外来生物（植物种子或幼苗、微生物孢子、昆虫幼虫等）就极有可能在上海生根落户，如假高粱、北美车前、北美独行菜。

③随别的生物引入而带入。这种传入方式以各种有害虫类、微生物为主。

总之，上海特殊的地理位置、国际大都市的特殊地位以及上海人民特殊的文化需求造成了上海地区很高的外来生物比例，给生物入侵创造了极为有利的条件。

三、外来有害物种入侵的防治

1. 上海市外来生物入侵的危害

一旦一种外来生物入侵成功，就有可能产生多方面的危害，很多都是人们事先无法预料的。下面就分几点叙述。

（1）生态破坏。外来生物入侵后疯狂生长，最后发展为大暴发态势，生长无法控制，就有可能造成不可挽回的生态破坏。比如上述的水葫芦对上海地区河道的水生生态环境的破坏，以及互花米草对崇明滩涂食物链系统的破坏。

（2）排挤本地种，影响生物多样性。近年来，世界各国越来越意识到保护生物多样性的重要意义。丰富多彩的生物不仅为人类提供了很多潜在的利用资源，而且由多种生物组成的生态系统比单一的生物更能抵御突如其来的恶劣条件，具有更大的缓冲性。可是恶性的入侵物种在自身大量繁殖的同时，往往把本地种置于死地，最终成为单一的植物群落，大大破坏了该地区的生物多样性。除了上述的水葫芦和互花米草用争夺阳光和空气的方法排挤本地种外，在上海发现的豚草还可分泌有化学感应作用的化合物抑制其他植物发芽和生长。此外有些入侵种可与同属近缘种，甚至不同属的种（如加拿大一枝黄花可与假蓍紫菀 *Aster ptarmicoides*）杂交，入侵种与本地种的基因交流可能导致后者的遗传侵蚀。

（3）造成经济损失。有害的外来生物会对本地种产生危害，从而对农业、林业、养殖业都造成一定的经济损失。比如松材线虫、美国白蛾等。此外，治理已经入侵生物也要投入大量的资金，例如我国每年要耗费 5 亿～10 亿元用于水葫芦的打捞。

（4）威胁人类健康。上海的有些外来种，如豚草、三裂叶豚草的花粉对人体有害。豚草的花期一般都在六、七月份，开花时会产生大量的呈黄色雾状的花粉，人一旦吸入，会出现咳嗽、流涕、全身发痒、头痛、胸闷、呼吸困难等症状，严重的还会诱发肺气肿和哮喘。因此被誉为"毒草"和"植物杀手"。

（5）影响市容。水葫芦在上海的各个河流里泛滥成灾，水面上漂着的水葫芦往往夹带着各种五颜六色的垃圾废物，一次性饭盒、塑料袋、生活垃圾等，无法清除；而打捞出的水葫芦堆积在岸边又极易发烂发臭，极度影响市容。

2. 上海市外来生物入侵的预防及控制对策

（1）政府的高度重视。解决上海外来种入侵问题已经刻不容缓，市政府应当在充分了解其危害后将这个问题作为一个重点项目来抓，协调各方利益，支持科学研究，才能最有效地控制现有的局面和预防新的入侵发生。

（2）加强出入境检查。为了防治新的有害外来种通过各种国际交流活动（旅游、物资贸易等）传入上海，海关检疫局应加强对工作人员的培训，使其了解自己工作的重要意义，并掌握现代先进的技术，防止漏网过关。

（3）加大宣传，提高民众意识。有不少人至今为止都不明白生物入侵带来的危害，甚至对生物入侵一无所知，经常会有旅行归来的人将国外的水果带入境内，殊不知水果中很可能带有对上海乃至中国的生态系统产生威胁的害虫。所以政府部门要从正反两方面的事例开展宣传教育，使有关部门和广大公众对利害关系有全面的了解和认识，防止或减少无意引入和传播的危险。

（4）加强对引种的安全管理。从生物入侵的实例可以看到，许多入侵种最初都是有意引入的，可是由于不了解其危害性，放任生长，最终导致了严重的后果。所以在引入一个新生物品种之前一定要反复核查，仔细研究分析，了解其生活习性，确定其不会成为入侵种才可引入。此外，上海现有的700多种外来植物虽然绝大部分目前未表现出有害迹象，但万一遇上合适的条件就有可能显示出危害的一面。所以也要对已引入的物种加强管理，防止其逸生至野外。

（5）积极研究，治理已入侵物种。对于已经入侵的生物，要采用生物防治、低污染化学防治、机械根除等综合防治措施，恢复和重建生态系统。其中生物控制法是一种最有希望的方法，主要思路是引进病原体、昆虫等来控制外来种。例如用水葫芦象甲来控制水葫芦的蔓延。但是生物控制外来种时因作用对象的专一性不强，所以在引进生物控制植物外来种的同时，引进种对本地种可能造成危害，造成新的生物入侵。因此，在使用此方法前一定要反复论证其可行性和无危害性。

（6）收集整理已有资料。知己知彼，方能百战百胜。要治入侵生物，首先要对其有充分的了解。通过建立相应的监测系统，查明上海有害或潜在有害的入侵物种的分类、原产地、入侵分布地、生理、生态、传播途径、防治方法等相关详细内容，并录入到数据库中，方便研究者查询。此外，还要加强有关入侵物种的国际交流和合作研究，共享、连接或共建入侵物种数据库和信息系统。由于入侵物种的问题涉及原产国问题，因此，原产国相应物种的防治方法、生态特点、天敌生物等信息对入侵国的防治有着重要借鉴作用。从松突圆蚧的原产国日本引进松突圆蚧花角蚜小蜂（*Coccobius azumai*），防治松突圆蚧获得成功，即是从原产国寻找天敌防治物种的例证。

（7）建立法律制度。目前上海已有较完善的海关出入境检疫法规，在防止已知有害外来生物进入上海已有一定成效。但是在监督外来物种引入的法律规范上还有待补充。只有建立完备的法律制度，才能防治新的外来物种入侵的发生。

第五章　林地生态系统建设

第一节　园林绿化建设

一、绿化建设的发展与现状

上海的绿化建设经历了由慢到快、由小到大、由量变逐步到质变的发展阶段，从时间上看，大致可以划分为以下三个阶段：即 1949—1978 年的缓慢发展阶段、1986—1998 年的稳定增长阶段和 1998 年以来的快速发展阶段。

1998 年以来，上海明显加快了城市生态环境建设，积极探索具有国际视野、时代特征和上海特色的绿化发展之路，城市绿化建设取得突破性进展，市绿化（原园林）管理局根据不同时期社会经济发展状况，提出了不同的绿化建设目标，如从 1997 年起，实施每个街道至少建设一块 500 m² 以上的公共绿地，从 1999 年起，实施每个街道至少建设一块 3 000 m² 以上的公共绿地，从 2000 年起，实施中心城每个区至少建设一块 4 hm² 以上的大型公共绿地，并进而启动"500 m 绿地服务半径"计划；郊区开展"一镇一园"建设，启动郊区森林建设。在规划建绿和多部门协同绿化等措施的支撑下，通过集中力量和超常规的投入，确保了近年城市绿化目标的实现，各项绿化指标明显增长，上海的绿化得到前所未有的快速发展。

当然，由于上海绿化的基础较差，城区可用于绿化的土地极其有限，与国内外绿化先进城市相比，特别是与上海建设现代化国际大都市的目标要求相比，上海的绿化仍相距甚远。从全市范围看，中心城特别是内环线以内的绿化建设，仍处于填补绿地历史欠缺的状况，郊区城镇绿化和郊区森林营造尚处于起步阶段。

二、城市绿化建设

1. 公共绿地

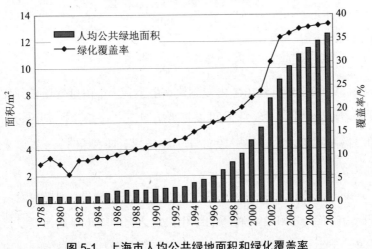

图 5-1　上海市人均公共绿地面积和绿化覆盖率

2. 屋顶绿化

上海是一座正处在经济快速发展的特大型城市，然而一方面城市的各项功能建设都需要一定量的土地保证；另一方面是陆域面积不足 7 000 km^2 的状况，这使得城市的发展面临着土地资源稀缺的状况。上海曾于 2004 年被原建设部评为国家园林城市。然而近几年来，在整体绿化覆盖率有所提高的情况下，也存在建成区尤其是中心城区因土地资源有限而使绿化建设受到制约的状况。考虑到上海建筑密度高的特殊性，并借鉴国外一些有益经验的基础上，主管部门设想在原有工作的基础上进一步开发建筑物屋顶资源，将其作为发展城市特种绿化的载体之一，以缓解绿化建设面临的土地资源紧张的局面，为此而设立遥感专项调查任务，以掌握潜在的可用于建造绿化的屋顶总量。

经过遥感的初步调查，在全市调查范围内，在 1980 年后建造的建筑物中，可绿化屋顶有 45 731 块，总面积约 2 037 hm^2。其中，面积最大的是其他单位建筑的屋顶，约 637.8 hm^2，其次是公共设施建筑的屋顶，面积约 486 hm^2（其中学校、幼儿园等教育机构的面积将近 310 hm^2），第三位是建筑工业建筑的屋顶，面积约 484 hm^2（表 5-1）。在初步调查得出 2 037 hm^2 屋顶中，有约 74 hm^2 已经建有绿化（涉及屋顶 2 321 块，100.8 hm^2 屋顶面积），从这一角度看，可利用的潜在屋顶资源还是比较可观的。当然，这些屋顶能否真正被用于建造屋顶绿化，还要具体调查每块屋顶的承载力以及其他一些主客观条件。

表 5-1　全市调查范围内可绿化屋顶遥感调查总体结果

类别	遥感调查可绿化屋顶块数/块	遥感调查可绿化屋顶面积/m^2	可绿化屋顶中已建绿化面积/m^2
公共设施建筑	12 608	4 865 680	140 328
工业建筑	9 036	4 839 163	18 835
商务建筑	2 845	1 873 046	170 063
其他单位建筑	13 837	6 369 381	175 236
居住区附属建筑	7 405	2 425 844	231 242
合　计	45 731	20 373 114	735 704

需要说明的是，此次调查的不足之处在于：由于资料不全，以及房籍资料保密性的限制，有少量建筑的名称或所属单位名称一时无法获取，但是建筑物类型都要做区分。从建筑类别来看，其他单位类别的建

筑名称空缺最多，全市有 6 747 块，商务类别的建筑名称空缺最少，全市仅有 280 块。另外，公共设施类别的建筑空缺有 1 082 块。从区域分布来看，主要是郊区建筑名称空缺较多。

从全市 19 个区县的调查情况看，各区县的可绿化屋顶面积存在较明显差异，其中浦东新区的可绿化屋顶面积最大，约有 511 hm^2，宝山区、普陀区、徐汇区、闵行区、南汇区等的可绿化屋顶面积也较大（表 5-2）。

表 5-2　全市调查范围内各区县可绿化屋顶遥感调查结果对比

区　县	可绿化屋顶块数/块	可绿化屋顶面积/m^2	可绿化屋顶中已建绿化面积/m^2
黄浦区	870	373 301	65 583
静安区	1 482	362 179	103 240
卢湾区	975	271 069	33 383
徐汇区	3 991	1 474 320	104 484
长宁区	1 614	739 935	63 665
普陀区	3 122	1 562 328	54 899
虹口区	1 324	624 386	43 226
闸北区	1 876	872 260	33 099
杨浦区	1 692	883 164	54 299
浦东新区	8 184	5 109 888	91 458
宝山区	6 349	1 799 450	6 691
闵行区	3 438	1 446 903	32 104
嘉定区	2 576	874 016	5 208
青浦区	1 430	782 658	1 726
松江区	979	602 829	10 872
奉贤区	2 165	922 254	11 824
南汇区	1 964	1 049 224	15 620
金山区	1 235	456 400	4 179
崇明县	465	166 550	143
合计	45 733	20 373 114	735 705

三、郊区林地建设

上海是我国改革开放的前沿，是我国经济、金融、贸易和航运中心。上海地处长江入海口，是长江三角洲冲积平原的一部分，境内除西南部有少数孤立低丘外，均为坦荡低平的平原，平均海拔 4 m 左右。上海属温和湿润的亚热带季风气候，充沛的温光资源和丰富的水资源，为绿化林业发展提供了得天独厚的自然条件。

改革开放以前，上海林业主要以农村"四旁"植树、栽种竹园等为主，生产的产品多数用于制作小农具、搭建牲畜棚舍以及食用竹笋等。20 世纪 50 年代末、60 年代初，上海郊区先后建立了一批国营林场和国营苗圃，但除了松江佘山、崇明东平等少数规模较大的林场外，基本无规模化的大型林地。60 年代末至 70 年代，随着水杉的大面积推广，上海林业建设步入加快发展阶段。郊区结合改土治水、兴修水利等农田基本建设，林业建设掀起了以营造农田林网为主体的植树造林高潮，先后涌现出青浦县练塘乡林家草大队等一批农田林网建设先进典型。

改革开放 30 年来，上海林业经历了从慢到快、从小到大、从传统到现代的发展历程。80 年代中期，郊区林业进入结构调整阶段。由于全国粮食连年丰收，粮食结构性过剩的矛盾突出，种粮效益持续下滑，郊区农民积极要求调整种植结构。为此，市委、市政府提出了"稳粮、调棉、保菜，发展市场适销的经济作物"的农业结构调整要求，郊区林业按照"多树种、多林种发展，林果花综合推进"的发展思路，积极引导以经济果林为主的经济林发展，先后建立了一批具有一定规模和特色的果品、蚕桑和花卉生产基地。

80 年代后期，郊区林业进入综合提高阶段。围绕 2000 年全市平原绿化达标的总体目标，郊区开展了以平原绿化达标为主要内容的绿化竞赛活动。

1987 年起，在郊区 10 个区县开展以农田林网、骨干道路河道绿化、镇区村庄绿化为主要内容的平原绿化达标活动，一手抓农田林网建设工程，一手抓"四个一"（河、路、镇区、农业示范区）等绿化重点工程，至1998年，郊区农田林网控制率达到63%。1992年，崇明县率先实现平原绿化达标目标。1996年，为进一步加快平原绿化步伐，市政府与郊区各区县政府签订了"九五"平原绿化责任状，层层分解绿化建设指标任务。

1988年起，按照《上海市沿海防护林体系建设规划》，在沿海6个区县启动建设以发挥生态效益和防护功能为主体，网、带、片相结合，纵深40 km的沿海防护林体系工程。至1998年，累计建成防护林带面积 2 600 hm²，大陆海岸线基干防护林带基本合拢，沿海地区形成了一道绿色屏障，与纵横交叉的农田林网组合成一张能有效抵御自然灾害的生态保护网。

1992年起，为配合淮河、太湖流域综合治理，本市按照全流域总体规划要求，在嘉定、青浦、松江、南汇、闵行5个区县启动实施防护林体系建设工程。至1997年，先后在太浦河、淀浦河、黄浦江、油墩港、大盈港等主要河流两侧建成了全长200余公里、面积240余公顷的护堤护岸林、水源涵养林。

1998年起，市林业部门在郊区10个区县组织实施了15个市级林业生态示范工程，其中有生态型、生态经济型、生态观赏型等多种功能的沿海防护林、农田防护林、农业示范区配套绿化，以及骨干道路和河道绿化带，大大加快了平原绿化达标步伐。

80年代中期至90年代，上海郊区的林业产业也得到长足发展，经济果林、花卉等区域优势产业进一步凸显。按照区域化布局、规模化推进、标准化生产、品牌化经营的林业产业思路，大力发展区域优势明显、市场潜力大、农民参与度高、农村收益面广的林果产业，形成了南汇水蜜桃、松江水晶梨、崇明柑橘、嘉定葡萄、奉贤黄桃、金山蟠桃等特色品牌，全市经济果林面积发展到了1.3万余公顷。

进入 21 世纪以后，上海林业步入跨越式发展阶段。为迎接 2010 年上海世博会，加快"四个中心"和现代化国际大都市建设，有效改善城市生态环境，2002 年，市政府下发了《关于促进本市林业发展的若干意见》，出台了"以林养林"、"以房建林"、"以项目带林"等政策，大大激发了国内外企业和个人参与林业建设的积极性，先后在郊区建成千亩以上大型林地 20 余片，建设苗木基地约 30 万亩。郊区林业呈现大规模、高速度的发展态势，森林资源总量大幅增加，林业产业逐步壮大，林业管理不断加强，城乡生态环境显著改善。

按照市政府批准的《上海城市森林规划》和《2003—2007 年林业建设计划》，2003—2008 年，本市组织实施了两轮林业建设计划，重点推进沿海防护林、水源涵养林、通道防护林、污染隔离林、生态片林和经济林建设。2003—2005 年，全市共新增林地面积 58.2 万亩，市级财力投入资金 13.1 亿元。2006—2008 年，全市共新增林地面积 58.2 万亩，市级财力投入资金 13.1 亿元。全市新增林地面积 12.8 万亩，市级财力投入资金 5.1 亿元。

到 2009 年底，全市林地总面积达到 148 万亩，其中 2000—2009 年，全市新增林地面积 111 万亩。全市森林覆盖率 12.58%，比 1999 年增长 9.41%。

与此同时，上海的林业产业也得到发展提高，"十五"期间，本市林果种植面积以平均每年 6 万亩左右的速度增长。目前，全市经济果林面积稳定在 35 万亩左右，年产量 40 万 t，产值 15 亿元。围绕做大做强林果区域化产业优势，提高经济果林的科技含量，相继建立了葡萄、桃、梨、柑橘、蟠桃、小水果 6 个专业化研究所，承担全市果品生产的新品种引进筛选、新技术推广、技术培训等工作，对全面提升本市果品生产水平发挥了重要作用。林果产业成为本市农业结构调整的主力军，生态环境建设的主战场，农民增收的主渠道。同时，林业旅游业呈现方兴未艾的发展态势，全市涌现出"林家乐"旅游点数十家，以观花采果为主题的林业节庆 5 个，初步形成了以国家森林公园为龙头、"林家乐"为骨干、森林节庆活动为补充的林业旅游体系基本框架。

改革开放以来，在上海市各级党委和政府的高度重视下，在全市人民的共同努力下，上海林业实现了历史性跨越，取得了前所未有的发展成果。林业为保障全市经济社会持续健康发展作出了重要贡献，为加快建设"四个中心"和现代化、国际化大都市奠定了良好的生态基础。

郊区绿化是上海绿化的重要组成部分，随着"城乡一体化"绿化规划布局的实施，上海面临农业产业结构调整的机遇。近年来，上海郊区造林发展迅速，投入成倍增长，形成了政府引导、社会参与的多元化造林新格局，极大地促进郊区社会经济的发展和城市生态环境的改善。

通过对近几年郊区各林种造林面积的发展变化、有林地和造林面积、零星植树量和保存量以及沿海、太湖流域和平原造林面积变化的比较分析，分析上海郊区造林和林业发展动态。

1. 郊区各林种面积的变化

图 5-2 中显示的是上海郊区近期各林种面积变化趋向，由图中可见，1989—1997 年，郊区各林种面积处于增长缓慢或停滞状态。从 1997 年以后，造林面积增加，各林种面积也逐渐增加。特别是 1999 年以后，随着城乡一体化绿化理念的发展，营造上海城市森林得到了重视，各林种面积有了较大的增长。其中，经济林面积，自 1997 年（9 023 hm²）后逐年增长，1998 年增长至 10 423 hm²，1999 年 11 293 hm²，2000 年 12 908 hm²，到 2001 年达 16 718 hm²。防护林和特殊用途林变化曲线与经济林比较相似，其中特殊用途林增长从 1999 年开始，从 1997 年、1998 年的 0 hm² 到 1999 年的 2 653 hm²；2000 年的 4 002 hm²；2001 年的 5 992 hm²，发展速度快。

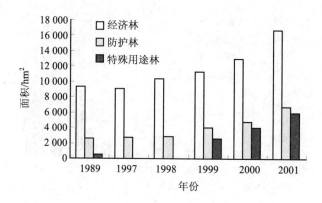

图 5-2　上海市郊区各林种面积变化趋势

2. 郊区年造林面积和有林地面积变化

在郊区各林种的年造林面积比较中（见图 5-3），各林种的变化曲线差异较大。其中，用材林造林面积 1997 年、1998 年为 0 hm²，到 1999 年猛增至 600 hm²，但之后每年造林面积逐年下降，2000 年为 402 hm²、2001 年为 368 hm²；经济林的造林面积从 1997 年（1 910 hm²）逐年回落至 1999 年（870 hm²），之后上升，2000 年（1 615 hm²），至 2001 年为 3 810 hm²，接近 1998 年、1999 年、2000 年三年的造林面积总和以及 1997 年的 2 倍。防护林的年造林面积，1997 年、1998 年变化不大，在 200 hm² 之下，至 1999 年防护林造林面积明显增多（1 100 hm²），2000 年有所回落，而 2001 年又增至 1 902 hm²，是 1997 年的 11 倍，1998 年的 9 倍多。特殊用途林的造林面积从 2000 年开始（1 349 hm²），2001 年为 1 990 hm²，之前均为 0 hm²。特殊用途林造林面积起步晚，但发展快，使郊区造林趋向多林种发展的布局。

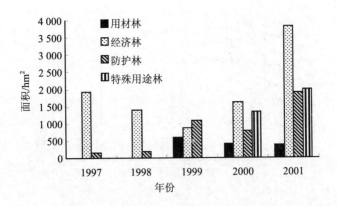

图 5-3　上海市郊区各林种的年造林面积

图 5-4 是各年造林总面积和有林地面积的变化发展图。由图可见，从 1999 年后，特别是 2000 年和 2001 年，郊区退耕造林工作深入展开，郊区造林的林种趋于多样，面积也逐年增长。尤其是 2001 年，除用材林外其他林种的年造林面积均明显增长，年造林面积 8 070 hm²，比 2000 年翻一番，是 1999 年的 3 倍多，1998 年的 5 倍和 1997 年的近 4 倍。

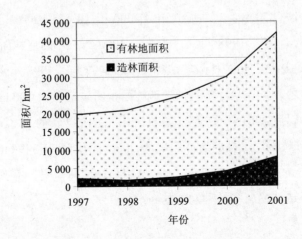

图 5-4　郊区各林种的年造林面积

有林地面积逐年递增，1997 年为 17 557 hm²，1999 年增长至 21 727 hm²，而 2000 年和 2001 年增长的幅度加大，2001 年则达到 33 869 hm²，几乎比 1997 年翻一番。

3. 零星植树量与保存量的变化

郊区零星植树量从 1997 年至 1999 年呈增长态势，但 1999 年后逐年下降，如 1999 年为 1 089 万株，而 2000 年则减为 1 036 万株，到 2001 年仅为 794 万株。这可能与郊区城镇化速度明显加快，进行了大规模的并村，房屋集中成片开发，房前屋后栽植树木减少有关。从图 5-5 可见，零星树保存数每年均以近 1 000 万株的速度稳步增长，1997 年零星树保存量为 3 628 万株，到 2001 年为 7 489 万株，但从 1999 年后，由于零星植树量逐年下降，零星树的保存数增幅减缓。

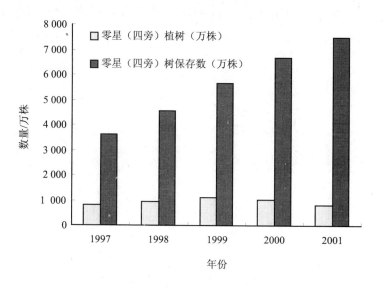

图 5-5 上海市郊区零星植树量

4．沿海、太湖流域及平原绿化造林面积变化分析

沿海防护林、太湖流域防护林及平原绿化造林是国家和上海市的重点绿化工程和林业生态工程。图 5-6 为沿海、太湖流域和平原绿化的防护林年造林面积，其中沿海的防护林造林面积从 1997 年的 160 hm² 增长至 1999 年的 270 hm²，但 2000 年造林面积下降至 107.6 hm²，而 2001 年的造林面积猛增至 658.46 hm²，造林面积高于 1998 年、1999 年、2000 年三年的总和；而太湖流域防护林年造林面积的变化与沿海防护林相似，1997 年至 1999 年逐年上升，增长的幅度也比较大，1997 年造林面积为 10 hm²，1998 年为 120 hm²，至 1999 年上升到 350 hm²，而 2000 年降至 70 hm²，到 2001 年则剧增至 751.95 hm²，高于 1997—2000 年造林面积的总和；而平原绿化从 1997 年的 220 hm² 上升到 1998 年的 770 hm²，而 1999 年则减少为 640 hm²，在沿海和太湖流域造林面积都有所下降的 2000 年，平原绿化造林面积却迅速增长至 2 890.55 hm²，2001 年则继续扩大面积，造林面积达 4 420.42 hm²。占郊区 2001 年造林总面积的 75.81%。

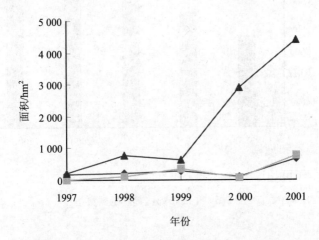

图 5-6　沿海、太湖流域、平原绿化防护林年造林面积

图 5-7 是沿海、太湖流域、平原的年造林总面积，从 1997 年的 390 hm² 开始逐年上升，特别是 1999 年（1 260 hm²）以后，造林总面积发展迅速，2000 年造林总面积（3 068.15 hm²）是前三年的总和，而到 2001 年造林总面积已达 5 830.83 hm²，是 1997 年的 15 倍，比 1998 年和 1999 年高 4～5 倍。

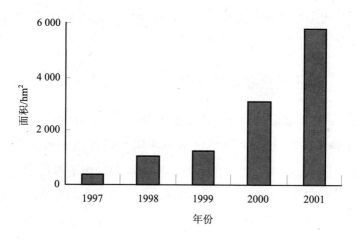

图 5-7　沿海、太湖流域和平原年造林面积

5. 2002 年上半年上海郊区造林情况

根据 2002 年编制的《上海市绿化系统规划》中的林业工作目标，2002 年，郊区进一步加快退耕造林，上半年，共完成植树造林面积约 10 万亩（6 667 hm²），其中经济林地和用材林地占 70%以上；同时，突出了结构调整和规模化造林，全市已建和在建千亩以上的成片林地 17 个，预计全年可超过 30 个，面积近 7 万亩（4 667 hm²）。在 2002 年底，将完成 15 万～18 万亩（10 000～12 000 hm²）造林计划任务，使森林覆盖率达到 12%以上。

四、绿化建设存在的差距与对策

尽管上海的城市绿化取得令世人瞩目的成就，由于基础较差，加上地少人多，与国内外绿化先进城市相比，特别是与上海建设现代化国际大都市的目标要求相比，仍有相当差距。因此，应该进一步发扬成绩，找出差距，采取更加切实有效的措施，促进上海城市绿化的可持续发展。

（一）绿化建设存在的差距

1. 目前，城市绿地覆盖率达到或超过 30%～40%的城市在世界上已较普遍，联合国生物圈生态与环境组织提出城市人均绿地达 50 m^2 以上为最佳居住环境的标准。由于各国城市的规模、人口和历史条件不同，城市的绿化水平也有明显差异，但欧美发达国家一些国际化大都市的绿化水平普遍较高，从人均绿地角度看，德国柏林为 50 m^2、俄罗斯莫斯科 44 m^2、法国巴黎 24.7 m^2、英国伦敦 22.8 m^2、美国纽约 19.6 m^2。另外，莫斯科的绿地覆盖率为 35%，伦敦绿地覆盖率则为 42%。

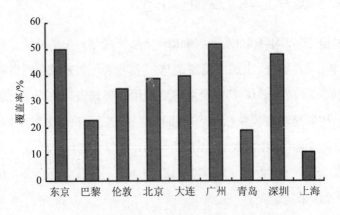

图 5-8　世界几个城市森林覆盖率

2001 年，上海的建成区绿化覆盖率 21.48%，绿地率 21.48%，人均公共绿地面积 5.56 m²，森林覆盖率约 10%，森林覆盖率仅及全国平均水平的一半。因此，上海在绿化数量指标上的差距比较明显。事实上，从上海全市看，中心城特别是内环线以内的绿化建设仍处于还历史旧账阶段，郊区城镇的绿化建设尚处于起步阶段。

2. 近年来，生态学理论和措施得到前所未有的重视，大型绿地的"500 m 服务半径"规划目标的提出与实施、"环、楔、廊、园、林"的市域绿化总体布局也在积极实施和迅速完善中，促进城市绿地生态系统趋向健全，绿地的均匀性、公平性和可达性得到很大改善，但与"人与自然和谐、城郊一体、各种绿化衔接合理、生态功能完善稳定的市域绿化系统"的目标尚有一定距离，从居民对绿地体验的层次上，特别是涉及"线"时，还比较缺乏，为居民提供的各种设施也不够充分。生态学的应用层次有待提高，市域绿化网络体系不够完善，各类公园、绿地、林地分布还不够均匀，楔形绿地尚未有效实施，绿色廊道不够完善，城乡绿化没有形成有机的整体，合理的绿地网络结构尚在构建中，城市绿地的景观生态整体性有待深化认识，并采取更具体的实施措施。

绿地的自然保育功能仍在认识中，城市绿化往往将绿化植物视为城市景观的载体和城市环境的防护工具，对绿地作为其他物种栖息地的作用和功能重视不足，如在绿地设计和建设中，应面向生态过程和物种栖息地网络，为野生生物的觅食、安全和繁衍提供良好的庇护空间，增加总体物种潜在的共存性；避免城市绿地覆盖率越来越高，而适宜野生动物等生物物种栖息的生境却增长缓慢，而自然植被甚至越来越多地被占有或改造的现象。

3. 近年来，上海实施了城市绿地生物多样性计划，大力引进适宜的新优植物，每年增加约 100 种绿化植物，在如此短的时间内，绿化植物种类增加幅度之大在国内外均属罕见，但由于植物生长周期较长，难以在短期内对新优植物进行迅速扩繁和推广，况且，对新优植物本身的习性及其在绿地植物群落配置中的应用方式也有不断探索和提高的过程。同时，还存在对绿化植物要求太高的现象，过于追求完美，轻易否定和放弃物种，如"四季常绿、三季有花"的绿地格局，虽是城市绿地的最佳形态，但如果采取"一刀切"的做法，往往造成大量适应性强、色彩丰富和季相变化明显的落叶植物被旁落；一些急功近利的做法，也导致大量慢长植物，甚至缺乏大规格苗木的植物被抛弃，而具有某些不足的绿化植物则更容易被否定。因此，面对如此大规模的绿化建设，不少绿地植物种类和规格仍然比较单一，如常见的乔木主要有香樟（*Cinnamomun camphora*）、广玉兰（*Magnolia grandiflora*）、雪松（*Cedar deodara*）、悬铃木（*Platanus* spp.）、银杏（*Gingko biloba*）、水杉（*Metasequoia glyptostroboides*）等；常用的灌木主要有紫叶小檗（*Berberis thunbergii* cv. *Atropurpurea*）、十大功劳（*Mahonia fortunei*）、海桐（*Pittosporum tobira*）、红花檵木（*Loropetalum chinensis* var *rubrum*）、石楠（*Photinia serrulata*）、火棘（*Pyracantha fortuneana*）、雀舌黄杨（*Buxus bodinieri*）、冬青卫矛（*Euonymus japonicus*）、红枫（*Acer palmatum* cv. *Atropurpureum*）和金丝桃（*Hypericum monogynum*）等。

绿化种植手法也比较单调，如过多采用密植方式，部分绿地过分强调"快速成型"或"一次成型"，对绿地群落发育的生物过程和生态过程重视不足，绿地植物密度过大，植物种内和种间竞争激烈，影响了植物正常生长和群落健康发育，不利于绿地群落功能的发挥，增加了绿地养护管理的压力和投入，阻碍了绿地的可持续发展。

从整体上，绿化植物品种仍不够丰富，绝大多数物种的种群规模很小，在城市绿地中未能占据应有的位置；同时，绿地植物群落结构有缺陷，有待进一步优化，绿地生物多样性和绿地景观还存在趋同性和重复性现象。另外，在利用自然植被发展节约能源、稳定、经济、高效的植物和群落类型上，还有待进一步发展。

4. 上海地处亚热带北缘地区，气候温暖，雨量充沛，有利于植物的生长。但由于上海土壤黏重偏碱，pH 值多在 8 以上，不利于酸性植物的生长；同时，上海的地下水位高，肉质性和深根植物易烂根，阻碍植物的健康生长；而且，上海夏季多台风，且常伴大暴雨、大潮汛、水涝，浅根树木易倒伏。另外，上海夏季的持续高温，特别是"梅雨"后的高温，对植物的损伤比较严重，常常导致许多外来植物品种生长不良和死亡；同样，冬季的突发性寒潮，植物易受冻害。这些都增加了上海绿化建设的难度，限制了上海绿化水平的提高。多年来，园林绿化科技人员和工程技术人员进行了多方面的努力，攻克了大量的技术难题，如人工介质土的推广应用、大树移植综合技术等，但相关配套技术还不够系统和完善，适合上海实际，科学合理和经济可行的综合绿化途径还有待进一步探讨，从根本上解决制约上海绿化发展的自然胁迫。

5. 由于绿化管理体制的城乡分割和部门分割，如何协调全市的绿化规划、建设和管理，保证上海绿化工作的高效而有序实施，仍有待进一步探讨和加强。

（二）对策

为了提高上海城市生态环境质量，调动全社会力量参与城市园林绿化建设，实施城市可持续发展和生物多样性保护行动计划，提高城市规划、建设和管理水平，促进经济、社会和环境的协调发展，推进上海现代化国际大都市建设，提升上海城市综合竞争力，2004 年，上海市政府启动"创建国家园林城市"活动，力争 2005 年实现"国家园林城市"的目标。国家园林城市是对城市绿化的全方位考核，涉及城市生态环境建设、城市可持续发展、城市建设及城市绿化养护管理、大环境绿化建设、城市全民义务植树、古树名木保护管理、苗圃建设、法制建设和行业管理情况、科研成果、机构设置与队伍建设、投融资情况、居住区绿化、创建园林式单位等多项指标，并要求人均公共绿地达到 6.5 m²，绿地率达到 30%，绿地覆盖率达到 35%，经过 6 轮创建活动，我国获"国家园林城市"称号的城市共有 29 个。因此，创建"国家园林城市"是对上海绿化发展状况和水平的系统检验和考核。当然，"创建国家园林城市"只是上海绿化近期努力的一个方向，上海绿化发展的目标应是实现与"现代化国际大都市"和"生态型城市"要求相适应的绿化水平。所以，为了进一步提高上海的绿化水平，仍需要在以下方面努力。

1．进一步加大绿化建设，实施规划建绿，提高上海绿地面积

截至 2001 年底，上海市区人均公共绿地面积为 5.56 m²，2002 年上半年又新建了 817 hm² 公共绿地，市区人均公共绿地已接近 6.5 m²，年底可达 7 m²，绿化覆盖率也将达到 27%，郊区的森林覆盖率年底可达到 12% 以上。但与绿化先进城市相比，仍有较大差别。因此，增加上海绿化面积仍是未来较长时间内的主要工作。根据上海市的绿地系统规划，上海将形成"环、楔、廊、园、林"的绿化总体布局，城市化地区以各级公共绿地为核心，郊区以大型生态林地为主体，以沿"江、河、湖、海、路、岛、城"地区的绿化为网络和连接，形成"主体"通过"网络"与"核心"相互作用的市域绿化格局。人均公共绿地达到 8 m²，绿化覆盖率达到 28%～30%，森林覆盖率达到 20% 左右。到 2020 年，全市绿化覆盖率和森林覆盖率将分别超过 35%、30%，城市化地区人均公共绿地达到 10 m² 以上。

（1）结合中心城旧区改造，特别是黄浦江、苏州河沿岸地区开发，加快公共绿地建设

实施城区"绿化 500 m 服务半径"的中心城绿地建设，让市民走出家门 500 m 就能进入 3 000 m² 以上的公共绿地；在 2005 年，内环线内消除 500 m 公共绿地服务盲区，2010 年，消除外环线内 500 m 公共绿

地服务盲区。结合中心城旧区改造和产业结构调整，疏解中心城人口，梳理和绿化城区闲置土地，控制中心城区的建筑密度，开发地下空间，置换绿化土地，并与环境整治和市政建设相结合，加快市中心增绿，发展特殊空间绿化。

近期，以"一纵两横"绿色走廊（黄浦江、苏州河和延安路沿岸、沿线景观绿化）为重点，黄浦江两岸建设大型绿色休闲景观区，苏州河沿岸将建设 8 块总计面积 78 hm² 的大型集中绿地，在延安路主干道沿线还将新建数块大型公共绿地，使得延安路成为一条贯穿上海市东西向的绿色生态景观大道。

2020 年，公共绿地建设总面积约 52 km²。规划新增二级绿地（4～10 hm²）36 块，用地面积为 1.76 km²；规划新增一级绿地（10 hm² 以上）23 块，用地面积为 7.55 km²。根据热场等级遥感图，在中心城的热中心区域，规划建设 4 hm² 以上的大型公共绿地，减缓区域热岛效应。在市中心和城市副中心、城市景观轴两侧、公共活动中心以及城市交通重要节点大力新建绿地，创造有特色的现代化大都市园林景观。

（2）建设近郊公园

在中心城的东、南、西、北的近郊地区，规划建设娱乐、体育、雕塑、民俗等森林主题公园，总面积约 17 km²。包括三岔港绿地（约 3.8 km²）、浦东黄楼镇地区（约 5.2 km²）、闵行旗忠体育公园（约 3～5 km²）、徐泾镇（约 4 km²）、宝山蕴川路西侧地区（约 4 km²）。

（3）提高郊区城镇绿化水平

结合城镇体系规划和小城镇建设，将归并、置换的城镇和农村居民点用地以及散、乱工业点用地等，高标准建设以生态城镇为目标的郊区城镇绿化。绿化指标高于中心城，规划郊区城镇人均公共绿地 12 m² 以上，公共绿地总面积约 92 km²；镇区绿化覆盖率为 40%以上。郊区城镇周边各规划 50～100 m 的防护林，新城为 100 m，中心镇、一般镇为 50 m。总面积约 60 km²。

（4）加快环形绿化带建设

环形绿化带包括中心城环城绿化和郊区环线绿带，总面积约 242 km²。

外环绿带：外环线全长 98.9 km，林带以 500 m 为基本宽度，局部地区可以扩大规模，建设各类主题公园，限制中心城向外无序蔓延，为市民提供休闲场所。林带规划总用地面积约 62 km²。年内将完成 100 m 林带的建设，并在今冬明春启动百米林带外侧的 400 m 林带，一期完成 2 600 hm² 绿地。

郊区环绿带：郊区环线长 180 km，规划两侧各约 500 m 的森林带，面积约 180 km²。以生态林和经济林为主，局部林地适当扩大；并结合沿线的人文景观，历史文化、旅游资源、观光农业、别墅区开发等，开发旅游功能。

（5）启动楔形绿地建设

规划中心城楔形绿地为 8 块，分别为桃浦、吴中路、三岔港、东沟、张家浜、北蔡、三林塘地区等，总面积约 69.22 km²。

（6）推进绿色廊道建设

沿城市道路、河道、高压线、铁路线、轨道线以及重要市政管线等，纵横布置绿色廊道，总面积约 320 km²。其中，市管河道两侧林带宽各约 200 m，其他河道两侧林带宽度 25～250 m 不等；高速公路两侧林带宽各 100 m，主要公路两侧各 50 m，次要公路两侧各 25 m；建设林荫步道系统，单侧种植 2～3 排行道树。

（7）实施退耕造林，营造大型林地

1989—2001 年，上海郊区森林覆盖率从 5.46% 提高到 10.4%，郊区林地面积从 146.4 km² 增加到 373.3 km²，初步形成了以沿海防护林、河道水源涵养林、道路景观林等生态公益林为屏障，以桃、梨、柑橘、葡萄、竹等经济林为主体，以大型苗木基地为基础的林业发展格局。根据新的《上海绿化系统规划》，郊区将营造大片防护林、水源涵养林、经济林构成的城市森林，到 2005 年，上海的森林覆盖率将达到 20% 左右，到 2020 年，森林覆盖率将超过 30%。

抓住国家扩大退耕还林规模的机遇，结合郊区农业产业结构调整，加快退耕造林，上海将退耕 100 万亩农田，营造大型片林，实施城郊一体化大绿化，缓解市中心的热岛效应、全面提升本市的生态环境质量。

规划建设浦江、南汇、佘山、嘉宝、横沙岛 5 个大型片林，分别位于市中心东西南北中 5 个方向，总面积达 182 km²，将增加郊区林地面积 40%，实现"林中上海、绿色上海"的目标。规划中的 5 个大型片林在地貌类型和树种选择上各具特色。浦江片林以闵行区浦江镇为中心，由于地处中心城区南部，紧靠外环，能最大限度地发挥对城市的生态调节功能；沿大治河布局的南汇片林，依托南汇果树种植优势，建设以大团蜜露等优良桃树为主要树种，内设不同品种种植分区，外围及分区之间用生态林带分隔；佘山片林以东西佘山为中心，以丘陵山地走向为轴线，向外扩张布局，树种以常绿、落叶乔灌木为主，与天马山野生动物保护区紧密结合；嘉宝片林依托嘉定苗木生产优势，建成优质苗木、花卉原种、物种基因培育、保存、供应基地；横沙岛的森林覆盖率达 90% 以上，建成长江入海口的生态森林岛，将成为上海和长江的"绿色"门户。

同时，建设以防灾、防护和隔离为目的的大型带状绿地和林地，约 60 km²。包括沿海防护林带，在吴淞口至杭州湾大陆岸线及崇明、长兴、横沙三岛长约 470 km 的海岸线，在主风向设计林带宽度为 1 000～1 500 m，次要风向宽度为 200～500 m，建设总面积 56 km²；工业区防护林带，对产生有毒有害气体的工业区周边建设 300 m 以上的防护绿带，一般工业区周边建设 50～100 m 防护绿带。

（8）设立生态保护区、旅游风景区

以集中保护自然生态资源、自然景观而形成的特定区域，如自然保护区、风景区、湿地保护区、水源涵养林等，总面积 331.1 km²。包括崇明东平国家级森林公园、宝山罗泾地区、崇明东滩候鸟保护区、长江口九段沙湿地自然保护区和淀山湖滨水风景区。另外，上海市"1＋14野生动物家园工程"也提出保护小块动物保护地，如九段沙鸟类保护区、奉贤庄行猪獾保护地、宝钢陈行水库刺猬保护地等。

（9）促进其他绿化类型的进一步发展

积极建设其他附属绿地，包括居住区绿地、工业区绿地和其他单位附属绿地，大力发展垂直绿化、屋顶绿化等特色绿化。

2．以生态学理论，规划上海城市绿地系统

在城市绿地系统规划中，考虑功能区、人口密度、绿地服务半径、生态环境状况和防灾等需求进行布局，因害设绿，按需建绿和扩绿，在"热岛效应"等生态环境恶劣的地段和区域坚决"退房进绿"，建立大型绿地，发挥绿地的规模效应，降低人为干扰强度和边缘效应；同时，从市民生存空间和自然过程的整体性和连续性出发，协调和引导城市的总体规划，建立城乡一体化的大绿化格局，以城区为中心，向外辐射形成不同层次、不同类型、不同功能的，以生态公益林为主体的绿化生态网络体系，增加开敞空间连接度，减少"岛屿状"绿地生境的孤立状态，尤其要加快城市边缘和近郊带状和嵌型森林绿地的建设，根据绿化生态效应最优以及与城市主导风向频率的关系，结合农业产业结构调整，在这些"生态敏感区"，建设绿色通风廊道，形成绿色生态网络。上海的主风向在春夏及初秋是东南偏东而秋冬是西北偏北，林带应建成"南引北挡"的格局，在春夏将南面郊外新鲜空气导入市区；而在西北部营造片林，阻挡冬季寒冷的北风和西北风。

3．丰富园林绿化植物多样性，优化绿地群落的生态结构

城市绿地群落是一个有序而渐进的系统发育和功能完善过程，它与自然群落不同的功能，决定了其结构的被控制性，成为典型的人为干扰

或干预系统，绿地结构常常是一个未成熟系统的临时框架，不仅在历史中形成和演替中发展，更在人为干扰中嬗变。因此，关键是如何协调人类中心思维与群落自然过程的关系，核心是将自然潜力发挥极致，而不是随意改变自然，充分利用光照、水分和养分等环境资源，最大限度地利用可更新和可循环的物质，不同生态特性的植物拥有相宜的生态位，给生物提供更多的栖息地和更大的生境空间，形成稳定性和自维持的机制和能力。

（1）开发应用以地带性物种为核心的多样化绿化植物品种

绿地群落构建的最直接限制因子是规模化的多样性苗木来源，品种选育手段和快速扩繁技术落后，苗圃缺乏规模培育植物新品种的引导和技术。但城市绿化运用的绿化植物种类明显增加，苗圃培育的苗木种类和数量往往跟不上城市绿化的要求。因此，应科学认识绿化植物的特点和功能，趋利避害，拓广多样化物种的应用，植物本身无所谓低劣好坏，春萌、夏绿、秋实和冬枯是正常自然现象和自然景观，关键是植物配置的合理性、科学性和艺术性以及栽培养护水平。

积极引导发展生产多样性植物品种的苗圃，应有长期的发展目标和足够的耐心，杜绝城市绿地直接移用山林树木，从制度上促进地带性物种资源的研究开发。并有节制地引进外域特色物种，特别是那些原产我国并经过培育改良的优良品种，如花灌木、观果植物、色叶植物和宿根花卉等。通过重点培育绿化植物苗木产业，特别是建立种类丰富、批量较大和供应稳定的苗木基地，确保不同生态功能、多彩景观的绿地群落植物来源，促进栽植植物及建成群落与城市环境的适应性和稳定性，构筑具有地域区系和植被特征的城市生物多样性格局。

（2）适当引进和开发经济植物，营造经济型绿地

长期以来，绿化多由政府投资和管理，由于经费等问题，后期养护管理乏力，影响了绿地景观的形成和功能的发挥。城市绿化适当种植一些经济植物，如果树、药用植物、木本油料植物、野生蔬菜等，不仅可

创建独特的绿地景观，形成都市绿色旅游观光风景线，为青少年提供科普教育场所，也可创造就业机会。因此，发展经济型绿地群落可产生可观的经济效益，减轻绿化养护管理的经济压力，达到以绿养绿的目标。

上海市郊原有 6 万多亩果树面积，近年由于征地、品种老化和经济效益等原因，相当部分的果树被砍，其中不乏上海名特优的果树品种，如"龙华水蜜桃"、"上海蜜梨"、"巨峰葡萄"等。在大规模城市绿化中，特别是在郊区大型片林中发展经济林，划出一定区段，选种适合上海自然地理环境的经济树种，在巩固和调整水蜜桃、蜜梨和巨峰葡萄等原有经济树种品种外，大力发展管理粗放树种，如薄壳山核桃、板栗、核桃、银杏、桂花、猕猴桃、柚等，将会产生较高的经济效益、社会效益和生态效益。因此，在现有的经济林规划中，可适当增加经济林木的分布范围，纳入全市城市绿化总体中。

（3）模拟地带性群落的结构特征，构建健康、稳定和高效的群落结构

绿地群落植物合理配置的核心是生态位的配置，利用不同物种生态位的分异，采用在耐阴性、个体大小、叶形、根系深浅、养分需求和物候期等方面差异较大植物，避免种间直接竞争，形成互惠共生、结构与功能相统一的良性生态系统。

经过长期演化，顶级群落是与当地气候和土壤等相适应的最佳生态结构。因此，绿地群落应遵循自然规律进行种植设计，借鉴地带性自然群落的种类组成、结构特点和演替规律，根据不同植物的生态幅度，营造以乔木为骨架和木本植物为主体的乔、灌、草复合群落，并充分考虑群落的发展和动态演替规律，促使城市绿地群落与潜在植被特征相接近，形成接近自然植物群落的结构，增加总体物种潜在的共存性，为动物、微生物提供良好的栖息和繁衍场所，确保群落空间结构、营养结构和时间结构的合理性，体现绿地生态系统的层次性、整体性和稳定性，城市植物群落也应追求自然美，重视植物的景观、美感、寓意和韵律效

果，产生富有自然气息的美学价值和文化底蕴，丰富绿地的历史文化内涵，提升绿化质量，塑造城市特色，达到生态、科学和美学高度和谐的效果，并与城市景观特色、建筑物造型相融合。

在物种选择上，尽量选用与当地气候、土壤相适应的物种，能在当地降雨条件下生存和生长，推广少灌或免灌群落；利用绿地凋落物和绿肥等土壤适宜物，进行再循环和再利用，种植混交根瘤或菌根植物，减少施肥、除草和修剪等非再生能源的使用。另外，绿地群落构建的重点也应转移到立地条件的改良上，推广以人工介质为基础的种植土，创造和模拟植物适生生境，为更多物种的引进和健康生长奠定基础。改变普遍存在的事后管理和末端管理为源头管理，从改善群落设计和种植结构入手，优化城市绿地群落的结构，避免"头疼医头，脚疼医脚"的窘境，特别是改变铺张浪费的畸形绿化形式，强调城市绿化科学人文精神，倡导营造健康、自然和舒适的绿色空间，提高绿地群落构建水平是基本出路。

（4）保护、恢复和重建城市近自然群落，创建野生动植物栖息地，促进城市自然保育

相对于建筑物，城市园林绿地固然是"自然的"生境，但与野生状态的自然地尚有差别，这也是园林绿地的稳定性和抗逆性差的重要原因。因此，将自然保育概念引进城市绿化是提高上海城市绿化的重要途径。自然保护不仅仅局限于人迹稀少、野生价值大的地域，也有创建自然栖息地的意义和可能性。

在城市部分区域，特别是长期自然恢复地、公园、河岸、滩涂、大型片林、环形绿带和科普基地等，应积极保护自然群落，创建城市自然保护地，如原江湾机场的自然湿地和森林的保护就应引起足够的重视，任何开发行为都不能违背城市自然保育和生物多样性保护的原则。同时，适当恢复或重建部分近自然群落，创建城市新的野生动植物栖息地，为野生生物的觅食、安全和繁衍提供良好空间，并与规划中的生态保护

区和"1+14 野生动物家园工程"的动物保护地一起，构成上海的高生物多样性区（点），并满足市民接触自然野趣和自然生态教育的需求。

近自然群落的构建应以多类型的混合生境创造（habitat creation）为基础，利用以土和水为主的自然环境异质性，模拟潜在植被，顺应进展演替规律，积极保护自然更新的幼苗幼树，并创造扩展空间的环境条件，如适当抽稀和创建林隙（forest gap）等，改善幼苗幼树的光照和营养空间，由于自然演替过程比较慢，并容易形成芜杂的绿地群落，应通过适度的人工干预，如管理演替（managed succession），调整更替部分植物等，优化调控群落结构，避免因栽植少量的植物，而破坏野生状态的自然多样性。同时，在绿地群落设计中，重视对野生动物的招引和保护，如乔木和灌木、常绿树和落叶树、针叶树与阔叶树的合理配置，配置为鸟类及其他动物提供食物的物种，如蜜源植物、浆果植物和其他鸟嗜植物，招引蝴蝶、鸟类等动物；适应不同鸟类的筑巢需要，创造有利鸟类生活的生态环境；悬挂人工鸟巢，招鸟定居；绿地覆盖粉碎的树枝片，为鸟类提供筑巢材料；在可能的情况下，适当引进鸟类和小型哺乳动物等。

根据生境的自然特点和功能，采用适宜的群落类型，如以种类丰富的草地代替单一的草坪，减少外来种，依照地带性野花的花期、花色、植株高度和习性等，辅以混播或混作，可构建色彩斑斓的低维护自然野花群落，改变单一草坪或杂乱野草的格局；再如，开发利用丰富的湿地资源，改变以往搬套陆地的绿化方式，建造带自然边缘的水体和湿地系统，构建水生和湿生群落，发挥近自然绿地群落的独特效益。

（5）开展湿地园林绿化

上海市地处长江入海口，沿江靠海，拥有大面积滨海湿地、境内众多的河流和湖泊等湿地生境，是一个典型的多湿地地区，有湿地面积 5 991.48 km^2，占海拔–5 m 以上总面积 9 123 km^2 的 65.67%，其中自然湿地 2 312.68 km^2，占总面积的 25% 以上，为全国平均自然湿地比率的近 10 倍。

但由于传统园林绿化模式的影响,对湿地的自然特点和独特功能缺乏科学认识,甚至将其视为荒芜地(区),并常常照搬陆地的绿化方式,如排水、填洼、造陆、堆积地形等,而且,还常采用水泥驳岸,割裂了水陆的生态过程,没有形成生物多样性高的水陆交接系统。不仅投资巨大,也违背自然规律,更不利于创建具有上海地域特色的绿地景观。

因此,发挥湿地在促进上海生物多样性保育和形成独特生态景观方面的特殊潜力,顺应湿地的自然特点,保护和利用水生湿生植物及其生境,因地制宜地进行湿地生态系统的保护、恢复和重建,根据其自然生态系统特点进行园林绿化建设,既可节省建设资金,又可形成特色景观,并为上海开辟新的绿地来源,满足人们亲近、回归自然的需求,如 2001 年底在闵行经济技术开发区高压走廊下,利用原有鱼塘动工建设湿地公园。

目前除了强化湿地绿化规划以外,应加强湿地植物的筛选和培育,特别是适合滨海湿地生长、耐盐碱、兼顾景观和生态的树种,建立规模和技术含量都较高的湿地植物苗圃;同时,开展改良、开发利用盐碱地的生物措施和工程措施,减轻土地的盐渍化;而对于城区的景观水体,应探讨利用湿地途径,防治水体富营养化,将生态与景观融为一体。

(6)重视绿化配套技术的研究,推广适用技术

在绿地的建设中,土壤质量是制约绿化质量的重要因素,一些优良的植物品种难以推广,不少植物生长不良。因此,在重点绿化工程实施强制性土壤检测,加强土壤质量管理基础上,改良土壤质量已经成为绿化发展的重要方面。目前,亟须加强以改土为核心的立地条件改善工作,将绿地建设的重点从植物转移到立地条件的提高上,推广以人工介质为基础的种植土,开展污泥和生活垃圾的绿化应用,将绿化与废弃物处置相结合,发挥绿地吐故纳新的功能,同时,积极引进微生物肥料、有机活性肥料等新型肥料;另外,绿地凋落物、植物根系群和依赖于绿地生

存的特有生物群，使绿地土壤拥有良好的成土条件和自肥机制，如何发挥绿地的自维持机制，提高土壤自身的肥力，也是值得重视的课题。从而，创造和模拟植物的适生生境，促进绿化植物的生长发育。

绿地有害生物的控制，一直是影响绿地养护管理和绿地功能的重要方面。为了控制绿地病虫害，以往常常使用农药，这不仅增加了绿化管理部门的经济压力，也引起 3R（抗药性 Resistance、再猖獗 Resurgence、残留 Residue）的加重，作为城市生命支持系统的绿地变成了污染源，产生与绿地本身相反的效应。因此，如何利用"多样性和复杂性导致稳定性"的原理，通过植物群落的合理配置，形成绿化植物—病虫害—天敌及其周围环境相互作用和相互制约的机制，通过综合优化设计和生态系统的管理，能够将病虫害防治由直接面对病虫害转向间接利用森林群落间生态位分异、生存与竞争的关系以及相生植物次生代谢物等作用，达到对目标植物与有害生物动态平衡的调节，综合控制有害生物，是城市绿化可持续发展的重要方面。而通过有害生物的预测预报，掌握有害生物的发生规律，开发和应用生物防治，解决生物农药的长期性和短暂效果慢的矛盾，最终减少乃至取消农药的使用，避免对周边环境造成污染，这是非常迫切而艰巨的任务。

第二节　大型绿地与公园建设

一、大型绿地建设

围绕"迎接世博会"和"建设生态型城市"两大目标，牢牢抓住一切可以推进发展的机遇，积极落实"十五"、"十一五"规划，中心城区抓住枢纽型、功能性、网络化重大基础设施建设机遇，结合旧区改造、城市产业结构优化，大力推进大型公共绿地建设。近几年来，又新建了新江湾城公园、炮台湾湿地森林公园、滨江森林公园、外环生态专项、辰山国家植物园等一批大型公园绿地项目，极大地丰富了上海城市景观，提升了城市形象。

表5-3　1999—2004 年新辟 3 000 m^2 以上公共绿地

年份	地区	所在街道名称	绿地名称	位置	面积/m^2	合计/m^2
1999	黄浦区	南京东路街道	世纪广场绿地	南京东路浙江路口	3 000	289 627
	南市区	小东门街道	南外滩 3 号绿地	中山南路毛家宅—新码头街	3 000	
	徐汇区	徐家汇街道	番禺路绿地	虹桥路—番禺路	35 000	
		龙华镇	滨江大道绿地	天钥桥南路—黄浦江边	10 000	
		凌云街道	北潮港干道绿地	上中西路—罗秀路	13 890	
	长宁区	仙霞新村街道	芙蓉江路绿地二期	天山路—仙霞路	7 955	
	静安区	江宁路街道	昌平路街心花园	西康路—昌平路	3 000	
	普陀区	甘泉路街道	志丹路绿地	甘泉公园对面	6 200	
		真光街道	真光路中心绿地	真光路西侧	4 500	
		长征镇	曹安路南侧绿地	真光路—万镇路	14 500	
		真如镇	铜川路绿地	大渡河路铜川路东北角	8 000	
		真光街道	曹安路北侧绿地	曹安路—真光路	4 200	
		长征镇	梅川路绿地	真北路梅川路西北角	3 000	
		长征镇	万里小区中心绿地（1）	新村路	27 700	
		真如镇	真南路真北路绿地	真南路真北路东北角	3 200	
	闸北区	大宁街道	广中林带	广中路共和新路口	14 000	

年份	地区	所在街道名称	绿地名称	位置	面积/m²	合计/m²
1999	虹口区	江湾镇	市河绿地	万安路—凉城路—广粤路	3 500	289 627
	杨浦区	平凉路街道	兰州路绿地	兰州路—长阳路	3 102	
		五角场镇	界泓浜绿地	翔殷路—包头路	3 805	
	宝山区	通河街道	和合园	爱辉路高压线下	12 660	
		通河街道	馨兰园	爱辉路高压线下	30 800	
	闵行区	莘庄镇	沪闵路街心花园	沪闵路东侧沪杭铁路以南	8 000	
		莘庄镇	春申绿地	春申路4号线东侧	4 600	
		莘庄镇	莘城绿地	春申路4号线西侧	4 600	
		莘庄镇	莲浦花园中心绿地	淀浦河西侧沪闵路北侧	15 000	
	嘉定区	嘉定镇	城中路葛家宅绿地	城中路入口处	10 000	
		南翔镇	鹤翔路19号绿地	高速公路南侧		
		南门工业区	南苑公园	南门工业区内	7 600	
		南门工业区	北周公园	南门工业区内	9 000	
		菊园小区	菊园小游园	菊园小区内	7 900	
	浦东新区	梅园新村街道	香格里拉绿地	香格里拉大酒店前	7 915	
2000	卢湾区	淮海中路街道	四明里绿地	淮海中路—重庆南路	4 250	259 721
	徐汇区	康健街道	百合园绿地	江安路—虹漕南路口	15 000	
		长桥街道	淀浦河绿地	龙临路—长桥路	10 201	
		凌云街道	梅陇二期绿地	上中西路（天等路—龙洲路）	5 070	
	长宁区	新泾镇	金浜园绿地	金浜路—环西大道	14 809	
	静安区	南京西路街道	青海路绿地	南京西路—青海路口	4 360	
		曹家渡街道	昌平路绿地	武宁南路—昌平路—延平路	7 000	

年份	地区	所在街道名称	绿地名称	位置	面积/m²	合计/m²
2000	普陀区	长风新村街道	沪江铜厂外绿地	芦定路—同普路口	3 270	259 721
		真如镇	高陵路绿地	高陵路—金鼎路西南角	5 600	
		桃浦镇	祁连山路绿地	祁连山路—绥德路西南角	4 000	
		桃浦镇	武威路河岸绿地	武威路桥堍东南角	3 700	
		桃浦镇	真南路绿杨路绿地	绿杨路—真南路西南角	3 200	
	闸北区	彭浦镇	彭浦河绿地	山西中学—塘南村孔家宅河东	5 200	
		天目西路街道	新客站南广场绿地	新客站南广场	4 570	
	虹口区	江湾镇	万安路二期（市河绿地）	江杨南路—走马塘	3 500	
	杨浦区	殷行街道	军工路高压绿带	军工路高压线下	3 000	
		控江街道	凤城花苑中心绿地	延吉西路	3 500	
	浦东新区	花木镇	花木行政中心绿地	政环路（9—1地块）	6 000	
		花木镇	花木行政中心绿地	政环路（9—2地块）	16 649	
		花木镇	花木行政中心绿地	政环路（6—2、6—3地块）	7 200	
		花木镇	花木行政中心绿地	政环路（7—1地块）	13 069	
	闵行区	江川街道	东川路碧江路绿地	东川路—碧江路东南角	3 000	
		莘庄镇	淀浦河东苑绿地	淀浦河边—莲浦后花园	16 000	
	宝山区	通河街道	通河八村小游园	通河路西侧	5 100	
		海滨街道	牡丹江路东侧绿地	永清公园—水产路	13 046	

年份	地区	所在街道名称	绿地名称	位置	面积/m²	合计/m²
2000	嘉定区	嘉定镇	汇龙潭周边绿地	塔城路	5 500	259 721
		嘉定镇	母亲广场绿地	沪宜路	15 800	
		新城路街道	南门高速公路入口处	叶城路口4块	28 000	
		南门工业区	南苑公园二期	南门工业区内	25 879	
	金山区	石化街道	月亮湾广场绿地	沪杭路—隆安路口	4 248	
2001	黄浦区	南京东路街道	苏州河绿地（三期）	新桥路—乌镇路	3 274	579 538
	卢湾区	瑞金二路街道	玉兰园	重庆南路—南昌路	3 700	
	徐汇区	田林新村街道	好饰家园艺广场	漕溪路—田林路	25 000	
		漕河泾街道	柳州路沪闵路绿地	柳州路—沪闵路	15 285	
	长宁区	新泾镇	周家浜绿地	剑河路—平塘路	3 900	
		仙霞新村街道	北虹园	北虹路—茅台路	3 900	
	静安区	南京西路街道	北常绿地	北京路—常德路	6 000	
		南京西路街道	延富绿地	延安路—富民路	7 000	
	普陀区	桃浦镇	古浪园	古浪路—真大路	5 858	
		桃浦镇	雪松园	真南路—雪松路口	4 432	
		长征镇	万里城（二期）绿地	富平路南侧	26 000	
		真如镇	寻趣园	真光路东侧	5 975	
		石泉路街道	馨园	铜川路276号	4 760	
		宜川路街道	明珠园	光新路—中山北路	3 000	
		长征镇	泾阳路香樟路绿地	建德新村内	11 334	
		长征镇	祥和公园	真光路962号	85 450	
		桃浦镇	韩塔园	敦煌路—古浪路	4 200	
		桃浦镇	桃浦公园	桃浦西路1018号	16 000	
		长征镇	建德花园苏州河滨河绿地	建德新村内	15 000	

年份	地区	所在街道名称	绿地名称	位置	面积/m²	合计/m²
2001	闸北区	彭浦新村街道	共康高压线下绿地	长临路200弄	20 000	579 538
	虹口区	江湾镇	万安路河道绿地（三期）	春申街—凉城路口	10 000	
		四川北路街道	横滨桥东侧河道绿地	四川北路—横滨桥	3 100	
	杨浦区	江湾新城街道	时代花苑	殷行路—世界路	8 700	
	宝山区	海滨街道	牡丹江路水产路西南角绿地	牡丹江路—水产路	12 666	
		罗店镇	罗店广场	市一路—罗溪路西南角	9 149	
		吴淞街道	同济路泰和路立交桥绿地	同济路—泰和路	11 169	
	闵行区	梅陇镇	梅陇世纪广场	莲花路—上中西路口	23 333	
		莘庄镇	北横泾广场绿地	沪闵路—莘建东路口	8 333	
		莘庄镇	地铁南广场绿地	地铁莘庄站（南面）	16 000	
	嘉定区	菊园小区	宝嘉路口绿地	嘉罗路—二环线	8 662	
		嘉定镇	环城河绿地（4块）	环城河边	28 545	
		嘉定镇	沪宜公路胜辛路口绿地	沪宜公路—胜辛路口	4 500	
		安亭镇	镇政府广场绿地	墨玉路—昌吉路	3 000	
	浦东新区	金桥镇	杨高路金海路绿带广场	杨高路—金海路东南	33 425	
		金桥镇	杨高路云山路绿地广场	杨高路—云山路东侧	39 063	
		钦洋镇	杨高路民生路绿地广场	杨高路—民生路口	9 960	
		钦洋镇	杨高路芳甸路绿地广场	杨高路—芳甸路	7 200	
		张江镇	金科路绿地广场	金科路	65 985	
		周家渡街道	成山路绿地	上南路—洪山路—云台路	6 680	

年份	地区	所在街道名称	绿地名称	位置	面积/m²	合计/m²
2002	浦东新区	花木镇	芳甸路绿地广场	城高路—芳甸路口	13 800	1 487 654
		张江镇	紫薇公园	紫薇路 60 号	22 000	
		金桥镇	佳林苑绿地	杨高路（张桥园艺场—佳林路）	42 000	
		张江镇	祖冲之路绿地	祖冲之路	35 775	
		张江镇	磁悬浮车站广场绿地（3 处）	万邦车站—龙阳路车站	47 100	
		金桥镇	云山路绿地	杨高路—云山路	39 900	
	黄浦区	豫园街道	古城绿地	人民路—福佑路—安仁街—河南路	75 120	
	卢湾区	瑞金二路街道	民防大厦绿地	复兴中路—瑞金一路口	3 100	
	徐汇区	徐家汇街道	徐家汇公园（二期）	衡山路 839 号	37 200	
		华泾镇	华泾公园	龙吴路—华泾路口	20 000	
		虹梅路街道	宜山路桂果路绿地	宜山路—桂果路	14 660	
		斜土路街道	金色港湾公寓中心绿地	大木桥路 158 号	5 527	
		凌云路街道	梅陇路虹梅路绿地	梅陇路—虹梅路东南角	7 893	
	长宁区	新泾镇	新泾公园	天山西路—平塘路	22 331	
		周家桥街道	天原河滨公园	天山路 500 号	30 000	
	静安区	江宁路街道	昌平路绿地（二期）	延平路—江宁路	17 157	
		石门二路街道	昌新绿地	昌化路—新闸路	3 000	
		曹家渡街道	康余绿地	康定路—余姚路	3 000	
		江宁路街道	裕源花园中心绿地	淮安路 640 号	3 500	

年份	地区	所在街道名称	绿地名称	位置	面积/m²	合计/m²
2002	普陀区	长征镇	岚灵绿地	灵石路—新村路西北角	10 189	1 487 654
		长寿路街道	上海知音绿地	长寿路 1028 弄 16 号	11 883	
		宜川路街道	中远两湾城绿地	苏州河北侧（江宁路—恒丰路桥）	23 000	
		宜川路街道	中山园	中山北路—交通路立交桥荫下	7 573	
		长风新村街道	曹杨路绿地	中山北路—曹杨路西南角	3 187	
		长风新村街道	三官堂桥绿地	曹杨路西侧	3 800	
		长风新村街道	大华清水湾绿地	凯旋北路 1555 弄	4 598	
		甘泉路街道	甘泉绿地	灵石路东侧高压走廊下	3 000	
		桃浦镇	真嘉园绿地	真南路—雪松路口西北角	7 955	
		桃浦镇	红柳园	真南路—红柳路西北角	3 345	
		真如镇	铜川路亲水园绿地	铜川路—桃浦东路西	8 587	
		真如镇	阳光西班牙中心花园	桃浦河西侧高压走廊下	24 000	
		真如镇	金鼎园	高陵路—金鼎路口西南角	6 479	
	闸北区	天目西路街道	不夜城绿地	天目中路—华盛路东南角	43 000	
	虹口区	四川北路街道	横滨桥西侧绿地	四川北路—海伦路	6 800	
		四川北路街道	四川北路绿地	四川北路 1428—1468 号	42 407	
		曲阳路街道	ACE 商售中心绿地	中山北二路—曲阳路口	5 290	

年份	地区	所在街道名称	绿地名称	位置	面积/m²	合计/m²
2002	杨浦区	五角场街道	四平科技公园（一期）	中山北二路—四平路	38 000	1 487 654
		大桥街道	富天苑中心绿地	周家嘴路 3188 号	4 407	
	宝山区	海滨新村街道	牡丹江路西侧绿地	海三通道—同济支路	8 150	
		通河新村街道	共和新路共康路绿地	共和新路—共康路东南角	9 426	
	闵行区	莘庄镇	莘建路街心花园	莘建路—莘西路口	10 790	
		莘庄镇	闵行中心绿地	莘建东路—文贤路口	16 800	
		马桥镇	马桥中心绿地	北松路—富岩路口	24 000	
	嘉定区	嘉定镇街道	市民广场绿地	博乐路	8 700	
		嘉定镇街道	东大街绿地	金沙路—环城河	4 850	
		新成路街道	新成公园（二期）	塔城路—和政路口	15 000	
		嘉定工业区	永盛路绿地	回城南路—城固路	28 300	
		嘉定镇街道	小河口银杏园	小河口 100 号	4 500	
		菊园新区	环城河绿地（二期）	环城河	30 000	
		安亭镇	安亭古银杏园	安亭镇	7 200	
	金山区	石化街道	社保中心绿地	卫零路—龙胜路口	3 525	
		枫泾镇	健身广场绿地	枫泾工人俱乐部旁	5 800	
		朱泾镇	紫金广场绿地	万安街	11 900	
		石化街道	法院审判中心南侧广场绿地	金山大道 2088 号	12 215	
		石化街道	金山城市广场绿地	蒙山路西—卫清路南	6 160	
		石化街道	亭卫公路 60 m 宽景观林带	金山大道（蒙山路—亭卫南路）	63 294	

年份	地区	所在街道名称	绿地名称	位置	面积/m²	合计/m²
2002	松江区	中山街道	北内路河滨绿地	北内路	20 000	1 487 654
		方松街道	原生态公园	沈泾塘以西—玉树路以东	160 000	
		岳阳街道	文化公园	中山二路—人民路口	9 280	
		岳阳街道	绿舟苑	西林路—荣乐路西	12 000	
		佘山度假区	东佘山脚下及东林带	佘山风景区	200 000	
		岳阳街道	菜花泾绿地	中山二路—谷阳北路东北角	8 525	
		方松街道	行政中心市民广场	行政中心	77 000	
	青浦区	青浦镇	三元河绿地	三元河	5 060	
		青浦镇	西部绿苑	海盈路（城中西路—盈中新村）	6 616	
	南汇区	周浦镇	周浦绿化广场	年家浜路—老沪南公路口	3 000	
		惠南镇	东城花苑绿化广场	东城花苑二村	15 000	
2003	浦东新区	张江镇	广兰公园（一期）	广兰路	11 000	2 018 580
		机场镇	市民广场	机场镇	38 400	
		张江镇	馨园绿地	张江路近川杨河	11 000	
		周家渡街道	东明路绿地（二期）	齐河路—东明路	5 993	
	黄浦区	人民广场街道	广场公园（三期）	延安路—西藏路	22 000	
		外滩街道	金陵路紫金路绿地	金陵路—紫金路	4 700	
		金陵东路街道	63号街坊绿地	延安东路（福建南路—浙江南路）	18 960	
	卢湾区	打浦桥街道	丽园公园	丽园路—蒙自路—局门路	17 460	
		五里桥街道	卢浦大桥桥荫绿地	卢浦大桥浦西桥荫下	27 525	

年份	地区	所在街道名称	绿地名称	位置	面积/m²	合计/m²
2003	徐汇区	斜土路街道	日晖绿地	斜土路—大木桥路以西	6 789	2 018 580
		康健新村街道	桂林路浦北路绿地	桂林路—浦北路口	4 590	
		漕河泾街道	漕溪公园扩建	漕溪路 201 号	6 750	
		徐家汇街道	徐虹北路凯旋路绿地	徐虹北路—凯旋路	3 200	
		徐家汇街道	徐家汇公园（三期）	宛平路—肇嘉浜路	13 952	
		华泾镇	华泾公园（二期）	华泾路	76 326	
	长宁区	周家桥街道	新虹桥河滨公园	苏州河边	24 580	
		虹桥街道	延虹绿地	延安西路—虹桥路	27 800	
		新泾镇	新泾港绿地	可乐路	8 665	
	静安区	曹家渡街道	延新绿地	延平路—新闸路	3 000	
	普陀区	甘泉路街道	甘泉园绿地	灵石路区委党校旁	3 350	
		长风新村街道	彩蝶园绿地	大渡河路桃浦河东南角	3 000	
		长寿路街道	梦清园	宜昌路江宁路—昌化路以北	52 300	
		真如镇	清涧林带（二期）	万镇路—高陵路	34 400	
		真如镇	清涧公园	万镇路—金鼎路东北角	19 629	
		宜川路街道	泰山园	泰山路—泰山支路	3 915	
		长风新村街道	武威路北园	真武路—新槎浦河北侧	7 650	
		桃浦镇	武威路南园	真武路—新槎浦河南侧	8 126	
	虹口区	凉城新村街道	广粤路东侧绿地	广灵四村新公房弄口	6 500	
	杨浦区	大桥街道	兰州路中心绿地	广州路—杭州路	4 500	
	宝山区	海滨新村街道	小金家宅绿地	牡丹江路东侧	7 330	
		海滨新村街道	牡丹江路西侧绿地	吴淞医院以北	14 812	
		友谊路街道	碧水路西侧绿地	双城路—海江路	25 000	

年份	地区	所在街道名称	绿地名称	位置	面积/m²	合计/m²
2003	闵行区	江川路街道	银杏广场	金平路	6 500	2 018 580
		古美街道	古美街心花园	古美路平阳路口	10 000	
		梅陇镇	高兴花苑绿地	莲花路—朱莘路	6 000	
		颛桥镇	轻轨公园	沪闵路—老沪闵路口	11 000	
		江川路街道	东川路绿地	沪闵路东川路口	31 300	
		七宝镇	闵行体育公园	新镇路	432 438	
	嘉定区	新成路街道	新成公园（二期延续）	塔城东路—和政路口	15 000	
		菊园新区	环城河绿带（二期延续）	伯乐路延伸段两侧	90 000	
		真新新村街道	嘉利中心绿地	金鼎路—双河路口	35 000	
	金山区	石化街道	新山龙绿化广场	卫零路	21 100	
	松江区	方松街道	中央绿带三期	松江新城区	200 000	
		方松街道	英格兰休闲广场	松江新城区	150 000	
		方松街道	岳阳广场	人民路、中山二路西北角	6 500	
	青浦区	青浦镇	青浦高速公路入口绿地	城中南路青松路入城口	39 200	
		青浦镇	公园路两侧绿地	公园路入城口东	122 000	
		青浦镇	上达河两侧绿地	上达河	89 960	
		青浦镇	崧泽广场绿地	华青路—华浦路	60 000	
		青浦镇	公园路南侧中心绿地	城中东路外青松路入口	3 900	
		朱家角镇	朱家角复兴路绿地	朱家角复兴路	137 500	
	南汇区	六灶镇	六灶绿地广场	六灶镇	10 000	
		新港镇	新港绿地广场	书院镇新港社区	3 000	
		惠南镇	河滨绿地	人民西路—听潮路	3 980	
	奉贤区	南桥镇	阳光花苑中心绿地	环城南路阳光花苑	6 000	
		南桥镇	普康苑中心绿地	环城东路普康苑	5 000	

年份	地区	所在街道名称	绿地名称	位置	面积/m²	合计/m²
2004	浦东新区	金杨街道	杨浦大桥绿地	杨浦大桥桥堍下	40 000	1 553 900
		花木镇	香梅公园	东绣路	34 800	
		川沙镇	川沙镇市民广场	川沙路—新源路	12 000	
		金桥镇		Jinqiao Town	26 700	
		高行镇	高行镇文化广场	东泾路	10 000	
		高行镇	杨高北路高压走廊绿地	杨高路—赵家沟	30 600	
	黄浦区	广场街道	广场公园（三期）	延安路—普安路	18 800	
		广场街道	大观园绿地	新闸路—长沙路—北京西路	9 000	
		南京东路街道	西藏中路西侧绿地	延安东路—武胜路—西藏路	4 000	
	卢湾区	五里桥街道	世博林绿地	卢浦大桥下西南角	4 000	
	徐汇区	长桥街道	淀浦河绿地（北面）	龙吴路—淀浦河	16 400	
		华泾镇	淀浦河绿地（南面）	龙吴路—淀浦河	17 600	
	长宁区	周家桥街道	大孚橡胶厂绿地	中山西路—长宁路	3 000	
		新华路街道	延安西路番禺路绿地	延安西路—番禺路	4 500	
	静安区	南京西路街道	中凯绿地（居集）	大沽路 368 弄	4 500	
		江宁路街道	垃圾中转站绿地	昌化路—淮安路	4 500	
	普陀区	长寿路街道	梦清园（二期）	宜昌路—昌化路桥（苏州河边）	33 700	
		桃浦镇	桃浦公园	武威路—金迎路	45 000	
	闸北	宝山街道	老北站绿地	宝山路—虬江路	3 000	
	虹口区	嘉兴路街道	海伦路海拉尔路绿地	海伦路—海拉尔路	8 300	
	杨浦区	江浦路街道	沪东绿地	江浦路—长阳路	38 500	
			江湾新城绿地	殷行路（江湾新城内）	266 000	
		江浦路街道	昆明路、荆州路绿地	昆明路—荆州路	3 500	
		江浦路街道	江浦路绿地	江浦路 1200 号	3 000	

年份	地区	所在街道名称	绿地名称	位置	面积/m²	合计/m²
2004	宝山区	月浦街道	月亮湾中心广场	德都路东侧	4 200	1 553 900
		淞南镇	赫桥港绿地	长逸路逸仙路	5 000	
	闵行区	华漕镇	诸翟公园	诸新路—北青路	33 300	
		七宝镇	七宝新广场	漕宝路—吴宝路	5 000	
		虹桥镇	虹桥健身休闲绿地	吴中路—万源路	20 000	
		颛桥镇	颛桥公园	都市路—梅川路	22 500	
		马桥镇	马桥俞塘街头绿地	马桥俞塘	5 500	
	嘉定区	安亭镇	古银杏公园（二期）	安亭镇光明村	7 400	
		菊园街道	大求菇绿地	嘉松北路郊环线	23 800	
		真新街道	金沙公园	金沙江路—丰庄路	40 000	
		安亭镇	墨玉路宝安路口绿地	墨玉路—宝安路	24 100	
		安亭镇	汽车城汽车展览公园	博园路—墨玉路	250 000	
	金山区	张堰镇	张堰镇中心绿地	金张公路—东风路	5 600	
			新山龙绿化广场绿地	纬零路—板桥路	4 500	
	松江区	方松街道	中央绿带四期	通乐路—通源路	160 000	
	青浦区	青浦镇	千步泾绿地	新城区东同三国道两侧	75 000	
		青浦镇	夏阳河绿地	青龙路北—千步泾西	154 300	
		青浦镇	青安绿地	青安路东、公园路北	6 500	
		青浦镇	南虹绿地	沪青平公路南、外青松公路两侧	59 000	
	奉贤区	南桥镇	原房地局基地	南中路立新路	3 200	
	崇明县	城桥镇	东门路绿地	东门路—新崇北路	3 600	

表5-4 2004年开工建设的主要项目

序号	项目名称	总投资/万元	面积/hm²
1	黄浦区广场公园（三期）	101 280	5.2
2	黄浦区大观园公共绿地	27 659	1.0
3	延安中路大型公共绿地（卢湾区L4地块二期）	29 420	1.2
4	延陕延茂公共绿地	166 986	3.2
5	静安区延安中路1181号公共绿地	7 076	0.3
6	徐汇区大中华绿地（徐家汇公园三期）	26 281	1.2
7	长宁区延虹公共绿地	22 000	3.3
8	长宁区延天公共绿地	33 500	1.6
9	普陀区武宁公共绿地	69 780	7.5
10	普陀区建民公共绿地	52 283	5.5
11	普陀区桃浦工业区楔形公共绿地一期工程	25 700	6.6
12	闸北区浙江北路公共绿地A块工程	143 587	3.5
13	闸北区中兴路公共绿地	90 689	3.5
14	虹口区北外滩滨江绿地及公共开放空间建设工程	19 060	6.6
15	杨浦区大连路公共绿地	119 900	2.7
16	杨浦区沪东绿地	56 165	3.8
17	滨江森林公园	23 390	126.0
18	宝山区炮台湾湿地森林公园	20 707	53.4
19	宝山区生态专项建设工程	690 000	442.0
20	普陀区生态专项建设工程	137 200	77.0
21	浦东新区生态专项建设工程	147 500	109.0
22	徐汇区生态专项建设工程	208 000	84.0
23	嘉定区生态专项建设工程	130 000	73.0
24	南汇区生态专项建设工程	350 000	95.0
25	闵行区生态专项建设工程	479 000	90.0
26	上海辰山植物园工程	176 019	207.0

二、森林公园建设

1. 国家森林公园

表5-5　佘山、东平、共青团、海湾国家森利公园简介

序号	公园名称	主要景点	所处区县	面积/hm²
1	佘山国家森林公园	苦路像、秀道者塔、聪道人、虎树亭、天主教堂、天文台等	松江区	402
2	东平国家森林公园	荷兰风车、阳光浴场、高尔夫、滑草、原野乐园、骑马场等	崇明县	360
3	共青国家森林公园	松涛幽谷、水乡映秀、秋林爱晚、花隐鱼跃、植树纪念林等	杨浦区	131
4	海湾国家森林公园	1号景观林、鸟岛、百鸟湖及码头、四季苗圃、森林骑马等	奉贤区	1066

（1）佘山国家森林公园。佘山国家森林公园位于上海市郊西南松江县境内，山林面积约6 000亩，由佘山、天马山等"九峰十二山"组成，是上海市陆上唯一的以山林资源为主的旅游区。有"九朵芙蓉堕淼茫"之美誉的九峰形成于7 000万年前中生代后期，旧志称其为浙江天目山余脉。

佘山山地面积约116.7万 m²，其中西佘山约60万 m²，东佘山约56.7万 m²。佘山竹木葱茏，又有泉石之美，胜景甚多，徐霞客曾五度来游。宋代时在山下建三座寺院，明代建的山庄别墅更多，知名的有遂高园、东佘山居、西佘山居、白石山房、白石山庄等。这些古迹和胜景在清初以后逐渐湮没。1993年开始修复了部分旧景点，并建了一些新景点。佘山自20世纪40年代起即为国际上闻名的天主教朝圣地。山顶的圣母大教堂，始建于1925年，经10年建造，落成为远东"第一天主教堂"。1985 年又新建了佘山修道院。山顶还有建于 1990 年的天文观象台以及地震台，可供游人参观。

1993 年 5 月，原国家林业部批准建立包括 12 座山头在内的佘山国家森林公园。经过整修后的东佘山园于 1994 年 11 月首先开放，与松江县几个单位及佘山镇共同投资建设的佘山客运索道也同时投入运行。1995 年 5 月，与佘山天主教堂、上海天文台等景点组成的西佘山园开放。1995 年 8 月，国务院批准建立面积为 46.26 km² 的佘山国家旅游度假区，森林公园占全区总面积的 8.7%，是区内重要的旅游项目之一。2000 年，上海佘山国家森林公园被国家旅游局批准为首批"AAAA"级旅游景区，2002 年 3 月又被国家林业部评为"全国文明森林公园"。

这里森林环境优美，植物资源丰富，有低等植物 104 种，高等植物 788 种，涉及 216 科、578 属。有些在平原地区已经绝迹的植物（如灵芝、六月雪、明党参等）在九峰仍能寻到踪迹，有的还保持一定的野生群落。因此，九峰是上海地区陆上植物的宝库，人工种植的竹木更是遍布各山，使各山园环境清幽，终年绿景。林茂竹修的环境给野生禽兽提供了良好的栖息环境，九峰至今还保存着一定数量的野生禽兽种群，如：北竿山栖息着白鹭等珍稀鸟类，横云山曾有"豹猫"出现，天马山常有野兔出没。据有关资料记载，九峰上的留鸟和候鸟达 250 多种。

（2）东平国家森林公园。东平国家森林公园位于我国第三大岛崇明岛的中北部，距县城（南门港）12 km，总面积为 5 400 亩，是目前华东地区已形成的最大的平原人工森林，上海著名旅游胜地，国家 AAAA 级旅游景区，全国农业旅游示范点。其前身是东平林场，1993 年建成国家级森林公园，2006 年 8 月 31 日，经国家林业局批准，成为首批获得中国国家森林公园专用标志使用授权的国家级森林公园，中央领导人江泽民、朱镕基、温家宝、吴邦国、黄菊等先后来园视察观光。

东平国家森林公园植物资源丰富，现有乔灌木、藤本类、水生植物、陆上野生植物近千种，其中，仅药用植物就有 100 多种。园中林木以水杉、柳杉、白杨、刺杉、棕榈、刺槐、连树、银杏、香樟为主。其中素有"活化石"之称的水杉，高大挺拔、树形优美，种群庞大，为公园的主要树种，几乎遍布公园的每一个角落。公园内野生动物资源也极为丰富，有蛙、蛇、獭、兔等几十种爬行类、两栖类、哺乳类动物，更有近 160 种候鸟、留鸟栖息于丛林中，特别是白鹭、灰鹭、中华白鹭等鹭鸟种群规模庞大，更有凶猛的鹰、隼等时常出没。

园内森林繁茂、湖水澄碧、百鸟鸣唱、野趣浓郁，以"幽、静、秀、野"为特色，集森林观光、会议旅游、康复疗养、休闲度假、参与性娱乐等多功能为一体，充满了浓郁的岛屿风光和森林风光，是人们"回归大自然"的最佳胜地。主要旅游服务设施有造型别致的"蟹"房式多功能休闲游客中心、500 m^2 的水上游乐园、具有崇明特色风味菜肴的森林酒家、野外帐篷、森林吊床、2 万 m^2 的沙滩游泳场、青少年野营基地。特色项目有森林滑草、攀岩、森林高尔夫练球场、网球场、沙滩排球场、森林滑索、彩弹射击、天旋地转、森林骑马、快乐林卡丁车、野外烧烤、森林日光浴、森林童话园以及增强团队协作精神的森林定向活动等。

（3）共青国家森林公园。共青国家森林公园始建于 1956 年，是上海城市森林建设的"先锋"。其位于上海市杨浦区，东濒黄浦江，西临军工路，全园总占地 131 hm^2，开放公共绿地 1 247 hm^2。其所在地原是浦江滩地，1956 年，上海市人民政府疏浚河道，取泥围垦，辟为苗圃；1958 年春，团中央书记胡耀邦同志带领在上海开会的全国青年积极分子栽植果树。在圃内建立了青春实验果园，取名为共青苗圃；1982 年初，作为市政府扩大公共绿地面积的重点实施工程，共青苗圃北块改建为"共青森林公园"；1986 年 3 月，时任上海市委书记江泽民同志亲临公园栽树，并亲自为森林公园挥笔写下"绿化上海，造福于民"，自此森林公园作为上海的一片都市绿洲正式对外开放；1995 年底，共青苗圃南块建成"万竹园"，并相继开放。2006 年 1 月，被国家林业局正式批准为国家级森林公园，并定名为"上海共青国家森林公园"。

公园是以森林为主要景观的特色公园，共种植 200 余种树木，总数达 30 多万株。公园分为南北两园，北园占地 1 631 亩称为共青森林公园，南园占地 239.6 亩称为万竹园。南北园风格各异，北园着重森林景色，有丘陵湖泊草地，南园则小桥流水一派南国风光。除观景之外，游人也可在园内骑马、烧烤和垂钓，成为节假日旅游的好去处。

由共青苗圃改建而成的共青森林公园，经过 20 年的发展，栽种植物已达 300 余种 20 万株，2010 年，品种扩充到 500 多种。以植物造景为主，配以丘陵、草地、湖泊、溪流密林、竹丛等景观改造，形成层次分明、物种多样、一年四季都有特色植被观看的亮丽森林景观。受气候、温差等影响，上海的秋天植物颜色相对单调。因此，共青森林公园启动"彩色规划"，希望在秋天红色、黄色树叶的面貌上进一步丰富。共青森林公园将引进上百个、数万株彩叶树种，用 5 年时间建成沪上第一个"彩色森林"。2006 春季，共青森林公园引进了 47 个品种的植物新品种，北方红栎、灯台树、蓝冰柏、北美红枫等种植在园内主要森林景区秋林爱晚、松涛幽谷、玉兰园区等物种，三年后有望形成彩色观赏林。同时引进的太阳花、醉鱼草、山桃草、细叶芒、火星花等花草，将重点布置成一条条围绕森林的春秋花境，让浓浓绿色的森林镶上一条条植物"彩虹带"。

（4）海湾国家森林公园。上海海湾国家森林公园，东接临港新城，南临杭州湾的海湾森林公园。该公园占地面积 1 065 hm²，拥有上海市域内最优良的 5.3 km 海岸线。这里曾经是浩渺东海的一部分，滩涂上营建的人工林被习惯称为"海上森林"。上海海湾国家森林公园是全国最大的人工生态公园。园内植树达 400 多万株，品种约 350 种，是在模拟自然、回归自然的基本理念指导下，通过人工营造形成的近自然形态的森林。这片森林从设计到建设，均充分考虑到近自然的理念，通过人工营造近自然形态的森林，是对城市森林建设的一种探索。公园总体设计按照森林生态景观的不同垂直度、空间位置和季节景观需要，配置多样性的植物群落，既有浑厚而又凸显自然的复合混交林群落，又有观花、观叶、观果树种的有机结合，还有各种彩叶树种点缀在绿色背景中，形成以森林生态为基础的多彩城市森林景观。

公园内连绵起伏的山体上林木苍绿如海；蜿蜒深邃的河、海上波光粼粼，群鸟飞翔，林边路边草木繁茂、色彩纷呈，其中沉水樟、舟山新姜子、黄蘗等 18 种植株为国家珍稀濒危植物，还有水域面积达 580 亩的上海最大人工湖泊——百鸟湖。一期开园范围占地 4 500 亩，分为游乐活动区、水上活动区、文化观赏区、度假会务区。游乐活动区建成了游乐园、森林卡丁车、森林跑马、森林烧烤等项目；而水上活动区充分利用 1 000 亩以上水面，使各种游船直线行驶达 7 km 以上；在文化观赏区已建成了体现海派特色的盆景园等；为游客服务的用餐、园内交通、通讯、停车、监控等配套设施也基本建成。今后，上海海湾国家森林公园不仅要建成上海著名的休闲旅游品牌，还将建成集生态居住、休闲旅游、体育健身、健康养老等功能为一体的新型国家森林公园。

2. 其他森林公园

（1）滨江森林公园。滨江森林公园位于浦东新区最北端，隔黄浦江与炮台山相对，隔长江与横沙生态岛、崇明东滩鸟类保护区、九段沙湿地保护区相望，滨江森林公园占据了上海独一无二的黄浦江、长江和东海"三水并流"的地理位置，是连接市中心区、崇明岛、横沙岛和九段沙等地旅游资源的重要一环。滨江森林公园是 20 世纪 50 年代采取"吹泥成陆"的办法围垦形成土地，规划总面积约 300 hm²，是中心城区市民可以到达的最近的长江滨江森林公园，也是上海森林覆盖率最高的郊野森林公园，进一步改善城市了生态环境质量。这里保留了原生态的乡土植物和动植物栖息地，适合游客享受休闲的乐趣。公园于2007年3月28日正式开园，公园设湿地植物观赏园、生态林保护区、滨江岸线观景区、蔷薇园、木兰园、杜鹃园、果园区等多个自然景点，还安排了游览观光车、电动游船、水上步行球、休闲自行车、电动碰碰船等游乐项目。

公园中1/3面积完全保留了20世纪50年代逐渐形成的次生态景观和植物群落。为了保护这些最"原始"的次生态林，又能让游客能够亲近自然，公园内特别铺设了木栈道让游客穿越水系和林区，开辟了鸟道、鱼道和虫道。在滨江森林公园里，可以看到春鹃、毛杜鹃、夏杜鹃、高山杜鹃4个系列20多个品种共5 000多株杜鹃，其中高山杜鹃从未在上海种植过，是从外地野山上寻觅而来。这里的杜鹃园也是上海规模最大的专类园，每年4月中旬是杜鹃最美的时节。

滨江森林公园建成后，进一步平衡了全市的绿地布局，缓解宝山和浦东高桥地区缺少特大型公园的现状，将成为离中心城区最近的森林公园；未来滨江森林公园还将成为市中心区、崇明岛、横沙岛和九段沙等地旅游资源链中的重要一环，同时也形成了黄浦江与长江交汇处的最佳景观。不仅如此，这个占地 300 hm^2 的"绿肺"，缓解了浦东高桥地区空气质量情况不佳的状况，也将郊区林带与市中心绿地相沟通，成为输送清新空气的"绿色长廊"。

（2）滨海森林公园。滨海森林公园位于上海市南汇区东面临海处，比邻建设中的海港新城中心区，北距浦东国际机场18 km，南离芦潮港码头20 km，西至上海市中心人民广场60 km。周边的干线道路有白玉兰大道连接二港大道及郊环线（G1501），塘下公路到沪芦高速（S2）接上海市外环线（S20）及沪南、川南奉、三三公路等公路，交通便捷。

滨海森林公园是上海市重点建设项目洋山深水港配套新城——临港新城的生态休闲居住区一部分，也是上海市体现 21 世纪世界一流的最具魅力和个性，环境优化的现代生态居住区的重要组成部分。滨海森林公园所塑立的形象，是提供给城市中人一片绿地、一块净土、一种生活、一生健康、一份快乐，让人们在吃、住、行方面都处于自然、绿色的环境中，与大自然和谐相融，放松身心、消除疲劳、远离污染、返璞归真。

正在建设中的洋山港和港口配套城——临港新城，是上海市近几年投资最多，建设规模最大的深水港和新城区，占地约 298 km^2，是继浦东之后的又一开发热点。临港新城规划有仓储、运输、物流、保税、加工、办公、居住、商业等综合功能，规划人口 60 万～80 万，该新城的兴起为世人所关注，对上海市国际大都会的确立及经济可持续发展有着极其深远的影响。滨海森林公园位于临港新城生态居住区内，离商业和办公区中心仅 3 km，距新的区政府约 5 km。滨海森林公园给生活节奏快、工作压力大、生活环境日益被现代化工业所污染的城市中人，提供了一个自然安静、空气清新的居住区，所以它是一块能给人们提供绿色疗养和健康身心的风水宝地。

滨海森林公园是以自然生态学理论为基础，以森林为主体的生态系统，其规划设计充分贯彻"以人为本，与自然共存"的设计理念，将森林、草地、鲜花、湖泊、沼泽、滩涂、建筑等组成观赏旅游，娱乐消闲，疗养居住齐备的整体生态系统。森林公园的总体布局与景观分布，是以河流、湖泊、道路把公园划分为森林浴疗区、健身游乐区、森林生态住宅示范区、森林植物科技宣教区、旋转花园、植物园、盐碱湿地景观的观光走廊和会议、畅饮服务中心等功能不同的区域。滨海森林公园从生态环境入手，以人为本，模拟自然森林风景，开挖河流、湖泊形成自然丰富的水系，创造人与自然和谐共处的生态绿色氛围。

公园的景观处理始终贯彻保持因地制宜的原则，在开挖河流、湖泊时，形成略有起伏地势、适合森林植物生长的小气候。适当地设置自然起伏的地形，形成缓坡，既充分考虑植物生态群落生长对地势的特殊要求和丰富景观元素要求，又通过地形来组织和分隔不同的空间和功能分区；其间，再运用植被的丰富多样，最大限度地增加绿量，强化多层次美感而彰显文化内涵。公园里，人们身临其境，与大自然融为一体，在郊游、观赏、娱乐、健身、休闲、绿色健康疗养中放松身心、享受生活，由此远避尘嚣，舒缓压力，强健体魄，陶冶性情，提高生活品质。

第六章　农村生态保护与建设

第一节　农村生态环境概况

一、自然地理概况

上海农村地区（以下称郊区）位于北纬 31°14′，东经 121°29′，地处长江三角洲前缘，东临东海，西接江苏、浙江两省，北界长江入海口。交通便利，地理位置优越。

上海郊区属北亚热带季风气候，四季分明，温和湿润，日照充分，雨量充沛。雨热协调较好，有利于各种农作物生长和畜禽繁衍。年平均气温 16℃左右，全年无霜期约 230 天，年平均降雨量 1 200 mm 左右，年平均日照时数约 2 000 小时。5—9 月为汛期，汛期降雨量约占全年的 60%。

上海市位于长江与太湖流域的下游，三面环水，地势低平，地面高程大部分在吴淞基准面以上 2.5～4.5 m，属平原感潮河网地区。境内大小河道、港汊交错，水网稠密，平均每平方公里约有 6～7 km 河道。现有河道 3.3 万条，长 2.5 万 km，河网密度为 3.93 km/km^2，面积 569.6 km^2；湖泊 26 个，面积 73.1 km^2。河道（湖泊）总面积 642.7 km^2，河面率为 10.1%。

多年平均地表水资源总量为 593.5 亿 m^3，其中本地区地表径流量为 18.6 亿 m^3，上游太湖来水量 100.2 亿 m^3，潮水量 474.7 亿 m^3。2011 年上海市年平均降水量 882.5 mm，属枯水年。2011 年上海市年地表径流量为 16.23 亿 m^3；浅层地下水资源量为 7.43 亿 m^3；深层地下水开采量控制在 0.18 亿 m^3 以内。2011 年太湖流域来水量为 140 亿 m^3，长江干流来水量为 7 250 亿 m^3。

上海郊区土地面积为 5 900 km^2，占全市总面积的 93%。据市统计局统计，2011 年底，郊区耕地面积 20.07 万 hm^2（301 万亩），比 2008 年略有降低。

二、社会经济概况

2011 年底，全市农业人口（户籍）151.6 万人，占全市总人口（户籍）的 10.7%；共有 104 个乡镇，1 628 个村民委员会，农村人口数 311.18 万。农业从业人员 34.18 万。

2011 年，郊区经济持续增长，完成增加值 7 595.64 亿元，比上年增长 8.1%。工业总产值 19 467.95 亿元，比上年增长 7.9%；外资项目合同金额 73.15 亿美元，比上年增加 23.7%；财政收入 2 318.38 亿元，比上年增长 15.5%。按照"二、三、一"产业方针，郊区产业结构继续优化。2011 年，在郊区增加值中，第一产业占 1.6%，第二产业占 55.6%，第三产业占 42.8%。

2011 年，通过拓宽非农就业渠道、增加农民转移性和财产性收入、完善郊区农村社会养老保险和合作医疗保障体系，以及减轻农民负担等措施，全年农村居民家庭人均可支配收入为 15 644 元，比上年增长 13.8%，扣除物价因素，实际增长 8.2%，略高于全市生产总值增幅，与城市居民收入增幅保持同步。

三、生态环境质量

1. 农村生活污水污染

虽然上海农村居民居住和生活条件不断改善，但农村生活污水处理率仍较低，每天至少有 50 万 m^3 的农村生活污水未经处理直接排放于水环境，成为上海农村非点源污染的主要来源。大部分农村生活污水主要通过 5 类方式进行排放：一是厨房、厕所的污水通过管道进入自家的化粪池排放；二是通过农户院内的小窨井，将洗涤污水渗入地下；三是沿河的居民将管道通入河中，直接将污水排入水体；四是将污水直接倾倒在门前屋后，任其自然蒸发；五是在自家屋后农田边上开挖污水沟，将污水排入沟内自然蒸发、下渗。随着上海黑臭河道的综合整治工程以及村沟宅河整治工程的实施，应全面推进农村生活污水治理，建立和完善农村污水处理系统。

2. 农田秸秆污染

随着上海农村燃气、液化气的普及，过去可以通过炊事利用的农田秸秆失去了主要的利用途径，每年至少有 100 万 t 农田秸秆废弃于野外，并最终进入水环境。每年"三夏"、"三秋"时节各郊县环境监察支队都开展秸秆禁烧巡查工作，大规模、长时间的秸秆焚烧现象已基本杜绝，但在 2011 年 6 月的巡查中，仍发现金山廊下、奉贤四团、崇明堡镇、新河等地有数起零星秸秆焚烧情况。

3. 化肥农药污染

长期以来，上海农村农田化肥和农药的施用水平与全国水平以及发达国家水平相比，一直处于相当高的水平，处于过量和不合理施肥用药状态，不仅导致 10% 左右的化肥流失和土壤质量下降，而且还对农产品和水生态的安全性构成了一定威胁，也是上海农村非点源污染的主要来源之一。

4．郊区河道污染情况

上海全市共有各类河道 23 783 条，河道总长 22 286.28 km，河网密度为 3.51 km/km^2。存在的主要问题之一是河道淤积严重，据初步测算，全市中小河道淤深平均在 0.5 m，目前淤积总土方达 1.42 亿 m^3。由于河道淤浅，蓄水库容相对减少，对暴雨的承受能力大大下降；之二是水体污染严重，农村各类河道由于生活污水和部分乡镇、村办工业企业缺少环保措施，违规生产，有些工业污水未经处理直接排放，污染了饮用水水源和农田灌溉水源。此外，个别村镇大量使用有害除草剂，致使对水质有过滤和净化作用的芦苇、茭草、蒲草、茭白等几乎全部死亡，已不可逆转。有些镇将原本相通的河道人为地用网眼很密的笼头网分割开来，且距离很近，约 200 m 就有一个笼头网。承包人为了获取最大经济利益，对芦苇、茭草、蒲草、茭白植物，一律用除草剂清除掉。这样除了直接污染水源外，小鱼、小虾全部捉光，破坏了原有的生态平衡。

四、前四轮环保三年行动计划的实施情况

从 2000 年开始，通过四轮环保三年行动计划的实施，本市生态农业和农业面源污染防治的广度和深度不断拓展和深化，并取得了初步成效，基本遏制了污染恶化的趋势。在局部地区，农业生态环境得到改善和恢复。

与 2000 年相比，化肥、农药总量分别减少 34.2%和 76.2%，粪尿综合治理率达到了 63%，畜禽粪尿减量化、无害化、资源化取得较大进展。农作物秸秆机械化还田比例逐年提高，2010 年达到 79.5%，郊区大规模秸秆焚烧现象得到有效遏制，减少了碳排放。结合新农村建设，郊区涌现了一大批农业休闲旅游基地，农用农产品质量提升、安全性良好，农

业生态功能得到初步体现。

第二节 生态农业与生态农场建设

一、生态农业发展概况

上海农业的现代化水平与国际上发达国家相比还有一定差距。同时，随着上海城市经济和社会进一步发展，在提供绿色屏障、调节城乡生态平衡等方面对农业提出了更高的要求，传统的城郊农业发展模式难以满足经济发展和市民对生存环境的需求。为此，如何在有限的空间上优化资源配置，发展融生产、生态、社会经济等功能为一体的高度现代化都市型生态农业，成为上海国际化现代都市农业体系的主要发展方向。

根据生态农业发展理念及上海实际情况，上海提出农业应向环境友好、功能齐全、技术领先、产业融合、统筹布局、市场先行的方向发展，使上海的现代化都市农业具备强大的生态屏障功能、持续稳定的经济社会功能和领先的技术与完善的服务功能。这些目标定位在本质上都突出了农业的生产、生态、生活三大功能，突出了生态建设和可持续发展，强化了生态农业在农业发展中的突出作用。

至 2005 年，上海已建成 13 个以现代生态农业为主的农业园区，13 个农业园区规划面积 3.47 万 hm^2，已开发利用面积 1.8 万 hm^2，基础设施投资 33.2 亿元，品牌农产品 32 个，认证产品 31 个，园区设施大棚 22 346 个，带动本市园区外农户 85 831 户，带动外省市农户 131 410 个，市外生产基地 386 个，市外生产基地耕地面积 30 474 hm^2，对外省市产品及技术服务输出总额 3 507 万元，农业总产值 21.44 亿元，占上海农业总产值的 9.2%。从上海现代农业园区和生态农业发展总体情况看，虽然园区生态农业发展取得了一定成绩，但是大部分地区还没有建立起以生态农业为主的发展模式。

经过 20 多年的发展，上海生态农业成效显著，取得了丰硕的理论研究成果和实践经验，初步形成了多种生态农业理论体系和发展模式。经过多年实践，一些都市型生态农业园区已经建成投产，形成了一系列具有上海特色的基于各项生态技术的设施化、集约化、科技化、市场化、产业化及休闲观光型、都市型生态农业模式，具有一定规模的主要有：

1. 以"设施化+生态技术"为主的生态农业发展模式。为适应上海新一轮菜篮子工程建设，1994 年，上海市委、市政府在浦东孙桥、闵行马桥等 5 个基地进行了建设试点，园区化的运作方式体现了许多优越性，使上海农业设施化程度大大提高，为上海地区乃至全国的科技兴农起了很好的示范作用，为上海城市提供了较高档的、反季节的蔬果，丰富了市场，并提供了良好的生态环境和休闲、旅游场所，成为培育新一代农业技术人才及农业科普的基地。

2. 以"集约化+生态技术"为主的发展模式。目前已经建成的有位于长江入海口的长兴岛 600 多公顷的柑园、南汇县 3 000 多公顷的桃园、东海农场和松江九亭、青浦绿色园区等的花卉基地。

3. 以"科技化+生态技术"的发展模式。大力加强建设农业标准化示范区或标准化生产基地，主要包括蔬菜园艺场、水产养殖场、畜禽养殖场等。如崇明前卫村、孙桥现代农业园区等，是以农业高新技术成果为依托，通过生产高附加值农产品获得高经济效益的农业产业化模式。

4. "市场化+生态技术"为主的发展模式。通过大力建设各种生产示范基地、休闲公园和农业园区等，将市场化贯穿于农业产前、产中和产后的整个链条当中，从而达到以市场来带动整个都市型农业发展的目的。如新桥的花卉生产基地，是以市场带动起来的生态农业区。此外崇明岛 300 多公顷的森林公园、佘山、淀山湖风景区、奉贤世纪林等绿色景观和绿色产业，组成了绿化产业链。

但是，总体来看，目前上海生态农业发展的整体水平处于起步阶段，主要通过建立现代生态农业园区来带动整个上海生态农业的发展。1994年9月，以现代生态农业为主的孙桥现代农业园区成立，标志着上海生态农业发展进入了启动阶段。2000年，上海市政府在市郊建设了10个市级现代农业园区，每个农业园区建设面积为10~20 km²。通过现代农业园区建设，探索面向整个上海生态农业的发展道路，这标志着上海生态农业将进入发展阶段。

二、现代生态农业园区建设

2007年，中共上海市委员会第九次代表大会提出要把着力发展高效生态农业作为未来上海现代农业的发展方向，这为上海生态农业发展创造了良好的政策机遇，上海生态农业进入快速发展阶段。目前，上海已建成13个以现代生态农业为主的农业园区，分别为闵行区现代农业园区、宝山区现代农业园区、嘉定区现代农业园区、孙桥现代农业园区、浦东临空出口农业园区、金山区现代农业园区、松江区现代农业园区、青浦区现代农业园区、南汇区现代农业园区、奉贤区现代农业园区、崇明县现代农业园区、上实现代农业园区、农工商现代农业园区。其中几个代表性的园区介绍如下：

1. 上实现代农业园区

上实现代农业园区位于崇明岛东端，长江入海口，南与浦东新区毗水相邻，北和苏北大平原隔水相望，临长江濒东海，聚焦沿海沿江经济发展带。园区距长江航道18 km、浦东国际机场37 km、人民广场45.5 km。

上实现代农业园区现有土地面积8 467 hm²，该地块由20世纪90年代三次围垦而成，土质多为沙质土，团粒结构较差，土壤有机质含量较低，盐碱含量较高，经过多年洗盐改良，目前含盐量为0.6‰~1.20‰，pH值为7.8~8.3，有机质含量为0.8%~1.2%。通过良好规划，区内土地呈条状，进、排水体系分明，如此大面积、规格化的用地设施规模为华东地区所仅有,园区具备的土地资源集聚性、区域环境独特性、生态条件优良性等优势和开发主体企业性等特点,为在区内展开种源产业、农业产业化工程等项目的合作、开发、开展,提供了极佳的基础条件。园区内各类基础设施健全,如基本配套的灌排渠系,基本完备的路网,以及各类基本的工业生活用水、电力、通讯体系等;区内生态环境优良,据有关权威部门检测,水、土、气3项环境质量指标均达到国家一级标准,园区东侧为国家候鸟保护区,是世界上为数不多的野生鸟类集聚栖息地之一。

上实现代农业园区将以上海市跨世纪农业发展规划为方向,跟踪世界一流农业发展,导入现代农业理念,运用最新科技,面向国际市场,注重生态环境,努力成为我国农业现代化的推进器、农业高新技术的孵化器、农业科技成果的展示天地。其中将大力发展源头农业(种子种苗工程)、创汇农业(出口蔬菜生产)、设施农业(运用新材料技术,开展反季节植物、无土植物等种植)、生态农业(发展苗木和有机农产品等);加强水产品的繁育、养殖、加工能力,提高水产品的科技含量;加强优质反刍动物的培育,增强农民创收的能力。

2. 上海市孙桥现代农业开发区

上海孙桥现代农业开发区建于1994年9月,是继浦东新区陆家嘴贸易区、外高桥保税区、金桥出口加工区、张江高科技园区后成立的第五个功能开发区,也是我国第一个现代农业开发区。开发区定位为都市现代农业,并在推动上海市郊以至长江流域现代农业产业发展中起"龙头"作用。是首批151家国家级农业产业化龙头企业之一,首批21家国家级农业科技园区之一。

开发区规划面积9 km²,位于浦东新区孙桥镇境内,地处浦东新区城市化地区和农村地区交会处,紧贴中环,南靠外环线,北接张江高科技园区,距浦东国际机场15 km、外高桥港区20 km。以现代科技武装的工厂化、设施化农业为基础，以高科技生物工程、与设施农业相关的加工业和农产品深、精加工业为主导，以无公害的"绿色"农产品为拳头，以内外贸为纽带，走产加销一体、农科游结合的农业产业化道路，充分发挥生产示范、推广辐射、旅游观光、科普教育和出口创汇五大功能，实现社会、生态、经济效益三统一。

孙桥现代农业开发区经 8 年来的开发建设，已实现"七通一平"的基础设施。现代生产设施初具规模，生态环境日益优化，各方面投资条件良好。这里已展现了 21 世纪现代都市农业的雏形，成为高科技现代农业的一个缩影，农业旅游、观光的一大胜地。

3. 上海市松江现代农业园区

上海松江现代农业园区，是上海市 2000 年率先建设的四个现代农业园区之一。园区区域面积 40 km^2，耕地面积 2 700 hm^2。园区分布呈两大板块。一是位于松江东北部的新桥、九亭、泗泾、洞泾 4 个镇，沿九新公路两侧分布，区域面积 10 km^2，耕地面积 700 hm^2，以花卉苗木为主。二是位于黄浦江以南，东接 320 国道，西连沪杭高速公路，沿叶新公路向西经叶榭、泖港、五厍农业示范区、新浜至石湖荡 5 个镇（区），区域面积 30 km^2，耕地面积 2 000 hm^2，以发展名特优绿色园艺产品为主。

园区内土地平整、水源充沛、土壤肥沃、气候适宜，常年平均气温 15.4℃，降水量 1 103 mm，无霜期 229 天，地面高程 3.0～3.4 m，土壤大部分为青紫泥、黄泥头、有机质含量高，有利于各类农作物种植。2001 年 11 月园区被农业部、对外贸易经济合作部认定为《全国园艺产品出口示范区》。并被农业部确定为《创建全国无公害农产品（种植业）生产示范基地》。迄今为止，已投产企业 183 个，一批重点建设的农业高新技术项目，如新桥花卉组培中心、生物有机肥菌种培制中心、出口速冻蔬菜加工中心、铁皮石斛组培加工中心项目、600 t 雨水收集处理系统也已竣工投产。

4. 上海市金山现代农业园区

金山现代农业园区（廊下镇）是上海市 12 个市级现代农业园区之一，也是上海市建设新郊区新农村九个试点区之一，同时还是上海市新郊区新农村建设的示范基地。园区交通便捷，南北同三国道（新卫公路）贯穿于园区，东西 320 国道（亭枫高速公路）也经过园区，至上海市中心 35 分钟，至上海浦东国际机场 45 分钟。园区建于 2001 年 3 月，区域总面积 21.32 km²，其中耕地面积 13.28 km²。园区以出口蔬菜、优质瓜果、花卉苗木为主导产业，以种子种苗繁育、农产品加工流通、观光休闲、标准化生产示范以及农业新技术、新品种的研发为园区目标功能，是集农业研发、生产、加工、观光休闲旅游于一体的综合性农业开发区。

金山现代农业园区所处的张泾河流域是金山重要水源保护区，水环境质量较好。园区气候属于亚热带东南季风气候，四季分明，雨量充沛，年平均气温为 15.6℃，无霜期常年平均 228.3 天，年平均降水量为 1 169 mm，常年日照时数为 1 975 小时。土壤地质主要以江海沉积与江河冲积为主，属青黄泥，土壤有机质含量在 3%～4%，全氮含量 0.23%，全磷含量 0.07%，全钾含量为 2.2%，pH 值平均 6.89，土壤理化性状好，适宜多种作物生长。

为加速现代农业园区的科技成果转化，在金山现代农业园区内成立了上海市科技创业中心金山分中心，帮助入园企业科技研发、融资等工作。近年来，园区共引进项目 21 个，开发面积 3.5 km²，引进资金超亿元，有来自美国、澳大利亚、中国台湾、中国香港等国家和地区的项目，也有来自山东、辽宁、浙江、江西等省的内资项目。从项目的内容来看，有花卉、蔬菜、西甜瓜等经济作物的种子、种苗研发繁殖，有蔬菜、土豆等作物的农产品加工，有"珍果园"等观光休闲项目，有无公害标准化蔬菜生产项目，还有芳香植物、白雪红桃、无核葡萄等特种经济作物示范项目。同时，金山现代农业园区远离市中心 60 km，是建设观光休闲农业的最佳地理位置。

5. 青浦现代农业园区

上海青浦现代农业园区是上海市首批启动的四个市级农业园区之一，位于老一辈无产阶级革命家陈云同志的故乡——练塘镇。园区规划面积 17.07 km^2，可耕地面积 1.5 万亩，地处江浙沪交界，东纳国际大都市的海派优势，西衔长三角的丰泽底里，南连松江、金山仓澜灵山，北靠淀山湖、朱家角古韵深涵。朱枫公路穿境而过，接沪青平、沪杭高速，连 318、320 国道，园内河道与黄浦江相通，水陆交通便捷，区位优势明显。

自 2002 年园区西移扩建以来，经过不断的开发建设，基本上达到了土地平整、道路成网、管棚成片、排灌畅通，各类农业设施配置合理的要求。目前，园区下辖上海绿色科技园区和生态农场两个分公司，园内外共有 26 个企业落户，解决当地农民就业近 1 000 人。在占地 7 000 亩的先行区里，已初步显现设施菜田、优质种源、品牌稻米、特种水产、特色林果、生态园林等特色产业片，建成区级蔬菜和特种水产两个标准化基地。青浦现代农业园区"西移扩建"以来，按照区委、区政府关于现代农业园区要加快发展以休闲、观光、体验为特色的现代都市型生态农业，为青浦发展现代农业发挥示范带头作用的要求，认真编制、不断完善园区开发建设的总体规划，认真实施园区的基础设施建设，积极开展农业的招商引资工作。

第三节　社会主义新农村建设

一、上海社会主义新农村新郊区建设背景

党的十六届五中全会作出了加快社会主义新农村建设的重大决定。

建设社会主义新农村是我国现代化进程中的重大历史任务，是统筹城乡发展和以工促农、以城带乡的基本途径，是缩小城乡差距、扩大农村市场需求的根本出路，是解决"三农"问题、全面建设小康社会的重大战略举措。2006年中央一号文件以此为主题，把农村工作推向了新的历史高度，建设一个"生产发展、生活宽裕、乡风文明、村容整洁、管理民主"的新农村已经成为全党、全社会的共同认识和行动纲领。

科学发展观强调以人为本，就必须实现好、维护好、发展好占我国人口大多数的亿万农民的利益，保证他们能够公平共享社会发展的成果。科学发展观强调全面协调可持续发展，就必须实现农业和农村经济的可持续发展，实现农村经济社会的全面发展。科学发展观强调"五个统筹"，就必须把统筹城乡发展放在首要位置，着力解决城乡发展不协调的问题，为其他四个统筹创造有利条件。只有这样，才能真正把科学发展观落到实处。党的十六届五中全会提出了推进社会主义新农村建设的任务，是落实科学发展观的战略举措，具有重大的历史意义和现实意义。

我国已经进入全面建设小康社会的阶段，其中最艰巨、最繁重、最长期的任务在农村。同时，我国总体上已经进入以工促农、以城带乡的发展阶段，我国的工业经济总量、城市建设和城市经济发展的水平已经有一定的实力来带动农村建设。建设社会主义新农村是贯彻落实科学发展观的必然要求和关键举措。上海市委、市政府十分重视新农村建设，市委2006年一号文件确定了郊区各层次建设的总体思路和意见。结合上海的情况，市委、市政府提出"规划布局合理、经济实力增强、人居环境良好、人文素质提高、民主法制加强"三十个字的上海建设社会主义现代化新农村、新郊区的总体方针。

二、上海社会主义新农村新郊区发展建设概况

上海郊区有八区一县，市域农村用地约 4 400 km^2，共 111 个小城

镇，1 887 个行政村，5.4 万个自然村。2005 年全市郊区约 80 万人（农村人口 300 万人），实现增加值 40 亿元，占全市比重 48%。工业总产值 1.34 万亿元，占全市比重 85%。改革开放以来，上海市委、市政府始终把解决"三农"问题放在全局和战略的高度进行谋划，按时代可以划分为三个阶段：①20 世纪 80 年代，提出了"城乡一体化"的发展思路，并促进城市工业快速向郊区扩散，郊区作为城市未来发展空间的战略地位开始显现。②20 世纪 90 年代以来，抓住浦东开发开放的历史性机遇，及时调整实施"三二一"产业发展方针，着力推进郊区管理体制改革，积极推进居住向城镇集中、工业向园区集中、农业向规模经营集中，逐步形成了"市区体现繁荣繁华，郊区体现实力水平"的发展格局。③党的十六大以后，按照科学发展观的要求，坚持城乡统筹发展的基本方针，进一步实施产业布局重心向郊区转移、基础设施建设重心向郊区转移，并以确定"1966"城乡规划体系、深化区县功能定位为抓手，全面推进郊区经济社会发展。

1. 上海新农村新郊区规划建设重点

"十五"期间，上海全面实施以新城和中心镇为重点的城镇化战略，启动了上海郊区"一城九镇"试点城镇建设。通过 4 年多的规划建设，松江新城和嘉定安亭、闵行浦江、宝山罗店、浦东高桥、青浦朱家角、奉贤奉城、金山枫径、崇明陈家镇等试点城镇开发建设稳步推进，提升了上海郊区城镇规划建设水平，促进了郊区城镇经济、社会和环境的协调发展，初步积累了郊区城镇建设经验。

同时，在市规划局的组织下，完成了上海"八区一县"的总体规划，8 个新城规划（除闵行），40 多个新市镇规划（20 个左右），以及重要的产业区、风景区、度假区规划，以及各区逐步开展中心村规划试点，郊区各个层面的规划有序推进。同时，2004 年 7 月以来，上海市有关部门积极推进宅基地置换试点，该项工作是推进郊区"三个集中"战略突破口的关键环节。试点实践证明，宅基地置换是推进"三个集中"、确保农民得益的有效途径。由于各区、县政府的高度重视，在试点村的实施过程中，受到了当地农民的普遍欢迎。

根据上海社会经济和郊区特点，构建了"1966"城乡规划体系，即：一个中心城，外环线内 660 km²，规划人口 950 万；9 个新城，各个区的行政、文化、服务、信息中心，包括嘉定安亭、临港、宝山、闵行、青浦、佘山、南桥、崇明城桥、松江，规划总人口 540 万；60 个新市镇，总人口 390 万；600 个中心村。

2. 上海新农村建设重点——600 个中心村

在上海"1966"城镇体系中，"600 个左右中心村"是郊区农村最基本的居住单元，既是上海郊区城镇体系规划上的薄弱环节，也是新郊区"三个集中"推进的关键。按照"分类规划、因地制宜"的原则，综合分析郊区各区县功能定位、城市化水平的差异和农业产业布局，对 600 个左右中心村采用"自上而下"和"自下而上"相互结合的工作方法，分三个层次推进规划落实，基本确定 585 个。

第一层次为浦东新区（外环线以外）和闵行、宝山、嘉定区。四个区既有部分区域在中心城区，又有充分的产业支撑。要借助浦东新区综合配套改革实验区的平台，发挥闵行、宝山和嘉定毗邻中心城的区位优势，稳步推进。共规划 50 个左右中心村。

第二个层次为松江、青浦、金山、奉贤和南汇区。充分发挥五区连接上海中心城和江浙经济发达地区的纽带功能，并根据杭州湾北岸地区的经济发展特点和农业生产发展要求有序建设。各区规划中心村的基本数量为 50～80 个，共 330 个左右。

第三层次为崇明县。崇明三岛是 21 世纪上海可持续发展的重要战略空间，也是上海唯一的国家级生态示范区。坚持三岛功能、产业、人口、基础设施联动，依托科技创新，努力把崇明建设成为环境和谐优美、资源集约利用、经济社会协调发展的现代化生态岛。崇明三岛规划中心村数量 220 个左右。

考虑农业产业的特点和户均耕种面积差异,因地制宜地控制中心村规模。近郊地区,中心村居住规模一般 100 户左右,人口 300 人左右;远郊地区,中心村规模 500～600 户,人口 1 500 人左右。但在有条件的地区,中心村规模可适当扩大。上海郊区中心村建设不是村庄形态的简单规划和合并,而是通过制定涵盖社会、经济、环境和形态的综合性发展规划,实现人口、产业及公共设施的合理布局。通过农村地区行政管理的整合,理顺管理关系,逐步使中心村的形态规划和行政管理有机衔接,完善基础设施建设,持续发展集体经济,促进郊区社会经济协调发展,让农民真正得到实惠。

3. 上海新郊区新农村规划建设的特点

(1)具有鲜明的上海特色。在消化吸收中央提出的全国新农村建设 20 字指导方针"生产发展、生活宽裕、乡风文化、村容整洁、管理民主"的基础上,根据上海实际,将上海建设社会主义新郊区、新农村的总体要求归纳为"规划布局合理、经济实力增强、人居环境良好、人文素质提高、民主法制加强"。此 30 字方针是在中央精神的基础上提出来的,更加贴近上海实际,更加符合上海特点,充分体现了胡锦涛同志对上海提出的"四个率先"和"走在全国前列"的要求。

(2)三个集中是上海新郊区建设的根本途径。三个集中是上海根据郊区现状和发展的实际要求提出的新概念、新创举。分别是工业向园区集中、农业向规模经营集中、人口向城镇集中。三个集中的根本出发点是集合产业,集中土地,集聚人口,而集聚人口是基础,集聚土地是本质。

(3)上海郊区是未来经济发展的主战场。20 世纪 90 年代,市委、市政府提出"市区以发展第三产业为主,郊区以发展第二产业为主"、"市区看繁荣、郊区看实力"战略设想的前瞻性。这个设想基本处理好了

600 km² 与 6 000 km² 的关系，深化了中心城与郊区、城市与农村的错位发展。从国际经验看，任何一个国际大都市发展到一个阶段，都需要把城市与周边区域统筹起来，形成互相依存、相互推动、共同发展的格局。

上海拥有国外大都市不具备的两大优势，一是国外大都市一般没有行政所辖的郊区，它们的三产往往是在取代二产和一产的前提下发展起来的。上海有 6 000 km² 的郊区，"三二一"可以共同发展。二是上海是在新科技革命条件下加快城市化进程的，信息技术的飞速发展、高速路网的四通八达，为郊区与城区紧密连成一体提供了有利条件。目前，上海人均 GDP 正处在从 500 美元向 3 万美元迈进的过程中，属于城市化和工业化并重发展的阶段，因此发展先进制造业是提高城市竞争力的重要途径。据测算，上海人均 GDP 要达到 2.5 万～3 万美元，所需要的城市建设用地和产业用地为 2 900～3 000 km²。因此，上海郊区的第二产业发展是必然的趋势，并通过第二产业的发展来吸引人力，实现与郊区城镇的发展互动，这一点与国内外的其他城市有很大的不同。

社会主义新农村建设是党中央在新时期总览全局、高屋建瓴提出的新要求，同时也开辟了城乡建设的新战场。广大的规划建设工作者应当响应时代的要求，在科学发展观的指引下，坚持以人为本的规划理念，运用自己的聪明才智，切实为广大农民谋取利益。

三、上海新郊区新农村建设中的"新叶模式"

奉贤区作为上海市唯一的统筹城乡发展专项改革试点区，始终把解决"三农"问题放在各项工作的首位。奉贤区委书记时光辉带领区委领导班子多次召开新农村建设推进大会，充分听取基层干部群众的建议，将奉贤区庄行镇新叶村进行试点。经过一段时间的探索和实践，使上海郊区通过"村宅基地归并自建房"模式，走出了一条新农村建设的成功之路。上海城市发展规划中，以纯农业生产为主的郊区农村，如何加快新农村建设？上海市奉贤区庄行镇新叶村探索出了一条"农民主动、政府推动、社会联动"新农村建设的"新叶模式"。

新叶村地处上海市闵行、松江、奉贤三区交界处,属黄浦江上游水资源保护区,全村面积 5.21 km²,耕地面积 4 054 亩,以水稻种植为主。人口 3 278 人,844 户,分散居住在 41 个自然村落。新叶村大部分自然村落是解放以前形成的,2/3 以上的房屋是 20 世纪七八十年代建造的,破旧不堪的危房、凌乱的环境严重影响了村民的生活质量,浪费了土地资源。

随着南桥新城的开发建设,奉贤区现代化城镇面貌初见端倪,面对新叶村凌乱不堪的村舍,奉贤区区委领导班子看在眼里、急在心里。为什么城乡差距这么大?新农村建设的抓手到底在哪里?如何消除城乡二元结构,让农民住得舒服、吃得更好、生活得更舒心?经过一番大胆设想,时任奉贤区区长、现任区委书记时光辉组织决策领导小组拍板定方案,把新叶村率先试点的任务交给了刚刚退居二线的奉贤区委委员、奉贤海湾旅游区调研员房同盟,并委任他为奉贤区新农村建设推进办公室副主任。在区委、区政府领导的大力支持下,房同盟和两个年轻的大学生村官成立了工作小组。2010 年 8 月,区政府出台了关于农村集体建设用地流转的文件。

有关农民宅基地置换在上海的探索从未间断过,与以往农民宅基地置换不同的是,新叶模式抓住了"老身份,新内涵"六个字和三个"不变",即农民身份不变、农民住宅性质不变、农民责任地不变。内容包括:以农民宅基地归并为抓手,彻底改变村容村貌,加快缩小城乡差别;以农民土地承包权入股为抓手,组建农业资源经营专业合作社,实现农业生产规模化、专业化,提高农业生产的效益;以增加农民收入为抓手,积极发挥农民在新农村建设中的主动作用,确保农民的利益;以城乡建设用地增减挂钩为抓手,促进城乡统筹发展,平衡新农村的建设资金;以壮大集体经济为抓手,增强村委会的自治能力,加强党在农村的引领地位。

提及"新叶模式"的成功之处，区新农村建设推进办相关负责人给出了这样的答案："总的来说是'农民主动，政府推动，社会联动'十二字方针。关键点是抓住了'一切为了农民'这个主体思想。首先，尊重农民的选择权，让农民享受充分的参与权、知情权和话语权；再次，让农民分享土地增值收益"。农村原先生活质量欠佳，没有很好地发挥规划的指导作用，脏、乱、差状况亟待改变。因此，社会主义新农村建设迫切需要规划的引导和带动。新农村建设的主体是农民，推进新农村建设，必须牢固树立群众观点，相信群众、尊重群众、依靠群众、服务群众、造福群众，使新农村建设成为惠及广大农民群众的民心工程。

首先，与以往任何农民动辄拆迁形式不同的是，新叶村是"先造房，再拆房"，建造房屋的资金由区政府预拨，这给了新叶村新农村建设巨大的保证。其次，推进新农村建设，实行宅基地置换，关键还是要增加农民收入，区委书记时光辉强调指出，有序推进农民宅基地归并工作，对改善农村居民居住环境，节约、集约利用土地资源，促进农业产业化规模经营，提高农民收入水平具有重要意义。

"新叶模式"有望得到推广。新叶村在新农村建设中的积极探索告诉我们：在新农村建设的过程中，充分发扬领导干部的首创精神，广泛调动群众的积极性，以良好的党风、政风，促进和改善民风，从而不断促进农民增收致富，使农村面貌焕然一新，使传统村落向新农村社区转变。如今走进新叶村，看到一批破旧农宅已经拆去，一块块原本散乱的农田，已被整治得平坦连片，新田里刚播种的水稻与新房相映成景。两年来，新叶村已闯出了一条"宅基地归并集中"的成功之路，真正做到了"取之于民，用之于民"。

第七章　崇明生态岛建设

第一节　崇明县概况

一、地理环境

1. 地理位置

崇明县由崇明岛、长兴岛、横沙岛组成,三岛陆域总面积 1 411 km²。

崇明岛位于西太平洋沿岸中国海岸线的中点地区,地处中国最大河流长江入海口,是全世界最大的河口冲积岛,也是中国仅次于台湾岛、海南岛的第三大岛屿,有"长江门户、东海瀛洲"之称。全岛三面环江,一面临海,西接滚滚长江,东濒浩瀚东海,南与浦东新区、宝山区及江苏省太仓市隔水相望,北与江苏省海门市、启东市一衣带水。全岛面积 1 267 km²,东西长 80 km,南北宽 13~18 km。岛上地势平坦,无山岗丘陵,西北部和中部稍高,西南部和东部略低。90%以上的土地标高(以吴淞标高 0 m 为参照)为 3.21~4.20 m。岛屿地理位置在东经 121°09′30″~121°54′00″,北纬 31°27′00″~31°51′15″,地处北亚热带,气候温和湿润,年平均气温 15.2℃,日照充足,雨水充沛,四季分明。岛上水土洁净,空气清新,生态环境优良,居民平均寿命 76.7 岁。

长兴岛位于吴淞口外长江南水道，东邻横沙岛，北伴崇明岛。岛呈带状，东西长 26.8 km，南北宽 2～4 km，面积 88 km²，其中滩涂面积 8.5 km²，可耕地面积 26.2 km²（不包括前卫农场）。南沿有深水岸线近 20 km，一般水深–12～–16 m，最深处–22 m，可停靠 30 万 t 级轮船。

横沙岛是长江入海口最东端的一个岛屿，三面临江，一面临海。背靠长兴，北与崇明岛遥相呼应，南与浦东隔江相望。岛呈海螺形，南北长 12 km 左右，东西宽 8 km 左右，平均海拔 2.8 m，总面积 56 km²，其中可耕地面积 26.8 km²。目前尚有滩涂资源 0 m 以上 20 万亩、–5 m 以上 67 万亩。周边岸线 30 余公里，其中南端约有 2 km 深水岸线，水深–12 m 左右。

图 7-1　崇明三岛遥感影像图

2．地质地貌

崇明三岛普遍被第四纪疏松地质层所掩覆，地势坦荡低平，岛上无山岗丘陵。崇明岛西北部和中部稍高，西南部和东部略低，90%以上的土地标高（以吴淞标高 0 m 为参照）在 3.21～4.20 m 之间。长兴岛地势平坦，南沿有深水岸线近 20 km，一般水深–12 m 至–16 m，最深处–22 m，可停靠 30 万 t 级轮船。横沙岛周边岸线 30 余公里，其中南端约有 2 km

深水岸线，水深−12 m 左右。

3．土壤植被

崇明三岛土壤母质系江海沉积物，按其类型分布主要是水稻土、潮土和盐土 3 个土类，以及 8 个土属、35 个土种。土壤耕作层厚度一般在3～5 寸。崇明岛的 3 个土类呈东西向伸展、南北排列的条带状分布。土壤表层质地多轻壤、中壤，并常有深度不一的砂层，按表层质地分为黄泥（土）、僵黄泥（土）、黄夹砂（土）、砂夹黄（土）、沙土和滨海盐土。

植被类型呈现过渡性趋势，以亚热带常绿、落叶混交林为主。由于受到人类活动的干扰，自然原生植被的痕迹十分少见，大多为人工替代植被。此外，滩涂植被也是崇明三岛具有特色的植被类型。

4．气象气候

崇明地处北亚热带南缘，属亚热带海洋性气候，气候温和湿润，雨水充沛，四季分明。夏季湿热，盛行东南风，冬季干冷，盛行偏北风，属典型的季风气候。全年日照数 2 094.2 小时，常年平均气温 15.2℃，无霜期 229 天，年平均降雨量 1 025 mm。

由于受到季风气候的影响，区域内气候多变，常出现连阴雨，倒春寒、低温、干旱、暴雨和强热带风暴等灾害性气候，给农业生产带来了不利的影响。

5．水文状况

崇明岛现有骨干河道 32 条，河线总长 444.50 km。南横引河和北横引河贯通形成环岛运河，29 条南北向干河东西排列，贯穿引河，东西向横河有 623 条与南北向干河分别相交。相邻干河间距约 2 km，相邻横河间距约 1 km，纵横交错的水道组成了繁密的河网水系。29 条竖河上共建有 27 座闸门，以控制水资源的调度。

二、建制沿革

崇明岛成陆已有 1 300 多年历史。公元 618 年（唐朝武德元年），长江口外海面上东沙西沙两岛开始出露。之后许多沙洲时东时西、忽南忽北涨坍变化，至明末清初，始连成一个崇明大岛。公元 696 年初（唐朝万岁通天元年），始有人在岛上居住。公元 705 年（唐朝神龙元年），在西沙设镇，取名为崇明（"崇"为高，"明"为海阔天空，"崇明"意为高出水面而又平坦宽阔的明净平地）。公元 1222 年（南宋嘉定十五年）设天赐盐场，隶通州。公元 1277 年（元朝至元十四年）升为崇明州，隶扬州路。公元 1396 年（明朝洪武二十九年）由州为县，先隶扬州路，后隶苏州府，兼隶太仓州。民国时期，先后隶属江苏南通、松江。新中国成立后，隶属江苏南通专区。1958 年 12 月 1 日起改隶上海市，目前是上海 19 个区县中唯一的县。

长兴岛成陆于咸丰年间，横沙岛自 1886 年围垦、迁居至今已有 120 年左右历史。经上海市人民政府报请国务院批准，原属上海市宝山区的长兴、横沙两个乡行政区划，自 2005 年 5 月 18 日起成建制划入崇明县。实行上述行政区划的调整，是上海市委、市政府贯彻落实科学发展观，着眼于上海发展大局的一项重大举措，有利于"三岛"（崇明、长兴、横沙）统一规划，合理配置资源；有利于"三岛"产业结构优势互补，推进崇明生态岛的建设。

三、历史现状

崇明人民具有光荣的革命传统。明代抗倭斗争中，崇明"沙兵"以英勇著称。1921 年秋，崇明西沙农民暴动，毛泽东在当时的中共中央机关报——《向导》周报上著文介绍这一壮举。1926 年 9 月，中共江浙省委特派员陆铁强、俞甫才回崇，建立了全国较早的农村基层党组织。在长期革命斗争岁月中，许多崇明儿女为中国人民的革命事业献出了宝贵的生命。

崇明县目前辖有 16 个镇和 2 个乡。县政府所在地城桥镇是崇明县的政治、经济和文化中心。2010 年崇明县户籍人口数为 68.9 万人，人口出生数 3 630 人，人口出生率 5.26‰，死亡人口数 6 374 人，人口死亡率 9.24‰，人口自然增长率为−3.98‰，已连续 16 年保持人口负增长。民族以汉族为主，另有蒙古族、回族、满族、壮族、白族、彝族、朝鲜族、维吾尔族、布依族、哈尼族、土家族、藏族等少数民族。

其中长兴镇设有 24 个行政村，3 个居委会，260 个村民小组。其中，渔业村 1 个。总人口 3.6 万人（不包括前卫农场）。岛内有凤凰镇、潘石镇、圆沙镇，其中凤凰镇为镇政府所在地，位于岛的中部。长兴岛的功能定位是"海洋装备岛"。横沙乡设有 24 个行政村，1 个居委会，246 个村民小组。其中，渔业村 1 个，总人口 3.3 万人。乡政府所在地为新民镇。1992 年，横沙岛被国务院列为国家级旅游度假区。横沙岛的功能定位是"休闲度假岛"，主要开发国际会务会展中心、国际娱乐中心、低密度高档住宅别墅区、游艇俱乐部等项目。

四、经济发展

近几年，崇明县国民经济保持较快发展。2011 年，崇明县实现增加值 224.1 亿元，比上年增长 15.3%。其中，第一产业增加值 20.7 亿元，增长 9.5%；第二产业增加值 126.6 亿元，增长 16.9%；第三产业增加值 76.8 亿元，增长 14.2%。三次产业结构比例为 9.2∶56.5∶34.3，第一产业所占比重比上年下降了 0.5%；第二产业所占比重比上年上升了 0.8%；第三产业所占比重比上年下降了 0.3%，第二产业对经济增长的支撑作用更加凸显。

财政收入稳步增长。2011 年崇明县实现财政总收入 66.4 亿元，比上年增长 22.9%。其中，县级财政收入 34.8 亿元，增长 24.2%。2011 年，崇明县财政支出 97.9 亿元，增长 25.2%。

1. 工农业

农业生产处于稳定发展的良好态势，生态农业快速发展。2011 年崇明县粮食作物总播种面积为 75 万亩，比上年减少 5.9%，总产实现 30.9 万 t，比上年减少 4.5%。"寒优湘晴"、"秀水 128" 等优质品种种植比例逐年提高，优质水稻种植面积 34.45 万亩，优质水稻种子供应总量达到 165 万 kg，稻麦良种覆盖率提高到了 98%以上，推广机插稻面积 10.7 万亩；全年实现农业总产值 55.3 亿元，比上年增长 4.8%。农业产业化步伐加快，建成各类农民专业合作社 900 多家，崇明地产农产品在市区的销售额超过 5.5 亿元。

崇明县工业发展速度较快，海洋装备业成为该县经济发展新的增长点。2011 年工业企业实现总产值达到 457.8 亿元，比上年增长 21.6%。其中规模以上工业企业实现总产值 412.0 亿元，比上年增长 13.1%，占崇明县工业总产值的 90.0%。崇明县六大主导行业完成工业总产值 388.8 亿元，比上年增长 20.8%，占规模以上工业总产值的比重达到 84.9%。2011 年海洋装备业企业数量增多，规模扩大，产值呈现较快增长，全年实现工业总产值 295.5 亿元，比上年增长 26.1%，占崇明县工业总产值比重达 64.5%。

2011 年全社会建筑业完成总产值 206.6 亿元，比上年增长 10.0%。

2. 内外贸易

在中央一系列扩大内需政策和措施的刺激下，特别是在上海长江隧桥开通及上海世博会召开的叠加效应下，餐饮、住宿、商品零售等消费市场进一步活跃。2011 年崇明县实现社会消费品零售总额 54.7 亿元，比上年增长 18.4%，比年度计划提高 3.4 个百分点。从分行业看，零售业在总量及增长速度方面均领先其他行业，实现零售总额 47.1 亿元，比上年增长 18.6%，占全社会消费品零售总额的 85.5%；批发业、住宿业和餐饮业分别实现零售总额 2.4 亿元、2.0 亿元和 3.2 亿元，分别比上年增长 16.0%、17.3%和 33.4%。

家电下乡继续保持良好势头。崇明县 115 个家电下乡网点共销售中标产品 3.4 万台（件），销售总额 8 011.9 万元。55 个家电以旧换新网点共销售产品 8.2 万台（件），销售总额 2.8 亿元。世博特许产品销售任务圆满完成。

外贸出口受造船价格影响，拨交额出现下降。2011 年完成外贸出口拨交额 147.2 亿元，比上年下降 7.5%。其中以造船为主的工业品出口拨交额 146.9 亿元，比上年下降 7.4%；农副产品出口拨交额 0.3 亿元，比上年下降 25.7%。

全年引进各类企业 4 299 户，比上年增长 14.8%；注册资金总额 83.8 亿元，比上年增长 8.9%；累计完成税金 57.9 亿元，比上年增长 16.4%。全年新批"三资"企业 62 个，投资总额 4 316 万美元，注册资本 2 594 万美元，合同利用外资 2 360 万美元。

3. 旅游

旅游宣传推介力度加大，旅游品牌知名度逐步扩大。通过报刊、网络等新闻媒体有针对性地进行旅游形象宣传、信息发布、促销推广，崇明生态岛建设和生态旅游品牌知名度进一步扩大。旅游节庆活动精彩纷呈。成功举办了"绿色崇明，零度嘉年华"活动，受到了社会各界的广泛关注和积极评价，通过旅行社导入主会场的旅游团队就有 68 个，近 2 000 人次。组织了"龙腾跃瀛洲 汉歌耀明珠"——"我们的节目"2011 崇明端午节季活动。开展了第十四届崇明森林旅游节及其系列活动，全面展示了崇明本土特色和旅游资源，为市民和游客呈现了 18 项主题活动。西沙湿地——明珠湖景区成功获批 4A 级旅游景区，三民文化村、瑞华果园成功获批国家 3A 级旅游景区。2011 年，全县共接待游客 337.8

万人次，实现旅游直接收入 5.4 亿元。

4．金融

崇明县金融机构存贷总额保持较高水平。2011 年末，崇明县有各类金融机构 10 家，比上年增加 1 家。金融机构各项存款余额 592.4 亿元，比年初新增 45.6 亿元。金融机构各项贷款余额 318.5 亿元，比年初新增 29.2 亿元。

5．固定资产投资

2011 年，全社会固定资产投资突破百亿元大关，达到 130.7 亿元，比上年增长 23.6%，完成年计划的 103.6%。房地产开发投资 64.1 亿元，比上年增长 97.7%；三个重点地区建设由形态开发向功能性项目开发转变。崇明新城、长兴镇和陈家镇三个重点地区建设项目稳步推进，共完成投资 98.0 亿元，占崇明县投资总额的 75.0%。其中长兴产业基地完成投资 53.1 亿元，新城开发公司完成 21.4 亿元，陈家镇开发公司完成 23.5 亿元。

五、社会事业

1．教育

教育事业不断发展。学校办学条件不断改善。已完成其中的 1.5 万 m^2。师资队伍建设不断加强。全年举办各类教师培训班 36 班次，培训教师达 3 645 人次。社区教育工作不断推进。全年全县接受教育的老年人有 6.8 万人次。广泛开展思想道德、法律法规、健身养生和提高生活质量等各类培训，培训量达到 3 万多人次。教学成绩斐然。高考本科上线率为 52.3%，本专科上线率为 91.7%，初中毕业一次性合格率为 100%，较上年略有上升。

2. 科技

科技事业蓬勃发展，申报科技项目取得新成效。组织申报上海市科技小巨人（培育）企业 4 家；组织申报高新技术企业 11 家；全县有 6 项科技项目被批准为国家创新基金项目，工业（低碳经济）类 7 项。全年共开展科普早市 20 余场次，发放各类科普宣传资料 62 500 余份。"走百村、讲百课"活动深入 18 个乡镇 198 个村，共举办专题讲座 119 场。

3. 文化

文化事业进一步繁荣。2011 年成功举办了崇明县文化艺术节。文化下乡"百千万工程"成效显著。全年创作文艺节目 39 个，下乡、下基层巡回演出 100 场次，观众超过 8 万人次；"千场电影"放映 7 846 场，观众达 316 900 人次。群众文艺团队开展活动热情高涨。全县近 294 支群众文艺团队开展各类活动达 1 800 多场次，参与人数超过 65 万人。2011 年电视自采画面新闻 3 000 多条，制作电视专题片 80 多部，广播播发专题 300 多部，《崇明报》全年刊发各类消息、特写、言论 800 多篇。

4. 体育

体育事业成绩喜人。积极开展体育品牌赛事活动。开展了蔚为壮观的上海市民骑游明珠湖活动，举办了"全民健身日"武术展示活动及群体展示活动，组织开展了第 50 届烈士杯篮球赛。体育设施不断完善。新建 3 片社区公共运动场和健身点 40 个。体教结合工作有新突破。

5. 卫生

医疗卫生事业取得新成效。新华亿元崇明分院创建三级综合性亿元工作稳步推进，在学科建设、人才建设、科研方面成效显著。新华医院崇明分院扩建工程，病房楼、医技楼、科教楼完成主体结构工程。堡镇人民医院整体迁建工程基本完成土建，进入设施、设备安装调试阶段。庙镇人民医院整体迁建工程前期论证等准备工作基本完成。社区卫生服务中心正式实施基本药物制度。组织开展医联体专家下基层工作，为社区居民举办免费义诊活动。居民健康管理工作进一步加强。为本县常驻居民建立包括个人基本信息和主要卫生服务记录两部分内容的健康档案。新农合保障水平稳步提高，农民参合继续保持高水平。2011年，全县合作医疗人均筹资水平为785元，其中个人缴费为每人180元，县财政补助每人130元，村集体扶持每人20元，市财政补助每人不低于200元。全县农民参合率达99.7%。

六、人民生活

1. 人口就业

全县户籍人口数继续呈下降态势，2011年，全县户籍人口数68.8万人，人口出生数3 556人，人口出生率5.16‰，死亡人口数6 532人，人口死亡率9.49‰，人口自然增长率为–4.33‰。计划生育利益导向机制不断健全。户籍人口计划生育率为99.7%，流动人口计划生育率为89.0%。全年县财政安排专项资金6 641.8万元，向1 712户上年度新生独生子女家庭以及低保独生子女家庭赠送计划生育保险；向1 484人发放计划生育特别扶助金226.5万元；发放农村部分计划生育家庭奖励扶助金2 852万元，得到实惠的农民达37 480人次；7 063人领取了年老退休时的一次性计划生育奖励费，金额达3 517万元。

作为政府的实事工程，促进就业工作有序推进。2011年末，全县累计新增就业9 285人，完成全年目标（9 000人）的103.2%；城镇登记失业率控制在市下达的指标范围内。劳动者职业技能培训得到加强，全年完成职业技能培训 5 130 人次。

2. 生活改善

随着各级政府一系列惠民、惠农政策措施的落实，城乡居民生活水平稳步提高。2011 年，城镇居民家庭人均可支配收入达 26 149 元；农村居民家庭人均可支配收入达 10 854 元，比上年增长 13.9%。居民储蓄总量不断增加，年末人均储蓄达 4.7 万元，比上年增加 5 000 元。

居住条件不断改善。2011 年，新增廉租住房受益家庭 23 户。

3. 社会保障

农保基础养老金从原有的每人每月 235 元提高到每人每月 340 元，增加了 105 元。对领取老年农民养老金补贴人员每人每月增加补贴 55 元。

社会福利事业继续发展。广泛开展节庆帮困送温暖工作。2011 年城镇最低生活保障对象家庭 0.8 万户，城镇最低生活保障对象 23.2 万人次，发放金额 6 970 万元；全年农村最低生活保障对象家庭 2.2 万户，农村最低生活保障对象 49.2 万人次，发放金额 3 710 万元。全县新增养老床位 100 张。

七、崇明县生态建设历程

崇明的生态建设起步较早，19 世纪 60 年代建立的农场生产模式，将种植业和养殖业结合起来，这是对生态农业建设的早期探索。而 80 年代后期开展的农村生态建设也颇具特色，如前卫村的农业产业链，是对农业循环经济模式的探索。该村以千头猪场的粪尿制沼气为核心，将产出的沼气作为居民生活用能，沼液作为肥料灌溉农田，沼渣制成有机肥料，形成了较为完整的"种—养—沼"良性循环体系，一方面变废为宝，有效地利用了资源，另一方面也减轻了环境压力，改善了农村环境质量。

为积极响应国家环保总局开展生态创建的号召，崇明县于 1999 年编制了《国家级生态示范区创建规划》，提出了环境保护和生态建设十大工程，累计投入建设资金 18.63 亿元。通过三年多的努力，于 2002 年建成第二批由国家环保总局命名的国家级生态示范区，也是目前上海唯一的国家级生态示范区。

2005 年 10 月，《崇明三岛总体规划（2005—2020 年）》正式出台，明确了要将崇明建设成为环境和谐优美、资源集约利用、经济社会协调发展的现代化生态岛区。胡锦涛总书记视察崇明时，对上海提出的把崇明建成现代化综合性生态岛的规划给予了肯定，希望上海按照科学发展观的要求，切实规划好、建设好崇明岛。上海市委、市政府明确提出，要以环境优先、生态优先为基本原则，按照建设世界级生态岛的标准，认真谋划好崇明的未来。

2006 年 10 月，崇明县委、县政府提出了创建成国家生态县的目标，并将此作为世界级生态岛建设的近阶段目标。2007 年 6 月，《崇明生态县建设规划（2007—2020 年）》通过县人大审议并颁布实施，明确坚持"环境保护优先"和"基础设施先行"两条主线，构建"六个体系"框架，实施"八大领域"项目，落实生态县建设。规划实施以来，生态县创建的各项工作进展顺利，2011 年 10 月，崇明创建国家生态县顺利通过部级技术核查。

为进一步明确生态岛建设目标，市委、市政府领导和相关职能部门高度重视生态岛建设指标的研究工作，先后多次组织开展有关生态岛建设指标的基础研究、咨询研讨和学术交流活动，为生态岛建设指标体系的构建打下了良好的基础。2010 年初，《崇明生态岛建设纲要》出台，确定了崇明生态岛建设的关键指标，成为引导、调控和规范生态岛建设，跟踪生态岛建设进程的一个有效的管理工具。2010 年，崇明开展生态环境保护"十二五"（2011—2015 年）规划编制，进一步明确了中远期的崇明环境保护和生态建设任务。

根据《崇明生态岛建设纲要》要求，崇明 2010 年和 2011 年开展"一年一小评"工作，2012 年将开展"三年一大评"工作，及时反映崇明生态岛建设的基本情况和工作进程，以保障生态岛建设重点行动的顺利实施。

近几年来，随着生态环境保护工作的持续推进，崇明县关停了一批污染严重的工厂，建设了污水处理厂，疏通了环岛河道水系，增加了森林和绿化面积，开展了畜禽牧场综合整治，加强了环境监管力度，生态环境得到持续改善。并且，在森林公园以及瀛东村、前卫村等，开展了生态化农村生活污水处理设施——人工湿地污水处理系统的示范建设，解决了当地的污水出路问题，切实改善了农村水环境质量。同时，积极开发利用农村新能源，试点建设了沼气工程，使农牧业废弃物变成了宝贵的能源。

崇明通过对生态建设的积极探索，积累了一定的经验，为创建国家生态县打下了良好的基础。

第二节　崇明生态岛建设内涵

一、崇明生态岛规划理念分析

科学理解崇明生态岛核心理念，是研究构建生态岛建设综合指标体系的基础，也是深化研究生态环境指标的依据。

《崇明三岛总体规划》提出了"要把崇明建成环境和谐优美、资源集约利用、经济社会协调发展的现代化生态岛区"的发展目标，并确定了"森林花园岛、生态人居岛、休闲度假岛、绿色食品岛、海洋装备岛、科技研创岛"六大功能定位。据此，运用可持续发展思想、生态学与复合生态系统理论，借鉴国内外生态建设实践，对崇明生态岛建设的核心理念初步演绎如下：

1．体现了生态环境优先的基本原则。总体规划以坚持留足自然生态空间为指导思想，以"环境和谐优美"为首要目标，着力维护和营造岛域生态系统，充分体现了生态环境优先的发展战略，也是实现区域经济社会发展方式根本性转变和提升国际竞争力的重要战略举措。

岛域生态系统具有孤立性、有限性、依赖性、脆弱性和独特性，因而生态岛建设需要优化和健全生态系统的组织结构（多样性、异质化、连续性和完整性），保育和完善生态服务功能（生产、生活与生态服务功能）。维护健康安全的自然生态系统是崇明生态岛建设的核心要求。

2．体现了可持续发展的指导思想。总体规划提出了跨越传统工业化的生态型现代化发展思想，明确了"资源集约利用"的规划目标，是可持续发展思想和"两型社会"建设的核心要求，充分体现了崇明生态岛建设必须坚持走"三生共赢"（生产发展、生活富裕、生态良好）的文明发展道路。

可持续发展观的资源利用，就是要以岛域资源环境承载力为前提、以自然规律为准则，实现人类活动与自然环境之间实现和谐共生、良性循环、全面发展。对资源集约利用既体现了高效、节约利用，又反映在循环、再生利用方面。维持平衡稳定的复合生态系统是崇明生态岛建设的关键任务。

3．体现了生态文明建设的根本要求。总体规划强调了"经济社会协调发展"的规划目标，是贯彻落实科学发展观、构建社会主义和谐社会的重要内容，实现人类经济社会发展与自然环境的相互依存、相互促进、共处共融。

协调发展体现在人类与经济、社会、自然之间的关系和谐与统筹发展，在应对资源环境问题时，要从转变物质生产和消费方式、改革管理模式、改变文化道德观念等多个层面采取行动。建立协调发展的经济社会系统是崇明生态岛建设的根本保障。

二、世界级生态岛的建设内涵

基于上述生态岛规划理念的演绎，"世界级生态岛"的自身内涵应当是生态环境接轨国际一流标准、生态建设符合国际先进理念，岛域社会经济与自然环境是一个健康安全、平衡稳定与协调发展的复合生态系统。具体来讲，是在生态环境、发展模式和调控手段三个方面体现其"世界级"：

1. 生态环境体现国际一流水平，水、气、土、声等各类环境要素和生物生境都处于最优状态，生态系统安全健康；

2. 发展模式充分体现国际先进的可持续发展方式，遵循自然规律和资源禀赋条件，人类活动以资源环境承载能力为前提，资源持续利用，自然资本保育增值；

3. 调控手段达到国际领先水平的管理与调控方式，立足于建立人与自然和谐关系，干预并规范人类活动，实现经济社会的环境友好，保障自然生态的服务功能。

三、崇明建设世界级生态岛的内涵理解

在特定的自然地理条件下，崇明岛域生态环境质量接轨"世界级"的国际一流水平，现实差距较大。其原因：一是区域开放性，地处高度发达的长三角地区和特大型城市的边缘地带，区域性环境污染对岛域生态环境的影响不可避免；二是非原生态性，岛域是一个社会—经济—环境等领域构成的复合生态系统，人类活动（经济、社会发展）造成的资源环境压力始终存在。

因此，崇明建设世界级生态岛的实际内涵应当是生态环境健康安全、生态建设国际一流。

生态环境健康安全：是遵循客观自然条件、基于崇明岛域实际情况而提出的。崇明生态岛建设应以保持目前相对优良的"水清、土洁、空

气清新"的生态环境状态作为经济社会发展的前提条件,并以持续改善生态环境质量、维护自然生态系统的安全健康为目标。

生态建设国际一流:则是立足于国际先进的发展理念、围绕规划建设要求而提出的。崇明建设世界级生态岛应体现在发展模式选择和调控措施上接轨国际先进水平,使崇明岛成为国际可持续发展的示范地区。

1. 发展模式:走"三生共赢"的文明发展道路。以资源环境承载能力为前提,转变传统发展模式,发展低碳经济、循环经济;以维持复合生态系统平衡稳定为目标,减缓社会经济发展对资源环境造成的压力;以提高资源利用效率为手段,实现节约发展、清洁发展、安全发展。

2. 调控手段:接轨世界先进水平。干预并规范人类活动,实施污染预防、污染减排,实现经济社会的环境友好;协调人与自然和谐关系,保育自然资本增值,保障自然生态的服务功能。

第三节 崇明生态岛定位与规划

一、崇明三岛总规

1. 发展目标

2005 年,《崇明三岛总体规划》出台,确立了总体目标:以科学发展观为统领,按照构建社会主义和谐社会的要求,围绕建设现代化生态岛区的总目标,大力实施科教兴县主战略,坚持三岛功能、产业、人口、基础设施联动,分别建设综合生态岛、海洋装备岛和生态休闲岛,依托科技创新,推行循环经济,发展生态产业,努力把崇明建成环境和谐优美、资源集约利用、经济社会协调发展的现代化生态岛区。

2．功能定位

崇明三岛功能定位主要体现以下六个方面：

（1）森林花园岛。形成以长江口湿地保护区、国际候鸟保护区、平原森林、河口水系为主体的生态涵养功能。

（2）生态人居岛。形成布局合理、环境幽雅、交通便捷、文化先进的生态居住功能。

（3）休闲度假岛。形成以休闲度假、运动娱乐、疗养、培训、会展为主体的生态旅游功能。

（4）绿色食品岛。形成以有机农产品、特色种养业和绿色食品加工业为主体的生态农业功能。

（5）海洋装备岛。形成以现代船舶制造和港机制造为主体的海洋经济功能。

（6）科技研创岛。形成以总部办公、科技研发、国际教育、咨询论坛为主体的知识经济功能。

3．功能分区

崇明三岛划分为七大功能分区：

（1）崇东分区。以生态居住、休闲运动、国际教育为主的科教产业集聚区和门户景观区。

（2）崇南分区。人口集聚的田园式新城和新市镇区。

（3）崇西分区。以国际会议、滨湖度假为主的景湖会展区。

（4）崇北分区。以生态农业为主的规模农业区和战略储备区。

（5）崇中分区。以森林度假、休闲居住为主的中央森林区。

（6）长兴分区。以船舶、港机制造业为主的海洋装备岛。

（7）横沙分区。以休闲度假为特色的生态旅游度假区。

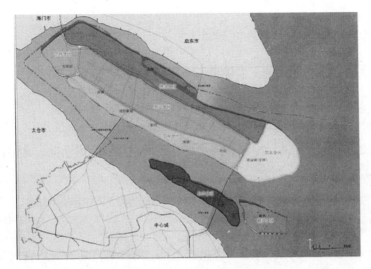

图 7-2　崇明三岛七大功能分区

4．人口规模和城镇体系

规划至 2020 年，三岛人口规模控制在 80 万以内，较目前增加 10 万左右。其中，崇明岛人口规模控制在 68 万以内，长兴岛规划人口 10 万左右，横沙岛规划人口 2 万以内。

按照统筹城乡、协调发展的要求，规划形成"新城—新市镇—中心村"的三级城镇体系。

（1）1 个新城——城桥新城。城桥新城是三岛的政治、经济、文化中心和水上门户，规划建设成为田园城市、亲水城市和宜居城市，规划人口 20 万。

（2）9 个新市镇——包括堡镇、凤凰、新河、向化、庙镇 5 个综合型新市镇和陈家镇、明珠湖、北湖、新民 4 个休闲型新市镇，规划总人口 42.5 万。其中，崇南链状新市镇群将成为三岛经济和人口集中的主要导入地带。

（3）150 个左右中心村——将现有的自然村落逐步予以归并，规划形成 150 个左右中心村，总人口约为 17.5 万。

5. 产业发展方向

根据建设生态岛的总体目标，积极创造条件，逐步实现三次产业的融合发展。崇明产业发展的重点是：

休闲型旅游度假和户外运动产业：重点发展户外假日运动基地、大型主题乐园、度假和休疗养中心、国际邮轮、长江游艇停泊港和农家乐旅游等。

生态型现代农业：大力推进以高效生态农业为主的现代农业，重点发展绿色种养业、观光农业，建设明珠湖生态观光园、东平国家森林公园、前卫村生态农业示范区三大观光农业基地。

自然型现代办公服务业：崇明拥有上海地区最接近大自然的良好生态环境，有条件建设上海现代服务业高地、吸引国际组织和跨国公司总部进入。主要发展方向包括跨国公司总部、研发中心、国际组织机构所在地、国际高等教育办学区、商务会展设施等。

清洁型工业：倡导循环经济，推行清洁生产。重点依托长兴岛发展船舶制造和港机制造产业，拓展海洋装备产业的发展空间；依托现代化农业园区，发展具有自然资源优势的绿色食品加工业；依托绿色产业园区，发展具有现代生态理念的科技密集型产业；依托市级工业园区，发展能创造较多就业岗位的都市型工业。

6. 近期建设的重点地区

崇明新城——森林公园地区：《崇明新城总体规划》已经市政府批准，规划用地面积 28 km^2，规划人口 20 万，建设以"田园水城"为特色的现代化海岛花园新城。东平国家森林公园是上海仅有的两个国家森林公园之一，是崇明岛目前主要的旅游接待区。规划区总面积约 99.6 km^2。

陈家镇——东滩地区：陈家镇地处崇明岛东部，是上海试点建设城镇之一。《陈家镇总体规划》已经市政府批准。规划区面积 220 km²，规划人口 10 万～12 万人，城镇建设用地 12 km²，规划将建成为海岛花园式的生态城镇。近期将重点建设一个体现国际先进理念和水准的"生态实验社区"，与上海 2010 年世博会相呼应。

长兴海洋装备岛：长兴岛是上海近期重点建设的六大制造业基地之一，也是配合世博会的产业动迁基地。规划结合中船集团、振华港机、中海集团等海洋装备大型企业的建设，全面推进长兴海洋装备岛的开发，加快市政基础设施建设，同步建设好凤凰新市镇。长兴岛城镇建设用地约 20 km²，居住人口 10 万。

二、崇明生态县建设规划

1. 规划总体思路

（1）"两条主线"贯穿生态县建设始终，以"生态保护优先"和"基础设施先行"为两条主线，贯穿生态县建设的始终。

（2）"六个体系"支撑生态县建设框架，通过构建资源利用与生态保护、循环经济与生态产业、污染防治与生态环境、舒适人居与生态安全、社会和谐与生态文化、能力建设与生态保障六个体系，涵盖各项建设任务，支撑整个生态县的建设工作。

（3）"八大领域"落实生态县建设任务，通过实施生态产业发展、资源利用与保护、环境基础设施建设、环境污染防治、自然生态保护、生态人居建设、生态文化建设、综合保障能力建设八个领域的重点工程，将生态县的建设任务落到实处，全面推进生态县建设。

2. 规划目标

近期目标（至 2010 年）：全面达到考核要求，成功创建为国家生态县。

远期目标（至 2020 年）：建成符合国际生态化潮流、与国际标准接轨、得到国际社会认可的现代化综合生态岛区。

3．规划主要任务

（1）资源利用与生态保护体系。开展水资源保护和水源地建设，建设"1 环、5 湖、29 纵、27 闸"的生态水系，重点建设南横引河清水通道，逐步关闭中小规模水厂，新建城桥、堡镇、陈家镇、崇西和长兴 5 座大型水厂。加强土地资源保护和利用，预留 80%左右的生态用地，划分为崇东、崇南、崇西、崇北、崇中、横沙、长兴七大功能分区。加强岸线资源保护和利用，崇明岛南岸中部布局生活性景观岸线和客运码头，南岸西段保留深水港建设用地，其余均作为生态性岸线；长兴岛南岸大部分作为生产性岸线予以开发，同时保留部分生活性岸线，其余作为生态性岸线；横沙岛岸线基本保持原生态的生态性岸线，少部分开发为生活性岸线。加强自然资源保护和利用，形成"一环、二区、三带、四园、五景"森林框架格局，构建河流、湖泊、林带、湿地与自然保护区一体的生态网络。加强能源利用与清洁能源开发，开展东滩 92 大堤一线风力发电工程、上海风力发电二期工程、崇明北沿风电场和横沙岛陆上风电场建设，推广利用太阳能，试点开展氢能开发项目，启动秸秆热解和气化技术应用。

（2）循环经济与生态产业体系。优化和调整产业结构，加速发展船舶、港机制造为龙头的战略产业，开展长兴海洋装备岛基地配套产业园区、崇明工业园区、富盛经济开发区的循环经济示范园区建设。形成"两轴、两厢、四中心、六分区、十五大基地、五大生态观光园"的农业分区体系，建设规模化种植业基地和规模化养殖业基地。构建"一园、一轴、二环、三带、七区"的生态旅游总体布局，控制旅游人口规模，完善旅游区环境基础设施；建设生态型商务区，引进国际会议、会展、户外运动、主题乐园和国际教育项目。

（3）污染防治与生态环境体系。制定各部门污染物排放总量的控制分配方案，明确削减责任，制定考核办法。全面推进污水集中治理，各乡镇建成污水集中处理设施，全县污水处理率达到80%；积极开展市、县级河道整治，推进镇村级河道的"万河整治行动"；实施工业污染源普查，制定污染源治理计划。继续推进大气环境保护与治理，开展集镇范围内"基本无燃煤区"建设，加大"烟尘控制区"建设力度，积极建设"扬尘控制区"。进一步加强噪声污染治理，建设防噪降噪工程，在城镇敏感地区实施禁鸣措施，解决交通噪声扰民问题；扩大"环境噪声达标区"、"安静居住小区"的创建范围，控制居民生活噪声。完善固体废物污染治理设施，在崇明中北部建设固体废物综合产业园，在长兴岛东部建设固废综合处理利用厂，逐步完善生活垃圾收集系统，实现生活垃圾全面无害化处理。积极开展农牧业污染防治，进一步完善畜禽粪便收集处置系统，扩建有机肥生产中心，减少化肥、农药施用量；制定并实施农业面源污染控制最佳管理措施，有效降低农业面源污染负荷；调整优化养殖结构，开展水产养殖排放废水污染治理。

（4）舒适人居与生态安全体系。到2020年，崇明岛人口控制在65万以内，长兴岛规划人口13万人左右，横沙岛规划人口2万人以内。崇明岛规划建设"新城—新市镇—中心村"三级城乡居住体系，长兴岛和横沙岛规划建设"新市镇—中心村"二级城乡居住体系。扎实推进环境优美乡镇建设工作，有条件的乡镇在2008年组织申报，其余各乡镇在2009年组织申报；积极开展生态村建设，做好农村环境保护的"细胞工程"；试点开展生态社区建设，改善集镇居住环境质量。

（5）社会和谐与生态文化体系。成立县生态文化建设领导小组，负责全县生态文化建设的部署、协调、检查和考核；建立群众监督举报制度，同时建立公众信息反馈渠道和机制，指导科学决策。通过电视、网络、广播、报纸等媒体手段积极宣传，全民动员开展生态县创建。制定分级保护计划，保护物质文化遗产、非物质文化遗产和民俗活动及礼仪；

以"20 分钟文化圈"为原则，以新城公共文化设施为中心，形成"一个新城、九个新市镇以及均衡分布的文化服务网络"。开展规模化企业 ISO 14000 认证，塑造崇明县生态品牌和公众形象，加强企业生态文化建设；结合文明社区创建工作，开展社区生态文化建设。

（6）能力建设与生态保障体系。建立崇明县环境应急中心，构建应急联动监测网络体系；制定生态安全应急方案，及时掌握三岛的生态安全的现状和变化趋势，提供相关的决策依据。制定供水系统、供气系统、交通系统、通信系统、电力系统、综合防灾系统等的安全对策，防患于未然。全面提高水环境、空气环境、噪声环境、土壤环境、核与辐射环境的监测预警总体水平，推进环境污染源在线监测，构建自动化环境监控网。强化政府综合协调能力，切实解决好行业部门、各乡镇政府等交叉问题；完善绩效考核制度，使有关统计指标能够充分反映经济发展中的资源和环境代价；构建生态县管理网络，建立基础信息数据库，为政府决策提供环境方面的信息。

4. 近期重点实施项目

规划近期，共安排生态产业发展、资源利用与保护、环境基础设施建设、环境污染防治、自然生态保护、生态人居建设、生态文化建设和综合保障能力八大重点领域的 54 个项目，总投资约 55.5 亿元，其中重点投资领域是资源利用与保护，占总投资的 42.5%，其次是环境基础设施建设，占 26.2%。

三、生态岛建设纲要

1. 建设崇明生态岛的总体战略目标

按照建设世界级生态岛的总体目标，以科学的指标评价体系为指导，大力推进资源、环境、产业、基础设施和社会服务等领域的协调发展，把生态保护和环境建设放在更加突出的位置，加强项目建设、措施管理和政策配套，力争到 2020 年形成崇明现代化生态岛建设的初步框架。

（1）完善崇明生态岛的功能布局。在崇中分区建设以森林度假、休闲居住为主的中央森林区，崇东分区建设以生态居住、休闲运动、国际教育为主的科教研创区和门户景观区，崇南分区建设人口集聚的田园式新城和新市镇区，崇北分区建设以生态农业为主的规模农业区和战略储备区，崇西分区建设以国际会议、滨湖度假为特色的生态休闲区。

（2）构筑崇明生态岛建设的指标评价体系。按照生态更加文明、环境更加友好、经济更加健康、社会更加和谐、管理更加科学的总体思路，接轨国际生态理念，结合崇明发展实际，建立一套强化生态保障、加强环境保护、优化产业结构、改善民生质量、提升管理水平的指标评价体系，有计划、有步骤地系统推进崇明生态岛的建设。

在强化生态保障方面，注重自然资源的可持续开发和利用，发展可再生能源和循环经济；在加强环境保护方面，注重水、大气、噪声、固体废弃物及环境综合治理，促进节能减排；在优化产业结构方面，注重发展现代服务业和生态型产业；在改善民生质量方面，注重完善以人为本的社会公共服务体系，推进基础设施建设；在提升管理水平方面，注重公众参与和社会评价。具体指标如表 7-1 所示。

表 7-1　崇明生态岛建设主要评价指标一览表

序号	指标	单位	2012 年	2020 年
1	建设用地比重	%	12.7	<13.1
2	占全球种群数量 1%以上的水鸟物种数	种	7	≥10
3	森林覆盖率	%	20	28
4	人均公共绿地面积	m²	11	15
5	生态保护地面积比例	%	68.7	83.1
6	自然湿地保有率	%	43	43

序号	指标	单位	2012 年	2020 年
7	生活垃圾资源化利用率	%	50	80
8	畜禽粪便资源化利用率	%	80	>95
9	农作物秸秆资源化利用率	%	80	>95
10	可再生能源发电装机容量	万 kW		20～30
11	单位 GDP 综合能耗	吨标准煤/万元	0.7	0.6
12	骨干河道水质达到 III 类水域比例	%	90	>95
13	城镇污水集中处理率	%	80	>90
14	空气 API 指数达到一级天数	天	140	>145
15	区域环境噪声达标率	%	100	100
16	实绩考核环保绩效权重	%	20	25
17	公众对环境满意率	%		>95
18	主要农产品无公害、绿色食品、有机食品认证比例（其中：绿色食品和有机食品认证比例）	%	60（15）	90（30）
19	化肥施用强度	kg/hm^2	350	250
20	农田土壤内梅罗指数	—	0.76	0.7
21	第三产业增加值占 GDP 比重	%	45	>60
22	人均社会事业发展财政支出	万元	0.71	1.5

2. 建设崇明生态岛的行动领域

（1）自然资源保护利用

①推进水资源开发利用与保护。有效提高崇明岛饮用水水源地水质，推进建设东风西沙边滩水库工程，实施相关泵站及管线工程。实施崇西、城桥、陈家镇等新水厂工程及相关配套管网工程，新水厂建成使用后关闭供水片内的小水厂。推进防渗渠道的建设。加强近期无法归并的中小水源地的监管，按照国家标准划定水源保护区。加强水资源保护的宣传教育工作，积极推广使用节水型家用设施。至 2012年，全岛实垙农田节水灌溉工程覆盖率 60%；至 2020 年覆盖率达到75%。

②加强土地资源可持续开发利用。加强土地用途管制，实现土地资源可持续集约利用。增加有效供给，抑制过量需求，做好土地存量整理，实行土地资源复合使用，努力提高土地单位面积的使用效益。建立复合稳定的农业生态系统，形成生产、经济和生态三效统一的区域农业生产布局模式，通过适地、适生、适用取得土地资源利用的最佳总体效益。做好增减挂钩、拆旧建新工作，在分别保证建设用地和耕地总量平衡的基础上，推进城镇建设用地增加与农村建设用地减少挂钩试点。控制城乡建设规模，合理布局，提高土地的集聚效益。至 2012 年，岛内建设用地总量控制在 203.7 km^2 以内，建设用地比重为 12.7%；至 2020 年建设用地总量控制在 209 km^2 以内，比重不超过 13.1%。

③加强生态岛自然湿地、林地、绿地的保护与建设。编制生态岛湿地资源调查与监测规划，建立湿地资源监测站；开展湿地资源调查、评价和监测工作，构建湿地资源信息数据库；建立湿地环境影响评价及项目审批制度，实行湿地开发生态影响和环境效益的预评估。优化崇明东滩鸟类自然保护区水鸟栖息生境；加快推进崇明东滩互花米草生态控制和鸟类栖息地优化工程建设；加快实施崇明东滩鸟类自然保护区受损湿地的修复及维护工程。建立崇明岛水鸟补充栖息地和季节性栖息地；恢复崇明东滩国际重要湿地部分区域的鱼蟹养殖塘，建立水鸟补充栖息地。加强长江口中华鲟自然保护区建设与保护。推进崇明新城和若干乡镇的公共绿地建设。根据相关规划要求，对除现状基本农田、自然生态保护区等环境敏感区之外的其他农用地等生态用地也予以保护，增加具有生态服务功能的用地。至 2012 年，占全球种群数量 1% 的水鸟物种数保持 10 种，森林覆盖率达到 20%，人均公共绿地面积 11 m^2，生态保护地面积比例达 68.7%，自然湿地保有率上升为 43%。至 2020 年，占全球种群数量 1% 的水鸟物种数将保持 10 种，森林覆盖率上升为 28%，人均公共绿地面积增加到 15 m^2，生态保护地面积比例 83.1%，自然湿地保有率稳定控制在 43%。

（2）循环经济和废弃物综合利用

①推行生活垃圾的资源化利用。继续推行生活垃圾分类收集，并逐步采用统一的集中分类。巩固、完善农村生活垃圾分类收集处置系统。推进生活垃圾资源化利用和农村蔬菜垃圾回田利用。加快推进崇明县餐厨垃圾处理厂及生活垃圾综合处理场的建设。至 2012 年，崇明岛生活垃圾分类收集覆盖率达 50%，资源化利用率达 50%；至 2020 年生活垃圾分类收集覆盖率达 85%，资源化利用率达 80%。

②加强农业废弃物的综合利用和管理。建设一批标准化规模畜禽场，推广自然养殖法，改造提升治理一批中小型生猪养殖户，关闭若干中小型生猪养殖户。落实畜禽粪便资源化综合利用，推进种养结合的新型生产模式，建设有机肥处理中心，实现有机肥生态还田。在若干个规模化畜牧场建设大中型沼气工程，同时建设一批畜禽养殖专业户的小型沼气工程，实现三沼利用。配备先进适用的秸秆机械化还田装备。加快非机械化还田的秸秆资源化利用技术开发，建立若干个以农作物秸秆为主要原料的商品有机肥处理中心和食用菌培养料处理中心。

积极推进崇明岛畜禽养殖场的标准化、规模化综合改造，至 2012 年畜禽粪便资源化综合利用率达到 80%；至 2020 年达到 95% 以上。至 2012 年，农作物秸秆资源化利用率达到 80%，农田薄膜回收率达到 80%；至 2020 年秸秆资源化利用率和农田薄膜回收率均达到 95% 以上。

③推进其他废弃物的综合利用与管理。加强科技创新，拓展利用方式和应用领域，提高工业固废和建筑垃圾的综合利用水平。积极筹建污泥资源化利用处理设施，在 2020 年前完成相关工程建设。至 2012 年，崇明岛工业固废（粉煤灰）综合利用率达 90%；至 2020 年，利用率保持在 90% 以上。至 2012 年，建筑垃圾再生利用率 90%；至 2020 年达95% 以上。至 2012 年，加紧落实污泥资源化设施建设；至 2020 年，实现污泥资源化率 95% 以上的目标。

（3）能源利用和节能减排

①优化能源结构和构建绿色能源体系。关停堡镇燃煤电厂。建设崇明北沿等风力发电场。建设若干个具太阳能发电和旅游观光功能的太阳能光伏电站。实施太阳能屋顶项目，建设资源节约型住宅小区试点，推广使用太阳能供热设备，如太阳能供热水和热泵热水等。至 2012 年，减少煤炭消费量，增加外来电等清洁能源和可再生能源利用，建设崇明岛 10 万 kW 级陆上风力发电场，建成兆瓦级太阳能光伏发电等示范项目；至 2020 年，力争风能、太阳能等可再生能源发电装机达 20 万～30 万 kW。

②推进能源高效利用与节能。加强国际学术交流和人员培训，引进先进节能技术和工艺，学习国际先进的能源管理经验。推进重点耗能企业的能源审计与节能技术改造工作。三年内关停并转企业 60 家，工业万元产值能耗年均下降 12%。至 2012 年，崇明岛单位 GDP 综合能耗到达 0.7 t 标准煤；至 2020 年达到 0.6 t 标准煤。

③绿色建筑与建筑节能。加强新建建筑项目的节能环保评估，严格按国家绿色建筑的相关评价标准核准。推广普及新型绿色节能建筑材料。对建筑面积 5 万 m² 以上的新建住宅小区，按生态住宅小区的具体技术要求建设，开展生态型住宅小区的示范平补选优。推进现有大型公共建筑的节能改造工程。加强对农村建房的节能指导。在新建酒店、商用建筑、大型场馆中试验空间采暖技术和绿色建筑技术。至 2012 年，岛内新建建筑全部达到国家《绿色建筑评价标准》的相关要求，力争大型公建项目建筑节能率达到 65%以上。在绿色建筑和建筑节能标准方面，高于全市平均水平。

（4）环境污染治理和生态环境建设

①加强水环境保护与治理，实施崇明岛上骨干河道整治工程。实施若干河道的危闸改造工程。实施城桥、新河、堡镇、陈家镇四座污水处理厂及相关配套污水收集管网工程，初步形成崇明岛"两片、四厂"的

污水集中处理格局。加快完善一、二级污水收集管网体系。积极推进建设农村生活污水处理工程。按照《崇明岛生态环境预警监测评估体系》设置水文水质监测站点，开展日常监测工作。

坚持河道整治与截污治污工程，加强引水调度与河道管理措施。至2012年，实现骨干河道水质达到Ⅲ类水域比例达90%；至2020年，比例上升为95%。推进污水处理设施建设，提高城镇污水处理水平。至2012年，崇明岛城镇污水集中处理率提升为80%；至2020年，力争达到90%以上。

②加强大气环境保护与治理。建设完善岛域生态环境监测网络，在东部、中部、西部及陈家镇隧桥出口附近分别设置监测点。加强对骨干道路的防护林建设和建筑工地、堆场、道路等各类扬尘污染的全过程监管；主要集镇和风景旅游区实施扬尘污染控制。逐步实施4蒸吨（含4 t）以上的燃煤锅炉烟气脱硫和除尘设施改造工程、10蒸吨（含10 t）以上的燃煤锅炉烟气在线监测建设工程、饮食服务业油烟废气治理工程。实施国家Ⅰ级及以下排放标准的公交客车的更新换代。至2012年，崇明岛API指数一级天数将达到140天左右；至2020年，将达到145天以上。

③加强噪声的治理。重点监控交通噪声，增设陈家镇隧桥出口处的噪声监测点位。建设长江隧桥工程沿线防护林带，有效防治交通噪声影响。积极推进城桥镇噪声重点控制区的建设工程。2012—2020年，岛域区域环境噪声均能符合功能区要求。

④加强固体废弃物的治理。购置一批集运车辆，并建设若干座压缩中转站。根据发展需要，适度扩建工业危废处置场。继续完善岛内工业危险废物安全处置的监管系统。加强对人口较多区域的管理和配套设施建设。尽快启动固体废弃物处置场二期资源化利用设施的建设。至2012年，崇明岛生活垃圾密闭化运输率保持100%，无害化处置率达100%；至2020年，两项指标均保持100%。至2012年，崇明岛危险废物安全

处置率保持为 100%，医疗废弃物无害化处理率达 80%；至 2020 年，保持 100%全达标。

⑤加强环境保护与综合治理。加强污水处理厂的监测监管工作，安装在线监测系统，确保稳定达标排放，推进 COD 减排。实现工业园区内工业污水纳管率 100%。制定环保绩效衡量标准体系，进行科学评判。建立环境保护与综合治理的社会监督机制，定期实施环境满意度抽样调查。广泛开展宣传教育，普及环保知识，增强公众的环保责任心。至 2012 年，崇明岛政绩考核环保绩效权重达到 20%；至 2020 年，提升为 25%；2012—2020 年，公众对环境满意率均达到 95%以上。

（5）生态型产业发展

①发展现代生态农业和绿色农业基地建设农业标准化示范基地建设累计达 80 个，其中国家级 8 个、市级 8 个。推进农产品认证工作。修订和推广一批涵盖有机、绿色农产品、无公害农产品生产各环节的技术规程，形成完整的标准体系。建立 1 600 亩水稻良种繁育基地，实现良种良法配套关键技术集聚，特别是标准化生产和各种农业废弃物的资源化利用技术。培育科技示范户 1 000 户、培训基层农业科技人员 100 名，逐步形成多元化新型农业技术推广体系。开展高效、低毒、环保型农药的试验示范，筛选符合生态岛建设要求的绿色、环保型新农药应用于农业生产。推广测土配方施肥，制定合理的专用配方肥料配方，形成有机肥料、配方肥料的使用技术方案，提高有机肥料和配方肥料的使用面积，达到培育地力、合理平衡施肥的要求。推广种植绿肥，休闲养地。

发展生态农业，提高农产品质量。至 2012 年，主要农产品无公害、绿色食品、有机食品认证比例达 60%，其中绿色食品和有机食品认证比例达 15%，实现农产品良种覆盖率 95%；至 2020 年，主要农产品无公害、绿色食品、有机食品认证比例达 90%，其中绿色食品和有机食品认证比例达 30%，良种覆盖率达 98%。

控制化肥施用，改良土壤环境，有效保护耕地。至 2012 年，全岛农田化肥使用强度降为每公顷为 350 kg，农药使用量保持在 10 kg/hm² 以下，进一步优化农药品种结构；农田土壤内梅罗指数降至 0.76。至 2020 年，实现化肥使用强度 250 kg/hm²、农田土壤内梅罗指数 0.7。

②推进清洁生产和高科技环保型生态工业体系建设。加快产业结构调整，关停并转高污染、高能耗的劣势产业企业。加强源头控制，严格环境准入，制定和实施产业发展导向和布局指南，确定崇明本岛限制类、禁止类产业的类别。制定节水、节能、降耗的政策措施，推进重点企业实施清洁生产，开展规模化企业 ISO 14000 认证工作。重点将崇明工业园区、富盛经济开发区建设成岛内生态工业园区示范点。积极推进清洁生产审核，开展重点骨干企业的清洁生产审核。建设水环境重点监管企业在线监测系统。至 2012 年，岛内园区外污染行业工业企业数量比重控制在 3%以内；至 2020 年，污染企业数比重不得高于 1%。至 2012 年，园区单位面积产出率达到 450 万元/亩，万元工业增加值能耗降至 1 t 标准煤/万元，万元工业增加值新鲜水耗降至 19 m³/万元，再生材料使用率达到 11%，工业用水重复利用率达到 88%，工业废水排放达标率达到 100%。至 2020 年，园区单位面积产出率达到 1 200 万元/亩，万元工业增加值能耗降至 0.5 t 标准煤/万元，万元工业增加值新鲜水耗降至 18 m³/万元，再生材料使用率达到 15%，工业用水重复利用率达到 95%，工业废水排放达标率保持 100%。

③构筑现代服务业体系，调整经济结构。建设明珠湖、东平森林公园、陈家镇等地区的重点旅游设施，建设一批农业旅游精品观光点，打造生态休闲旅游核心产业。在东平森林公园、明珠湖公园两个风景旅游区开展风景旅游区负氧离子的常规监测；建立监测和评价规范；构建旅游区环境质量公布系统，实时公布负氧离子浓度等指标的监测结果。创建陈家镇生产性服务业功能区。积极转变经济发展方式，构筑现代服务业体系，扩大服务业经济规模。至 2012 年，全岛第三产业增加值占 GDP

比重达到45%；至2020年，达到60%以上。

④改善景区环境质量，发展以生态旅游为龙头的现代服务业。二、三产联动融合发展，推进生产性服务业功能区建设，构筑产业链有机衔接、功能完善、协调发展的现代生产性服务体系，增强城市的综合服务能力，实现从产业经济到功能性经济的跨越。

（6）基础设施和公共服务

①加强城镇化建设，优化人口布局。严格遵循总体规划，有序推进崇明岛居民点体系建设，在城市化进程中实现人口布局的合理化，并注重人口规模与公共设施服务能力的匹配。重点建设崇明新城和陈家镇等新市镇，加快自然村的适当归并，形成"新城—新市镇—中心村"三级城镇体系。适当保留部分乡村和农村民居，营造具有海岛特色的乡村景观，为生态岛发展预留空间。构建居民点体系，加快城镇化建设，提高人口集中度。至2012年，按总体规划要求有序调控城乡居民点体系，全岛城市化率达到40%以上；至2020年，全岛村级居民点数量控制在188个以内，城市化率达到70%以上。

②构建"低排放、低噪声、低耗能"的现代化城乡交通体系。建设若干骨干道路。建设崇明新城等市级综合交通枢纽，以及若干县级交通枢纽。建设"村村通"公交，行政村基本达到"一村一站"。加快推进岛内车辆的国Ⅲ标准改造。积极争取各种新型环保公交车辆在崇明进行试运营。按照崇明建设世界级生态岛的战略要求，建立多方式、多层次、多功能、分工合理、组合科学、容量充足、服务优质、能适应岛内社会经济发展的现代化综合交通体系。至2012年，公交出行比例上升至12%，各类公交车辆达到国Ⅲ标准，车辆清洁能源使用率达到40%；至2020年，公交出行比例达22%，各类公交车辆环保节能标准不低于市中心标准，车辆清洁能源使用率达60%。

③完善公共服务体系，提高人口综合素质。创建"生态教育"品牌，将生态教育的受益面扩大到所有中小学生。加强优质基础教育资源建

设，提高职业教育基础能力。加快中心医院三级达标建设，合理布局二级医院、专科医院，完善社区卫生服务中心以及服务站点/村卫生室的建设，全面建立居民健康档案，提高医疗服务水平。建设社区文化活动中心、社区公共运动场、农民体育健身工程、农家书屋工程、文化信息资源共享工程等文化体育设施；发展公共文化服务体系网络，实现全岛文化信息资源共享工程农村服务网络的全覆盖。探索建设若干生态型的养老服务设施，提高岛上居民期望寿命。

坚持以人为本，以提高居民生活质量为重点。加强教育、医疗卫生、文化、民政、体育等软硬件建设，创新管理体制，完善公共服务体系。至 2012 年，实现全岛人均社会事业发展财政支出 0.71 万元；至 2020 年，力争达到 1.5 万元左右。

四、崇明"十二五"环保规划

1．规划原则

（1）生态优先，和谐发展——将生态保护放在优先位置，为环境、经济和社会的和谐发展提供保障，为生态岛建设提供基础。

（2）资源节约，环境友好——统筹区域资源和生产力布局，转变传统思维方式与资源型经济发展模式，突出自然资源的合理开发利用和有效保护；以环境容量和生态承载力为基础，减少污染排放，增强生态环境对城市经济、社会可持续发展的保障作用。

（3）统一规划，分步实施——既对崇明县的生态环境建设进行统筹考虑，制定总体目标；又根据不同时期的特点，制定阶段建设目标，分步落实具体实施任务，有序推进建设工作。

（4）健全制度，强化监管——加强环境保护与生态建设的统筹管理，由上至下层层落实建设任务，健全各项管理制度和考核机制，强化监督管理，为生态岛建设提供管理保障。

（5）政策聚焦，突出重点——集中各级政府的可控资源，投入到生态岛的建设工作中，特别是具有带动性的重点、难点和热点领域，形成阶段性突破。

2．规划目标

（1）总体环境目标。到 2015 年，生态经济发展格局基本形成，产业结构更趋合理；主要污染物排放得到有效控制，清洁能源比重逐步提高；生态环境质量稳步提升，生态安全得到有效保障；全社会环境意识显著提高，绿色消费模式初步建立；环境监管体系逐步完善，可持续发展能力显著增强。到 2020 年，基本形成现代化生态岛框架体系，建立起比较完备的生态建设和环境保护机制；基本形成节约资源能源和保护生态环境的产业结构、发展方式和消费模式；环境基础设施格局合理完善，区域环境污染得到全面治理，生态环境质量居全国前列，生态文明观念在全社会牢固树立。

（2）具体环境目标。

①削减污染总量：到 2015 年，完成国家约束性指标（COD、氨氮、SO_2、NO_x）的总量控制目标，增加对体现上海市环境特点的总磷和 VOCs 总量控制；到 2020 年，按照国家和上海市总量控制要求，完成 COD、氨氮、SO_2、NO_x、总磷和 VOCs 总量控制目标。

②提高环境质量：到 2015 年，环境质量明显改善，主要环境指标达标率进一步提高，城镇污水集中处理率大于 85%，空气环境质量优良率稳定在 90%，主要河道水质基本达到水环境功能区划要求，城镇集中饮用水水源地水质达标率达到 95%；到 2020 年，城镇污水集中处理率达到 90%以上，空气环境质量优良率持续稳定在 90%以上，主要河道水质达到水环境功能区划要求，城镇集中饮用水水源地水质达标率达到 95%以上。

③防范污染风险：到 2015 年，饮用水安全基本得到保障；形成比

较完善的风险源控制体系、辐射和危险废物监管体系以及突发污染事故应急体系。到 2020 年，完成集中式饮用水水源地建设，实现全县供水集约化管理；形成完善的风险源控制体系、辐射和危险废物监管体系和突发污染事故应急体系。

④优化经济发展：到 2015 年，污染工业企业逐步向园区集中，园区外工业企业数量得到控制，单位生产增加值污染排放量明显下降；到 2020 年，污染工业企业全部集中到园区，形成较为完善的生态产业链，工业循环经济发展良好。

⑤完善评估体系：到 2015 年，初步建立有利于生态岛建设的体制机制，完善崇明县"监测、统计、考核"三大体系建设，动态评估生态岛建设成效；到 2020 年，建立起比较完备的生态建设和环境保护机制，环境监管、监测能力体系完善，生态岛生态评估稳步推进。

3．主要规划任务

（1）水环境保护

①饮用水水源安全保障。完成崇明岛东风西沙水源地及原水管网工程建设，新建堡镇和崇西水厂，关闭全县中小水厂；完善长兴岛、横沙岛原水管网，未来由青草沙水库供水。完成一级水源保护区清拆整治、围栏建设和二级水源保护区内排污口关闭工作，设置水源保护区警示标志。加强对饮用水水源地周边风险企业的监管，强化水源保护区内运输船舶等流动风险源的管理。

②水环境基础设施完善。建设陈家镇污水处理厂，完善已建污水处理设施的配套管网建设，新建污泥处置设施。推进老城区雨污分流建设，城镇化地区新建道路严格实行雨、污分流制，结合地区开发和城镇建设，推进排水系统新建和低标改造。

③河道环境整治与生态修复。开展南横引河等重点河道整治，疏浚河道、建设护岸工程、桥梁、绿化和防汛通道。开展"十个试点小

城镇"水系整治配套，建设灌溉机站、防渗渠道、过水涵洞等农田水利基础工程。

（2）大气环境保护

①能源结构调整。建成运行崇明燃气电厂，提高燃气发电机组在总装机容量中的比重。推进过江燃气管道的建设，逐步实施分散燃煤锅炉清洁能源替代。继续建设风电场和太阳能光伏电站，提高清洁能源使用比例。

②大气点源污染控制。完成长兴岛第二电厂燃煤机组烟气脱硫升级改造，现役燃煤电厂机组采用先进高效除尘技术，4 蒸吨以上燃煤锅炉实施烟气脱硫除尘，工业炉窑实施高效除尘。对餐饮业集中地区和群众反映强烈的餐饮业单位进行定期检查，主要镇区餐饮业单位监测率达到 30%以上。

③大气面源污染防治。对三岛 50 个加油站实施油气回收改造工程，开展长兴岛造船喷涂行业挥发性有机物（VOCs）清洁生产示范。加强建筑工地、堆场、道路扬尘污染的全过程监管，在原创建基础上，继续扩大创建扬尘污染控制区至 $10.8\ km^2$。

④流动源污染控制。淘汰机动车尾气排放 Ⅰ 以下的高污染车辆，新车择时实施国 Ⅴ 排放标准。建成简易工况法检测网络，实现在用车监测与维修（I/M）覆盖率 80%以上。结合低碳建设，在陈家镇等有条件的区域建立清洁能源车辆实践区。

⑤温室气体排放控制。根据国家碳强度减排目标，调整产业结构、能源结构，控制大气污染，开展节能建筑试点建设，以降低温室气体排放强度。加强绿化和植树造林，增强生态系统的碳吸收能力。

（3）噪声污染防治

①区域噪声污染防治。细化环境噪声功能区划，通过区域环评、规划环评提早介入噪声污染防治的控制措施。扩大"环境噪声达标区"创建范围，建成城桥镇 $10.8\ km^2$ 重点噪声控制区。加强噪声污染源日常监

管和治理，对重点区域、重点项目等实施专项监测和报告制度。

②交通噪声污染治理。通过设置缓冲带、安装防噪设施、房屋功能转换等措施逐步解决城镇交通噪声扰民现象。加强对市政道路新改建施工、城区建设工地等重点区域的噪声控制和监管。建设长江隧桥沿线防护林带，防治交通道路噪声污染。

（4）固废综合处置

①生活垃圾源头减量化。限制过度包装，发展绿色包装。引导绿色消费、适度消费，限制一次性物品过度使用，减少垃圾产生量，减轻末端处置压力。

②生活垃圾设施建设。2011 年建成餐厨垃圾处理厂，处理能力20 t/d。结合崇明生活垃圾综合处理场二期工程，配套建设集中分拣设施。完善填埋场、综合处理厂垃圾渗滤液、恶臭废气治理设施。更新农村地区收运设施，完善集镇、旅游景区环卫设施配置。垃圾运输途中实现全密闭，控制运输车辆污水滴漏现象。

③危险废物处置监管。调整危险废物处置企业结构，重点提升焚烧处置、物化处理、废矿物油处理及重金属、废溶剂回收处理能力。重点危废监管企业实施"一厂一档"动态管理，建全申报、贮存、转运监督管理体系。出台危险废物运输车辆地方性规范，建立三岛独立的危险废物专业运输体系。

④工业固废综合利用。推行清洁生产审核，促进工业固废源头减量。鼓励开发工业固废综合利用的新技术、新产品，提高工业固废综合利用水平。建设城镇污水厂污泥、工业污泥集中填埋处置设施，确保安全处置。

（5）工业污染治理

①工业布局调整。推进企业以及新建项目向崇明六大工业区块有序集中，明确各工业区块产业定位，提高产业集聚度。到 2015 年园区外污染企业占比小于 2%。加大皮革鞣制加工业、有色金属冶炼等重污染

行业的淘汰力度，加强对钢铁、修造船等行业的环境监管和限制。

②推进工业区环境建设。继续推进工业区污水管网建设，开展工业企业污水预处理，确保达到要求后纳入城市管网。鼓励有条件的工业区开展集中供热，构建工业区固废循环利用体系。建立工业区污染隔离设施，如绿化隔离带、围场河和雨水排放口截止阀。

③加强工业污染源监管。建立各工业区块专职环境管理机构，明确监管职责。对有色金属冶炼、钢铁、化学制品行业、"双有双超"企业以及污染减排企业开展强制性清洁生产审核。开展水环境重点污染企业、包括 15 个集镇污水处理厂污水排放在线监控，提高污水处理设施运行效果。

（6）农村污染防治

①种植业面源污染控制。扩大绿肥种植面积，积极使用有机肥，减少化肥使用量。优化农药品种结构，降低中等毒性农药使用比例，提高环保剂型农药使用比例，扩大生物农药使用比例。推广秸秆产业化利用，开发生物质能，消除秸秆焚烧污染。

②养殖业污染控制。建设 1 个万吨级畜禽粪便处理中心，开展大中型畜禽牧场沼气工程建设，推进畜禽粪尿资源化循环利用。改造规模化畜禽养殖场，整治中小型生猪养殖场，综合处理畜禽场粪便污水，并与周边农田配套，使之还田利用。合理确定水产养殖容量，发展立体养殖、生态养殖，减少水产养殖排放废水污染。

③农村环境污染整治。开展农村主要环境问题调查，明确主要环境矛盾，建立农村环境污染治理项目库。结合村庄改造，推广农户生活污水处理设施建设。加快农村、旅游区、农业园区等分散地区的污水治理，建设明珠湖、崇明绿色食品加工示范基地污水处理设施。

（7）生态环境建设

①林地绿化建设。围绕沪崇苏大通道、北部垦区、北湖、市县河道和道路，建设四类林，重点建设陈家镇"体育公园"及东、中、西部郊

野公园等，建设横沙乡生态片林。改造已建公益林林相结构，以明珠湖、港东公路生态林、陈海公路为重点，加大林内道路、水系建设力度。继续推进崇明新城和乡镇公共绿地建设，建设镇级公园体系和内河绿化景观，构建完善的"廊道—斑块"系统。

②湿地生态保护。编制生态岛湿地资源调查与监测规划，建立湿地资源监测站。开展湿地资源调查、评价和监测工作，构建湿地资源信息数据库。建立崇明岛水鸟补充栖息地和季节性栖息地，恢复崇明东滩国际重要湿地部分区域的鱼蟹养殖塘。继续推进东滩互花米草生态控制，清除加拿大一枝黄花，保护生物多样性。

③生态示范建设。巩固国家生态县和环境优美乡镇创建成果，积极筹备迎接复验工作。继续开展生态文明村、社会主义新农村、国家市县级生态村创建，以点带面推动农村环境保护。加强绿色宣传教育，普及环境科学与环境道德伦理知识，创建崇明中学等 15 个中学、小学、幼儿园为绿色学校。以社区环境建设、节能节电节水活动、垃圾分类投放等为主要内容，计划将 42 个居民小区创建成文明小区。

（8）环保能力提升

①环境准入制度研究。依据生态岛建设纲要，积极开展区域主体功能区划、三岛区域开发格局和岛域环境战略等相关基础研究，尤其关注崇明几大生态敏感区域（明珠湖，森林公园，东滩，横沙岛等），制定空间环境准入制度。开展区域环境总量、产业发展规划、产业准入政策、城镇生态建设规范研究，制定总量环境准入制度和项目环境准入制度。

②环境机制建设。构建各镇、街道、委办局与环保部门之间的环境管理联动机制，提高环保综合决策能力。逐步提高环保绩效比重，发挥对各级政府决策的激励作用。鼓励企业实施年度环境公告制度，促进公众、政府部门和企业间的信息互动。探索有效的市区两级辐射安全分级监管模式，建立辐射安全监管督察制度。

③提高环境监测能力水平。建立新增因子总磷、总氮排放档案,将氨氮、总磷和总氮列入常规监测计划。新建崇明环境监测站实验大楼,完善环境监测装备配置。完善环境质量监测网络,设置2个水质浮标站,2个水质固定站,4个大气固定站,1个交通噪声自动站。建设碳通量塔,监测自然碳汇能力。

④完善环境监管能力建设。按照标准化建设要求,完善污染源、医疗废物、放射源和射线装置监督管理的装备配置。对三岛范围内重点污染源自动监控系统进行联网管理。加强对崇明县产业园区、饮用水水源地、放射源、公共卫生、农业生态、溢油事故、污水处理等环境重点领域的监管,制定和完善预警、应急管理措施。积极开展送变电设施、中短波发射台、公用移动通信基站的电磁辐射污染源整治工作,减少辐射污染对环境的影响。

第四节 生态环境功能区划

一、生态经济功能区划

1. 区划方案

2003年,国家环保总局部署开展了全国的生态功能区划工作,并编制了《生态功能区划技术规范》和《生态功能区划暂行规程》。根据国家要求,上海市共划分为三个生态亚区和八个生态功能区。

其中,崇明三岛同属于河口沙洲生态亚区,并划分为三个生态功能区,即崇明综合生态岛功能区、长兴岛生产功能区、横沙岛自然景观维护功能区。据此,崇明三岛生态经济功能区划方案见表7-2。

表 7-2　崇明三岛生态经济功能区划方案

一级区	二级区	区域位置	主导生态经济功能
崇明综合生态岛功能区	1. 南部城镇产业发展区	陈海公路以南城镇地区	居住和现代产业
	2. 北部现代农业聚集区	北部农场区	现代农业生产
	3. 西部水域生态维护区	明珠湖周边地区	水源保护
	4. 中西部特色农业生产区	三星等镇	林果生产和畜禽养殖
	5. 中部森林生态旅游区	森林公园周边地区	森林景观与生态旅游
	6. 中东部生态农业发展区	竖新等镇	蔬菜生产和水产养殖
	7. 东部湿地生态保护区	东滩湿地及外围区域	生物多样性保护
长兴岛生产功能区	8. 东南部海洋装备产业区	南部沿岸及凤凰和圆沙	海洋装备生产及城镇居住
	9. 西北部农林水源涵养区	其他地区	本土景观保护
横沙岛自然景观维护功能区	10. 自然生态景观维护区	横沙岛域	自然景观维护及休闲度假

2. 分区描述

（1）崇明南部城镇产业发展区。①区域范围：该区包括陈海公路以南部分，从庙港到长江遂桥抵达处之间的带状区域，包括庙镇、城桥、新河、堡镇、向化等镇的部分区域，面积约 228 km²，是崇明目前人口最为密集、工商业最为发达的地区，上海连通的轮渡口岸也均位于此区内。②功能定位：生态居住和现代都市产业发展方向。即依托现有的城镇基础，贯彻生态理念，重点建设以城桥新城为核心的城镇居住区，构建良好的人居环境。同时，加快产业结构调整，构建商贸和都市型工业生产基地，构建高效、绿色、安全的产业体系。

（2）崇明北部现代农业聚集区。①区域范围：该区为北沿公路以北的带状区域，东以规划中的崇启大桥为界，包括市属农场、北湖及北部边滩等区域，面积约 190 km²。主要以农业生产和水产养殖为主。②功能定位：现代农业生产和滩涂湿地保护。③发展方向：突出该区基本农田保护功能，积极发展生态农业、特色农业，构建现代化农业示范区。加强对北湖以及北部边滩湿地的保护，作为对东滩自然保护区的补充。

（3）崇明西部水域生态维护区。①区域范围：该区位于岛域西部，包括绿华镇、跃进农场和东风西沙等区域，面积约 90 km²。拥有岛上最大湖泊——明珠湖，也是边滩水库的引水区。②功能定位：水源保护和自然景观维护。③发展方向：建设东风西沙边滩水库，明珠湖引淡蓄水，作为全岛集中式饮用水水源地，保障供水安全。依托良好的自然风光，加快基础设施建设，合理发展生态旅游、低密度住宅和休闲度假等产业。适度开发西沙湿地旅游区，以生态旅游项目为主，控制游客数量，配套建设环境基础设施。

（4）崇明中西部特色农业生产区。①区域范围：该区包括三星镇、庙镇、港西镇三个镇和新海农场部分区域，面积约 150 km²。目前主要是粮食、花卉、苗木和瓜果生产基地。②功能定位：农业生产和农村景观保护。③发展方向：发展绿色农业，建立无公害粮食生产基地，培育花卉、苗木生产基地，发挥农产品深加工行业，提高农产品附加值。

（5）崇明中部森林生态旅游区。①区域范围：该区包括森林公园及建设镇、新河镇部分区域，面积约 100 km²。目前已建成东平国家森林公园，是华东地区最大的平原森林公园，区域生态环境良好，周边已建设一定规模的度假区，是岛内著名的旅游景区。②功能定位：生态旅游和森林景观维护。③发展方向：继续推进自然森林公园建设，构建森林集聚区。依托现有的环境优势，完善旅游区基础设施建设，构建森林休闲度假旅游区，吸引国际国内的生态型产业落户。

（6）崇明中东部生态农业发展区。①区域范围：该区位于崇明岛的中东部，主要包括竖新镇、港沿镇、向化镇和中兴镇的陈海公路以北地区和陈家镇大部分区域，面积约 405 km²。②功能定位：蔬菜生产和水产养殖。③发展方向：加强农业生态园区的建设，重点培育有机食品生产和有机食品加工等新兴无污染产业以及海水、淡水水产养殖业。用大农业的思想优化农业系统结构，以绿色食品生产为主，强化粮、经、渔多种经营，加快农业的产业化进程。

（7）崇明东部湿地生态保护区。①区域范围：该区位于崇明岛东端的滩涂湿地，主要包括东滩候鸟自然保护区、东滩湿地公园和中华鲟保护区，陆域面积约 104 km²。②功能定位：生物多样性保护。③发展方向：本区对于区域生态安全格局具有重要意义，也是生物多样性最为丰富的地区，对全球都具有重要的生态价值，生境条件极为敏感，应严格控制各类建设项目，维持自然和半自然景观生态过程的完整和持续运行。加强对受损生境的生态修复，逐步恢复良好的生境条件，并在外围地区设置缓冲区，减少对生物栖息地的影响。

（8）长兴东南部海洋装备产业区。①区域范围：该区位于长兴岛南侧沿岸带以及凤凰镇和圆沙社区，区域面积约 43 km²。区内岸线资源条件较好，目前已是重要的港机生产基地，是上海六大产业基地之一；凤凰镇目前是长兴乡政府所在地，具有一定的城镇建设基础。②功能定位：海洋装备生产及城镇居住。③发展方向：依托现有产业基础，建设国际一流的船舶与港机制造基地，实施清洁生产，建立防护隔离林带，协调好产业基地与周边城镇居住的关系；加快凤凰新市镇建设，配套完善基础设施和服务保障，促进岛域人口向居住社区集中。

（9）长兴西北部农林水源涵养区。①区域范围：长兴岛西北部区域，区域面积约 45 km²。②功能定位：水源涵养及农林生产。③发展方向：在北部青草沙水源地建设水源涵养林带，并在外围设置生态屏障区，以生态林为主。同时，保护基本农田，推进设施农业建设，大力发展规模化、集约化农副产品种养殖业，建立柑橘生产标准化示范区，并重视农业面源控制，防止对水源地造成影响。

（10）横沙自然生态景观维护区。①区域范围：包括横沙岛域，区域面积 56 km²。目前主要是农田和林地，并分散着农村住户，新民镇为横沙乡政府所在地。②功能定位：自然景观维护和休闲度假。③发展方向：

依托现有的优良环境和岛屿风光，开发建设旅游观光和高级休闲度假区。将农林生产与自然风光融为一体，岛域四周建设环岛防护林带，保护滩涂湿地，构建景观生态安全格局。并以新民新市镇为中心，促进岛域人口向本区集中，完善配套服务设施和环境基础设施，建设生态居住社区。

二、环境功能区划

1. 水环境功能区划

根据《上海市水（环境）功能区划》（2004 年）和《崇明三岛环境功能区划调整》（2009 年），崇明岛域为Ⅲ类水质控制区，执行Ⅲ类水质控制标准，其中庙港、三沙洪、东平河、张涨港、七滧港 5 条河流执行Ⅳ类水质控制标准。

长兴岛为Ⅳ类水质控制区，执行Ⅳ类水质控制标准；横沙岛为Ⅲ类水质控制区，执行Ⅲ类水质控制标准。

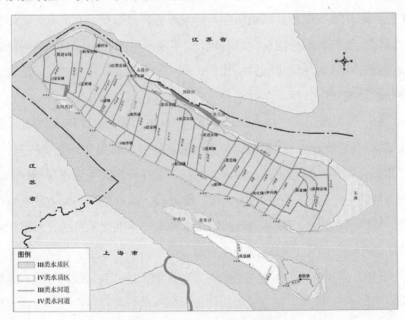

图 7-3　崇明岛水环境功能区划

2. 环境空气质量功能区划

根据《上海市环境空气质量功能区划》（2004 年）以及 2007 年市政府批准的崇明岛环境功能区划调整方案，崇明岛南部（具体范围是庙港—陈海公路—奚家港—长江南岸）和东北部（具体范围是崇启大桥—北沿公路—八漱港—长江北岸）划定为二类功能区，执行二级标准；岛域其他地区为一类功能区，执行一级标准。

长兴岛为二类功能区，执行二级标准；横沙岛为一类功能区，执行一级标准。

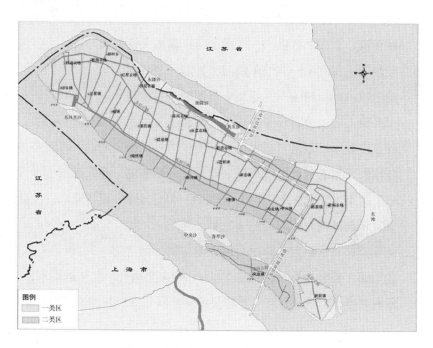

图 7-4　崇明岛环境空气质量功能区划

3. 声环境功能区划

根据最新的上海市环境噪声标准适用区划（2008 年），崇明岛声环境功能区划如下：

（1）一类功能区。除二、三、四类功能区以外的岛域范围。

（2）二类功能区。

崇明新城：三沙洪河—南横引河—张网港河—长江南堤

堡镇：小洋河—长江—堡镇港—南横引河

新河镇：东一路—长江南堤—新申公路—陈海公路

庙镇：小竖河—万北机耕路—鸽龙港—陈海公路

向化镇：六滧河—南横引河—渡港—陈仿公路

农工商集团长江总公司集镇：东北沿公路—长江公路—长宁河—北沿公路

绿华镇：合作九队泯沟—南横引河—新东大河—四号桥

竖新镇：张涨港—北油车桥河—界河—复兴河

港沿镇：建南村路—三号路—堡镇港—草港路

中兴镇：北滧公路—中心村横河—汲浜公路西侧 400 m—陈海公路

陈家镇社区规划区：奚家港—城南横河—沿海大通道—陈海公路

陈家镇新型农村社区：小岸—四号河—草茅港—裕东横河

农工商集团跃进总公司集镇：新建河—跃进小学—跃进四队—种畜场

三星镇：界河—陈海公路—三华公路

港西镇：三沙洪河—陈海公路—港中河—通济河

建设镇：建设公路东西两侧 1 000 m—南至旭升河北至运粮河

新村社区规划：界河—新村公路—新跃三队机耕路—新跃二队机耕路

（3）三类功能区。

崇明县工业园区：西门路—施翘小河—岱山路—利民路

上海市富盛经济开发区：新申公路—长江南堤—东平河—陈海公路

崇明电厂：堡南路—长江南堤—堡镇港—新港路

陈家镇独立工矿用地：沿海大通道—南横引河—八滧港—陈海公路

向化独立工矿用地：六滧河—陈仿公路—渡港—陈海公路

庙镇独立工矿用地：鸽龙港—启云机耕路—庙南村—陈海公路

堡镇独立工矿用地：堡镇港—长江—小竖河—南横引河

汲浜独立工矿用地：陈效公路—兴东横河—北效公路—大公横河

港西独立工矿用地：三沙洪河－陈海公路－港西公路西侧 500 m－港庙公路

机场：长宁河—界河—东平河—北沿公路

主要为交通干线两侧区域以及附属站、场、码头、服务区等区域。

第五节　生态产业建设

一、生态工业建设

1. 生态工业定义

生态工业是指运用生态经济原理和知识经济规律组织起来的基于生态系统承载能力、具有高效的经济过程及和谐的生态功能的网络型进化型工业，它通过两个或两个以上的生产体系和环节之间的系统耦合，使物质和能量多级利用、高效产出或持续利用。在生态工业系统中各生产过程不是孤立的，而是通过物料流、能量流和信息流互相关联，一个生产过程的废物可以作为另一个过程的原料加以利用。生态工业追求的是系统内各生产过程从原料、中间产物、废物到产品的物质循环，达到资源、能源、投资的最优利用以及最小环境影响。生态工业主要注重企业集团、企业间（加工工业区）、地区间乃至整个工业体系的生态优化。

清洁工业主要体现在清洁生产，其宗旨是通过不断采取改进设计，使用清洁的能源和原料、采用先进工艺技术与设备、改善管理、综合利用等措施，从源头削减污染，提高资源利用率，减少或者避免生产、服务和产品因使用过程中污染物的产生和排放，以减轻或者消除对人类健康和环境的危害。清洁生产主要应用于企业层次，主要目标是单个生产企业的污染源削减。在生产过程中要求节约原材料和能源，淘汰有毒有害原材料，削减有毒有害废物的排放量；对产品要求减少从原材料提炼到产品最终处置全周期的不利影响；对服务要求将环境因素纳入设计和所提供的服务中。

清洁工业与生态工业其根本目的都是降低污染物排放，减少环境污染。前者主要是通过清洁生产实现的，后者则是通过建设生态工业园实现的。生态工业是清洁工业的体现。此处重点讨论生态工业。

目前在学术界尚无普遍接受的生态工业定义，根据联合国工业与发展组织的定义，生态工业是指"在不破坏基本生态进程的前提下，促进工业在长期内给社会和经济利益做出贡献的工业化模式。"Allenby（1995）认为生态工业是指"仿照自然界生态过程物质循环的方式来规划工业生产系统的一种工业模式。在生态工业系统中，各生产过程不是孤立的，而是通过物料流、能量流和信息流互相关联，一个过程的废物可以作为另一过程的原料而加以利用。生态工业追求的是系统内各生产过程从原料、中间产物、废物到产品的物质循环，达到资源、能源、投资的最优利用"。我国也有学者将生态工业定义为"合理地、充分地、节约地利用资源，工业产品在生产和消费过程中对生态环境和人体健康的损害最小以及废弃物多层次综合再生利用的工业模式"（李树，2002）。生态工业的实质就是以生态理论为指导，模拟自然生态系统各个组成部分（生产者、消费者、还原者）的功能，充分利用不同企业、产业、项目或工艺流程等之间资源、主副产品或废弃物的横向耦合、纵向闭合、上下衔接、协同共生的相互关系，使工业系统内各企业的投入产出之间像自然生态系统那样有机衔接，物质和能量在循环转化中得到充分利用，并且无污染，无废物排出。

2. 崇明县生态工业建设实践

崇明工业分布"低、小、散",工业园区实体企业少,区外企业分布散,工业集中度低。

崇明积极推进清洁生产工作,制订了清洁生产审核实施计划,深入企业调查掌握企业产生污染的主要环节,并对调查资料进行系统整理分析,编制了清洁生产预评估报告,确定了每个企业的节能减排和污染整治重点。同时,对清洁审核单位进行培训、指导,使企业了解掌握清洁生产审核对企业可持续发展的重要性认识,增强企业做好清洁生产工作的主动性。

2009 年,崇明县开始实施 4 家企业的清洁生产审核工作,2010 年进一步推进了 6 家企业的清洁生产审核工作,2011 年 6 月,崇明县环保局召开崇明县清洁生产审核工作会议。县环保局从清洁生产的意义、市、县相关要求及政策支持方面进行了系统讲解,积极鼓励企业进行清洁生产审核工作,以真正实现企业的"节能、降耗、减污、增效"目标。与会企业代表和审核机构之间初步达成了审核意向,为确保崇明县清洁生产审核工作的顺利开展起到积极推动作用,也为崇明县创建国家生态县工作和节能减排工作夯实了基础。

2012 年 3 月 15 日,市局科技处和市清洁生产中心有关负责同志赴崇明县环保局开展重点企业清洁生产工作调研,重点分析和讨论 2012 年崇明县计划开展的重点企业清洁生产审核行业和单位名单。近年来崇明县环保局结合生态岛建设和岛内产业结构调整,加大重点企业清洁生产审核力度,指导和督促企业实施清洁生产中高费方案,并取得了良好的实效。

崇明积极发展生态工业,以上海宝姿化妆品有限公司为例,作为上海市政府重点扶持工程、由上海宝姿化妆品有限公司股东共同斥资筹建的上海宝姿崇明生态工业园项目于 2011 年在上海崇明岛破土动工,预计 2012 年年底竣工并投入使用。该工业园位于崇明县城西侧，规划总占地 180 亩，隶属唯一享受"以岛养岛，自费改革"海岛特殊政策的市级工业区。根据规划，园区内将结合当地气候和土壤特征，种植各类被世界公认的对护肤有重要作用的草本植物，同时还将散养孔雀、梅花鹿等珍贵动物。建成后，该生态原区将成为上海宝姿化妆品有限公司在国内的重要生产基地，除此之外还将以招标的方式，吸引国际著名的化妆品原料供应商、包材供应商等配套企业入园办厂。

二、崇明县生态农业建设

1. 生态农业定义

生态农业，是指在不超出人类负载和环境承载限度的基础上，采取有利于原始生态环境保护的方式方法优化农业资源配置，提高农业生产质量和效益，完善农业产业结构和农产品结构，促进农业发展和农村经济建设和社会进步，实现农、林、牧、副、渔的协调发展，经济、社会、生态环境的协调发展，人口、资源、环境的协调发展，实现农业和农村可持续发展的高效农业、绿色农业、节约农业。

生态农业要求农业生产向自然生态系统学习，遵循"食物链"、"食物金字塔"等自然原理和物质循环规律，同时利用现代科技成果，通过人工设计的生态工程，协调发展与环境、资源利用和保护之间的矛盾，形成生态与经济的良性循环。生态农业是一种有利于人类健康发展和可持续发展的农业发展模式。

生态农业与原社会的传统农业发展模式、农业文明时代的农业发展模式、前工业时代的粗放型农业、"石油农业"发展模式相比，有着明显的不同和优势，它是现代农业的重要标志，是现代农业生产体系的重要组成部分，是农业理论研究和实践发展的最新成果，是农业发展和农业生产的更高层次。从某种意义上说，生态农业是一种"返璞归真"。"基种桑，塘养鱼，桑叶饲蚕，蚕屎饲鱼，塘泥培桑，两利俱全，十倍禾稼"的生产格局和水陆相互促进的生态系统在中国已有上千年的历史。这种"循环性"生产，便是今天人们所提倡的生态农业的精髓。发展生态农业，实现农业可持续发展，是我国农业发展方向。

2. 崇明县生态农业建设实践

人们一直在问：世界级生态岛的农业是什么样子的？如今，答案已日渐清晰：它是一种科技含量更高、绿色标准更高的生态农业，它讲究的是人与自然和谐共生，追求的是农业、农民与农村的整体发展。崇明选择的是一条不同寻常的农业发展之路。

2012 年 5 月，崇明县出台了《关于扶持崇明高效生态农业加快发展政策意见的通知》（以下简称《通知》），《通知》规定今后崇明每年都拿出 7 500 万元的扶持资金，推动生态农业发展。同时，崇明还将采用设立特色农产品专卖配送中心，扶持农业合作社增强生态农产品的营销能力；通过采用"龙头企业+基地+农民"的模式，实施订单农业，推进农产品产加销一体化建设，力争在 5 年内，让崇明的各个主要农业基地均成为"上海优质农副产品供给基地、生态示范基地和农业旅游观光基地"。

养出特色，种出特产，崇明的生态农业正在全面突破。首先，根据崇明农业大县的特点，崇明县积极争取国家和市财政支持，大力进行设施粮田和菜地建设，近四年共投入资金 3.3 亿元，建成设施菜田和设施粮田 50.2 万亩，农田基础设施有了显著改善。同时，加强对设施农业的规范化管理。一是每年对农业标准化示范基地的环境、规模、生产规范性等情况进行综合评定，选择生产条件较好、管理水平较高的基地作为县标准化示范基地；二是按照县农业标准化示范基地管理办法，签订安全生产承诺书；三是在建好示范基地的基础上，选择 10 家生产条件较好、管理水平较高的基地，作为县级重点示范基地，通过重点示范基地的示范作用来带动农产品质量安全工作。

其次，崇明县按照"制订一个标准，打响一个品牌，致富一方百姓"的指导思想，加大农产品品牌创建力度，把农产品认证工作与实施农业品牌战略和实施农产品市场准入紧密结合起来，每年制订认证工作计划，使崇明县农产品认证工作稳步推进。截至 2011 年底，全县主要农产品中有机、绿色、无公害产品种植业认证产品 80 种，主要有水稻（大米）、芦笋、金瓜、花菜、葡萄等，面积达 465 739.3 亩（其中粮食类 385 364.5 亩，蔬菜类 37 824.8 亩，林果类 42 550 亩），占主要农产品种植面积（全县主要农产品种植面积为 59 万亩）的 78.94%。

第三，加强农产品安全监管，保障农产品安全。按照《农药使用准则》、《肥料使用准则》、《饲料和饲料添加剂管理条例》等有关规定，对崇明县农产品种植、生产加强监管，采取基地每月自查、乡镇每季检查、县不定期抽查的方式对农业产品进行检查。2011 年，重点抓好三级监管制，出动乡镇监管员每季度监督检查 236 人次、县级认证监管员全县认证产品专项检查 177 人次，基本做到了任务到片区，责任到监管员，从源头上杜绝农产品质量安全漏洞，确保农产品质量健康发展。同时，崇明县每年对已通过认证企业的产地环境、产品进行抽检，抽查检测重金属、农残等，共检测 2 000 多项次。

第四，推广绿色农业生产技术，提升农业生产水平。通过专业农民培训和科普早市等阵地，把 17 项绿色生产技术规程分发至县农业技术推广部门、乡镇农办和农技中心、标准化示范基地等。2009 年又组织县有关技术单位，对原有 37 项无公害生产技术规程进行修改、增、删，进一步规范了全县无公害生产技术，为广大农民提供技术保障。同时，崇明县还充分利用广播、电视、科普早市等，开展形式多样、通俗易懂的农业标准化知识宣传普及工作，四年来共开展 10 余次科普宣传、7 次广播电视讨论。此外，还举办全县《农产品认证及农产品质量安全》相关知识培训班，共计 5 000 多人次，对 60 个标准化示范基地内部安全监管员进行标准化生产和基地安全监管知识培训等，其中 2011 年共培训无公害内检员 46 名。

通过积极发展生态农业，崇明县农业不断跃上新台阶。如今，崇明拥有农业部农产品地理标志登记 3 个；国家工商总局地理标志证明商标 6 个；有 156 个农产品获得有机食品认证，60 个农产品获得绿色食品认证，215 个农产品获得无公害认证，主要农产品的认证率 70% 以上。崇明白山羊、崇明老毛蟹、崇明水仙花等成为远近驰名的农业产品品牌。

2012 年，崇明已被批准为国家农业示范区。根据相关规划，到 2016 年，崇明的优质水稻总产量要达到 21 万 t，新增有机食品认证 3～5 个，新增绿色食品认证 20 个，新增无公害农产品认证 100 个。发展高效生态农业是崇明生态岛建设的重要内容之一，崇明的农业要尊重自然、保护生态环境，将农业的生态系统和农业的经济系统统一起来，争取最大的生态、经济效益。

三、崇明县度假旅游业建设

1. 度假旅游业定义

关于度假旅游的定义，国内外学者已进行了较多的探讨，但目前仍缺乏一个权威的、公认的定义。美国旅游专家 Strapp 认为，所谓度假旅游即是"利用假日外出进行令精神和身体放松的康体休闲方式"。Kostiainen（1997）则认为"度假旅游是离开居所在某地进行为期数天的与工作和日常生活所不同的娱乐活动"。黄郁成（2002）指出："度假旅游是一个很广泛的概念，它代表着多种度假旅游的方式，如海滨度假、温泉疗养度假、休闲农业、山地避暑度假、休闲体育、文化娱乐等。"

借鉴国内外学者对度假旅游的理解，我们把度假旅游定义为："度假旅游是旅游者利用假期，离开居住所在地，在一个空间相对比较集中的旅游目的地区域内定点停留，活动范围较小、时间较长，以放松身心享受生活为目的而进行的一种旅游活动。有多种度假内容和形式的选择，主要包括海滨度假、湖滨度假、山林度假、温泉度假、运动度假等，其中以海滨度假为主流。相对于观光旅游和专项旅游，度假旅游更加贴近人们的生活，是一种旅游化的休闲、休闲化的旅游。"

2. 崇明度假旅游业建设实践

崇明岛的定位是"生态绿色海岛"，区内多为原生态的自然景观。岛上的景点主要集中在上沙，较为著名的景点是位于岛屿西南部的西沙湿地。崇明中部是以森林度假、休闲居住为主的森林区，代表景点是东平国家森林公园；岛屿北部是以生态农业为主的规模农业区，前卫生态村的农家乐观光线路已受到游客的认可；东滩湿地位于崇明岛的最东端，毗邻东滩鸟类国家级自然保护区。

长兴岛、横沙岛位于崇明本岛的东南方向，分别是以发展船舶、港机制造业的海洋装备岛和以生态旅游度假为特色的生态休闲区。

崇明县围绕"生态崇明，乐活家园"的总体定位，遵循"政府主导、部门联动、市场化运作、产业化发展"的工作思路，高标准开发产品，大手笔宣传促销，大力度提升服务，全力推动崇明生态休闲旅游产业的快速发展。

为合理规划旅游资源，发展生态旅游，崇明县完成了《崇明县旅游业发展总体规划（修编）》、《崇西地区旅游发展规划》、《农家乐旅游发展规划》、《明珠湖北大门地区控制性详细规划及景观设计》和《明珠湖花桥建筑设计方案》。目前，总投资7 897万元的森林公园一期改造工程已完成，崇明岛国家地质公园顺利揭碑开园。明珠湖、北湖、森林公园已成为都市人群的休闲旅游度假胜地。同时，围绕绿色、生态、环保、健康的主题，大力宣传崇明生态环境和崇明旅游的人文特色，以旅游节为平台，精心打造生态文化品牌，发展旅游经济，成功举办了多项旅游精品活动，在不断开拓旅游市场的同时，宣传环境保护的理念。2009年，随着崇明长江遂桥的通车，来崇明的游客数量迅速增长，当年，接待游客 264.3 万人次，同比增长 135%。

目前，崇明县变身"水仙岛"带动旅游业新发展，以崇明水仙为"花卉龙头"，组合水仙家族的"众多洋亲戚"洋水仙，以"科研+展示+生产"的荷兰"库肯霍夫模式"，带动崇明从"生态岛"走向"海上花岛"，形成"赏花游"，将有力推动崇明岛的旅游业，以朝阳的无烟旅游业，致富当地农民，丰富市民假日休闲生活。

崇明县远期（至 2020 年）度假旅游业发展目标，以环岛运河旅游线全面开通为标志，全岛旅游景区彼此得以进一步贯通，最终，形成"五区一环"菱状分布的规划格局：东部（生态游憩）旅游景区；南部（沿江观光及人文探访）旅游景区；西部（会议度假）旅游景区；北部（水上娱乐）旅游景区；中部（森林户外运动）旅游景区；崇明环岛运河（游艇观光）旅游线。

四、崇明县现代服务业建设

1. 现代服务业定义

现代服务业的概念是相对于传统服务业而言的。"现代服务业"的提法最早出现在 1997 年 9 月党的十五大报告中，在总结社会主义初级阶段所承担的历史使命时提到"由主要依靠手工劳动的农业国转变为具有现代农业、现代服务业的工业化国家"。后来在 2000 年 10 月党的十五届五中全会关于"十五"计划建议中也提出"要发展现代服务业，改组和改造传统服务业"。随后在 2000 年中央经济工作会议提出："既要改造和提高传统服务业，又要发展旅游、信息、会计、咨询、法律服务等新兴服务业。"

根据许多学者对现代服务业所做的研究，我们把现代服务业定义为是在工业化高度发展阶段伴随科学技术进步特别是信息革命和高新技术对产业的渗透和运用而产生的，其主要是依托现代信息技术和现代管理理念发展起来的具备"高人力资本含量、高技术含量、高附加价值"和"新技术、新形态、新方式"特征的服务性行业,既包括新兴服务业,也包括对传统服务业的改造与提升,其本质是实现服务业的现代化,而其显著的产业特征是高增值、高科技含量和强辐射性。

2. 崇明县现代服务业建设实践

现代服务业作为一个地区现代化的重要标志和集中体现,在促进结构转型、缓解就业压力、发展低碳经济等方面发挥着重要作用。崇明县现代服务业涵盖基础服务(包括通信服务和信息服务)、生产和市场服务(包括金融、物流、批发、电子商务、农业支撑服务以及中介和咨询等专业服务)、个人消费服务(包括教育、医疗保健、住宿、餐饮、文化娱乐、旅游、房地产、商品零售等)和公共服务(包括政府的公共管理服务、基础教育、公共卫生、医疗以及公益性信息服务等)。

近年来,崇明县服务业得益于长江隧桥贯通,上海世博会召开,崇明低碳经济示范点建设等机遇,得到了迅速发展和提升,呈现出巨大的发展潜力。加快发展现代服务业,既是崇明县积极培育经济新增长点、推进产业结构调整、提升城市化水平、实践低碳化发展的需要,也是贯彻落实科学发展观、加快建设现代化生态岛、率先建成"全国低碳经济示范区"的战略选择。

崇明县服务业总量稳步增长,对地区经济贡献率不断提高。服务业多是劳动密集型产业,吸纳了大量多层次的劳动力和人才,发挥了扩大就业主渠道的作用。以清洁型、低排放、低能耗、低污染为特征的现代服务业在崇明县低碳经济建设中发挥着积极的推动作用。

崇明县服务业结构逐步优化,民营经济发展迅速。其中,商贸、房地产、信息服务等产业都有较大幅度的增长,服务业结构逐步优化。在从事第三产业的企业中,民营经济的比重正在逐步加大,民营企业对崇明县经济增长的贡献率不断提高。

崇明县服务业分布格局逐渐明晰，区域分工逐渐强化。崇明新城、长兴岛、陈家镇作为重点地区先行，现代服务业发展加速聚集。隧桥贯通为崇明县带来了大量游客和商机，近年来新建和改造了一批高中档、特色鲜明、功能齐全的餐饮服务和休闲度假设施，以生态旅游、休闲度假为主的旅游业呈现出良好的发展态势。

第六节　低碳建设与环境保护

一、崇明县低碳经济建设

1. 低碳经济定义

随着全球人口和经济规模的不断增长，能源使用带来的环境问题及其诱因不断地为人们所认识，不只是烟雾、光化学烟雾和酸雨等的危害以及大气中二氧化碳（CO_2）浓度升高带来的全球气候变化，气候变暖对自然生态系统和人类生存、发展的环境也已经产生了严重后果。2007年政府间气候变化专门委员会（Intergovernmental Panel on Climate Change，IPCC）第四次评估报告指出，由人类活动引起的全球气候变暖已是一个不争的事实，而全球未来温室气体的排放则取决于发展路径的选择。同年瑞士达沃斯世界经济论坛年会把气候变化问题列为全球第一大挑战。而气候变化作为一个全球性问题，是人类不可持续活动的直接后果，而低碳经济正是国际社会应对气候变化、促进可持续发展所提出的新的发展思路。

低碳经济最早见诸政府文件是在 2003 年的英国能源白皮书《我们能源的未来：创建低碳经济》，此文件旨在通过能源技术和制度创新，提高能源利用效率，构建清洁能源结构，改变英国以化石燃料为主的现有能源消费格局。简单说，低碳经济是以低能耗、低污染、低排放为基础的经济模式，主要关注点是降低温室气体排放，基础是建立低碳能源系统、低碳技术体系和低碳产业结构，发展特征是低排放、高能效、高效率，核心内容包括制定低碳政策、开发利用低碳技术和产品，以及采取减缓和适应气候变化的措施。

低碳经济概念的提出，引起了国际社会的广泛关注，低碳经济发展成为全球可持续发展的讨论热点。2006 年 10 月，前世界银行首席经济学家尼古拉斯·斯特恩牵头的《斯特恩报告》（Stern Review）指出，全球以每年 1% GDP 的投入，可以避免将来每年损失 5%～20%的GDP，呼吁全球向低碳经济转型。2007 年 7 月，美国参议院提出《低碳经济法案》，表明低碳经济发展道路有望成为美国未来的重要战略选择。2007 年 12 月，联合国气候变化大会制订了应对气候变化的"巴厘岛路线图"，要求发达国家在 2020 年前将温室气体减排 25%～40%，为 2009 年前应对气候变化谈判的关键议题确立了明确议程。联合国环境规划署确定 2008 年"世界环境日"的主题为"转变传统观念，推行低碳经济"。2008 年 7 月，G8 峰会上八国代表达成一致表示将与《联合国气候变化框架公约》的其他签约方共同达成一个长期目标，即到2050 年把全球温室气体排放减少 50%，为全球进一步迈向低碳经济起到积极的作用。

可见，在全球气候变暖的背景下，以低能耗、低污染为基础的"低碳经济"成为全球热点。欧美发达国家大力推进以高能效、低排放为核心的"低碳革命"，着力发展"低碳技术"，并对产业、能源、技术、贸易等政策进行重大调整，以抢占先机和产业制高点。低碳经济的争夺战，已在全球悄然打响。在目前全球气候变暖、生态影响加剧的形势下，应用创新技术与创新机制，大力发展以低能耗、低污染、低排放为基础的低碳经济模式，通过低碳经济模式与低碳生活方式，已经成为实现可持续发展、建设生态文明的重要途径。

2. 低碳经济内涵

从低碳经济与低碳发展的内涵来说，所谓低碳经济，是指在可持续发展理念指导下，以降低温室气体排放为主要关注点，通过技术创新、制度创新、产业转型、新能源开发等多种手段，以建立低碳能源系统、低碳技术体系和低碳产业结构为基础，以发展低排放、高能效、高效率为特征，并最终达到经济社会发展与生态环境保护双赢目的的一种经济发展形态。而低碳发展则是以低碳经济为基本经济形态的社会法发展模式。低碳经济发展的实质是能源高效利用、清洁能源开发、追求绿色GDP 的问题，核心是能源技术和减排技术创新、产业结构和制度创新以及人类生存发展观念的根本性转变。

从城市或区域发展角度来说，发展低碳经济，走低碳发展模式，就是要建设低碳城市。针对低碳城市建设，陈飞、诸大建认为包括两方面的含义，宏观层面指的是经济增长与能源消耗增长及 CO_2 排放相脱钩，如果化石燃料使用及 CO_2 排放量的增长相对于经济增长或城市发展是非常小的正增长，就属于相对脱钩；如果是零增长或负增长，就属于绝对脱钩。而从微观上的物质流过程来看，低碳经济包括以下三个方面的经济活动，在经济过程的进口环节，要用可再生能源替代化石能源等高碳性的能源；在经济过程的转化环节，要大幅度提高化石能源的利用效率，包括提高工业能效、建筑能效和交通能效等；在经济过程的出口环节，要通过植树造林、保护湿地等增加地球的绿色面积，吸收经济活动所排放的 CO_2，即所谓碳汇[①]。

---

① 陈飞,诸大建. 低碳城市研究的理论方法与上海实证分析. 城市可持续发展,2009,16(10):71-79.

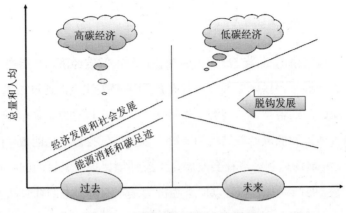

图 7-5　低碳经济发展内涵示意图

总的来说，发展低碳经济，一方面是积极承担环境保护责任，积极实施节能降耗措施；另一方面是调整经济结构，提高能源利用效益，发展新兴工业，树立生态伦理观，建设生态文明。这是摒弃以往先污染后治理、先低端后高端、先粗放后集约的发展模式的现实途径，是实现经济发展与资源环境保护双赢的必然选择。

3．崇明县低碳经济建设实践

随着低碳经济时代来临，崇明生态岛建设也成为上海发展低碳经济的布局之一。上海市发改委于 2009 年 12 月公布了《崇明生态岛建设纲要（2010—2020 年）》（以下简称《纲要》），对崇明的下一步战略性发展，作出全面部署。《纲要》指出："把崇明岛的建设定位于现代化的生态岛，大力发展绿色经济，积极推进低碳经济和循环经济，体现了 21 世纪人类生态文明的新理念，也是对可持续发展的积极探索。"

上海将打造三大低碳经济实践区，其中就包括崇明岛。根据上海市的部署，崇明岛将根据自身特点探索低碳路径，积极建立低碳生态实践区。此外，上海科学院研究所主任任奔教授在 2009 年 12 月 28 日举行的"低碳经济与上海发展论坛"上表示，崇明生态岛作为未来上海发展的储备地，将主要在低碳社区建设、发展低碳农业、探索新型旅游发展方式三方面进行实践。

为响应市政府号召，崇明县积极落实节能降耗措施，推进区域低碳发展。为加强节能降耗工作，成立节能减排工作领导小组，明确了领导小组组长、副组长和成员名单，确定了各成员单位职责分工。2007 年年初，首次将节能降耗写入《政府工作报告》，并下发了《崇明县关于加强节能减排工作的实施意见》（崇府发[2007]56 号），明确了节能降耗工作目标和任务。通过统一部署，加强组织领导，严格目标责任管理，积极落实节能减排措施，崇明县节能降耗工作成效显现，近五年，单位增加值能耗不断下降。

目前，崇明县已建成了一批试点项目，示范效果和意义显著。

低碳农业园区位于崇明现代农业园区内，区域总面积为 28 000 亩。园区充分利用生物质能、太阳能、风能等可再生资源，实施有机农业、循环农业、休闲观光农业等项目，构建低碳农业生产方式，园区的秸秆、畜粪和有机垃圾等达到 100%循环化、资源化利用，生产性排放降低20%，化肥和农药使用量降低 30%，园区大棚土壤硝酸盐含量降低 30%以上，使园区成为全国低碳农业的示范区。

低碳社区项目位于陈家镇国际实验生态社区，总面积为 4.07 km^2，集中开发和展示低碳能源、建筑、土地利用、交通运营、垃圾利用等技术，实现社区可再生能源利用率 30%以上、综合节能率 65%以上。其中，生态示范楼现已竣工，集中运用了地源热泵空调系统、风力发电、太阳能发电、垃圾分层次收集利用等 10 项绿色能源技术，综合节能达到75%～80%，居于目前全国最高水平。

低碳旅游区以 6.49 km^2 的崇明东滩湿地公园为核心示范区，集中开发和展示湿地的碳汇功能提升技术，优化绿地林网景观并发展生态控碳技术，建成碳平衡实时监控和评估体系，提升东滩湿地的旅游功能、自我修复功能和科普教育功能，并实现示范园区的低碳排放。

二、崇明县水环境综合整治

1．水环境综合整治定义

据联合国预测，21 世纪水危机将成为全球危机之首。联合国报告指出，每年全世界约 500 万人死于水污染引起的疾病。世界卫生组织公布了威胁人类健康的十大杀手，水污染位列其中。随着人口数量的几何增长、现代工业废水的乱排乱放、城市垃圾、农村农药喷洒等问题暴发，造成本来已是极少的淡水资源加剧短缺，无法为人所用。据统计，目前水中污染物已达 2 000 多种，主要为有机化学物、碳化物、金属物，其中自来水里有 765 种（190 种对人体有害，20 种致癌，23 种疑癌，18 种促癌，56 种致突变）。

中国的水污染现状更是不容乐观，在我国只有不到 11% 的人饮用符合我国卫生标准的水，而高达 65% 的人饮用浑浊、苦碱、含氟、含砷、工业污染、含传染病菌的水。2 亿人饮用自来水，7 000 万人饮用高氟水，3 000 万人饮用高硝酸盐水，5 000 万人饮用高氟化物水，1.1 亿人饮用高硬度水。准确认识我国水污染现状，强调水污染综合整治的紧迫感，加大水污染研究与治理资金的投入，对改善中国水污染现状将有着积极意义。

2008 年 2 月 28 日全国人民代表大会常务委员会修订通过的《中华人民共和国水污染防治法》规定，水污染防治应当坚持预防为主、防治结合、综合治理的原则，优先保护饮用水水源，严格控制工业污染、城镇生活污染，防治农业面源污染，积极推进生态治理工程建设，预防、控制和减少水环境污染和生态破坏。

水环境的综合治理不仅是指削减水体中污染负荷，还包括：①建设水环境基础设施；②优化产业结构，提高污水集中处理程度；③构建与水环境承载能力相协调的经济结构体系；④建立监督管理技术支撑体系四方面工作，以达到减少水污染物排放量，改善水环境质量的目的。

中国污水处理产业发展进步较晚。改革开放后，国民经济的快速发展，人民生活水平的显著提高，拉动了污水处理的需求。21 世纪以来，中国污水处理产业进入快速发展期，污水处理需求的增速远高于全球水平。通过高效的水污染综合治理方案解决水资源短缺的问题，已经成为实现可持续发展、建设生态文明的重要途径。

2. 崇明县水环境综合整治实践

2005 年和 2008 年，崇明县分别组织开展了水环境污染源和入河排污口调查工作，从可持续发展的战略高度以及"重功能、重环境、重管理"的要求出发，编制了《崇明三岛供水与污水处理系统专业规划》（以下简称《规划》），提出了"安全、资源、环境"协调发展的治水新理念，为崇明今后的截污治污工作明确了方向。为了确保工程的顺利进行，崇明县专门成立重大工程办公室和水务投资建设有限公司，专门负责污水处理厂及收集管网的建设、协调工作，大力推进各项目的完成。

按照《规划》要求，2007 年，城桥污水处理厂首先建成通水。之后，崇明县全面加强污染物排放管理，陈家镇裕安社区、长兴镇、横沙乡、港西镇、绿华镇污水处理设施相继建成通水，并逐步完善城桥、长兴、陈家镇 3 座污水处理厂的后续建设，污水处理率进一步提高。2009 年，其余乡镇的生活污水处理设施也陆续建成运行。2010 年，新河、堡镇污水处理厂建成并通水。目前，崇明县已建成城桥、堡镇、新河、长兴四大污水处理厂；绿华、新村、三星、庙镇、港西、建设、竖新、港沿、向化、中兴、横沙 11 个集镇小型生活污水处理站；以及森林公园、明珠湖、前卫村、瀛东村、陈家镇等局部地区的小型污水处理站。此外，2008 年开始，崇明县在郊区范围内试点开展农村生活污水处理工程建设，截至 2011 年崇明县共建 6 632 户农村生活污水处理工程。全县共建设污水收集管网 43.16 km，涉及 42 条道路和 1 座污水泵站，城镇污水处理率已由城桥污水厂建成时的 17%增加到 80.7%，崇明本岛工业园区企业也已经基本实现纳管。

崇明县同步做好污染物排放管理，努力削减污染物排放总量。2011年，崇明县工业和生活 COD 排放量为 4 989.79 t，完成污染物排放总量控制目标。同时，崇明县根据《上海市关于节能减排统计监测及考核实施方案和方法》的要求，加强了联合核查的力度，确保污水处理厂设施稳定运行，发挥减排效益。

（1）崇明县深入开展环境综合治理，提升区域环境质量。

针对县级河道，崇明县组织实施了重点河道整治工程。一是完成了环岛运河南河中段综合整治工程。该工程西起三沙洪，东至小漾港，总长 26.86 km，工程内容包括河道疏浚、桥梁改造、护岸、绿化等，总土方 317 万 m³，总投资 5 亿元。工程于 2008 年 7 月正式开工，2009 年 6 月底完成。二是完成新建港综合整治工程。该工程全长 4.85 km，建设内容包含河道疏浚、桥梁工程、护岸建设等。工程总投资为 4 085 万元，2009 年 9 月底完成全部施工任务。三是完成东平河综合整治工程。该工程全长 3 km，建设内容包含河道疏浚、桥梁工程、护岸建设等。工程总投资为 2 413 万元，于 2009 年 9 月底完成全部施工任务。四是完成三沙洪综合整治工程。该工程全长 7.5 km，建设内容包含河道疏浚、桥梁工程、护岸建设等。工程总投资为 5 150 万元，于 2009 年 9 月底完成全部施工任务。

（2）针对镇村级河道，组织实施了"万河整治行动"。

根据上海市"万河整治行动"计划的总体要求，自 2006 年开始，崇明县委、县政府下发了《崇明县人民政府办公室转发县水务局、县财政局制定的崇明县"万河整治行动"实施意见的通知》（崇府办发[2006]43 号），明确了崇明县"万河整治"的三年任务、整治目标、整治项目、资金配套标准等实质性内容。县水务局专门设立办公室，成立"万河整治"工作领导小组，负责河道综合整治，大力推进水环境治理。

同时，针对崇明县河道存在的矛盾，明确"万河整治"的整治内容不仅仅是河道的疏浚，还包括拆除"五棚"、清理锁口、垃圾、打捞沉船、整坡、绿化、截污、治污等内容。此外，为充分发挥镇村级河道的长远整治效果，崇明县每年都要在年初召开崇明县河道长效管理工作推进会，进一步加强行业管理，指导各乡镇切实加强对中小河道长效管理工作的领导，完善科学、合理、高效的考核制度，加强日常检查、考核、奖惩力度，教育提高河道保洁员的整体素质，开展长效管理与突击整治相结合，全面提升镇村级河道水环境质量，巩固"万河整治"的成果。另外，崇明县每年还组织 1~2 次的全岛统一的排污引清大调水行动，以进一步改善镇村级河道的水质。三年间，共完成镇村级河道综合整治 4 884 条段、总长 3 105 km，疏浚土方 1 472 万 m^3，总计投入的整治资金达到 9 000 万元。

（3）针对毛细河道，组织实施了"村沟宅河整治"工作。

2009 年，"村沟宅河整治"工作在崇明县全面铺开，截至 2010 年 10 月底，全县共完成村级河道整治 1 722 条段、全长 694.15 km，初步完成了既定整治任务。经过整治，以往脏、乱、差的镇村级河道水环境面貌得到明显改善，"水清、面洁、岸净、底深、有绿"的治理目标正逐步实现，促进了水资源的可持续利用和经济社会的可持续发展。

三、崇明县大气污染防治

1. 大气污染防治定义

大气是人类赖以生存的最基本的环境要素之一，然而，随着人类生产和生活活动的发展，其对大气产生的影响超过大气自净能力，从而造成大气污染。自我国改革开放以来，我国经济获得了长足发展，生产力水平大大提高。但是，传统模式下生产力的提高在驱动经济增长和为企业带来利润的同时，也使我们的环境变得千疮百孔，不堪重负。

近年来，随着城市工业的发展，大气污染日益严重，空气质量进一步恶化，大气污染物排放居高不下，危害到人类的健康。据统计，全国二氧化硫年排放量高达 1 857 万 t，烟尘 1 159 万 t，工业粉尘 1 175 万 t。全国大多数城市的大气环境质量超过国家规定的标准，全国 47 个重点城市中，约 70%以上的城市大气环境质量达不到国家规定的二级标准；参加环境统计的 338 个城市中，137 个城市空气质量环境超过国家三级标准，占统计城市的 40%，属于严重污染型城市。酸雨区污染也日益严重，酸雨覆盖面积已占国土面积的 30%以上，我国已称为世界第三大重酸雨区。此外，我国 11 个最大城市中，空气中的烟尘和细颗粒物每年使 40 万人感染上慢性支气管炎。对于大气污染的综合治理，势在必行。

2000 年 4 月 29 日，第九届全国人民代表大会常务委员会第十五次会议通过《中华人民共和国大气污染防治法》，对大气污染防治采取监督管理措施，还对防治燃煤污染、防治机动车船污染和防治废气、尘和恶臭污染作出了专门规定。

所谓大气污染防治，就是从区域环境的整体出发，充分考虑该地区的环境特征，对所有能够影响大气质量的各项因素进行全面、系统的分析，充分利用环境自净能力，改善大气质量。

2. 崇明县大气污染防治实践

（1）崇明县顺利完成"基本无燃煤区"创建

通过组织力量进行调查摸底，查清所辖区域内燃煤单位及分布情况，并通过加强监测和执法，对超标排放企业实施限期治理，有效推进了"基本无燃煤区"的创建工作。创建期间，县环保局先后发出"关于限期改用清洁能源的通知"共 44 份，限定 44 个企业业主将燃煤灶炉改用清洁能源。目前，崇明县成功创建的"基本无燃煤区"总面积达到 231.7 km²，其中城桥镇为 4.2 km²，陈家镇为 224 km²（其中陈家镇 94 km²，上实东滩 84.7 km²，前哨农场 22.7 km²，其余滩涂 22.6 km²），森林旅游园区为 3.5 km²。

（2）积极开展"烟尘控制区"创建

2005 年以来，崇明县在全县范围内开展了"烟尘控制区"的创建工作。各乡镇人民政府均建立了创建"烟尘控制区"领导小组，制订了创建"烟尘控制区"的工作计划，组织力量进行调查摸底，查清所辖区域内燃煤、燃油、燃气单位及分布情况，并对辖区内所有锅炉、炉窑、茶水炉的烟尘排放浓度和林格曼黑度进行测试，对烟尘排放浓度和林格曼黑度超标排放的污染企业，强化排污费的征收，发出限期治理决定书并跟踪监督检查，直至达标排放为止。目前，18 个乡镇创建工作均达到了市环保局所规定的各项创建指标，全县平均烟尘排放浓度达到国家排放标准的达标率为 90% 以上，平均黑度达到国家排放标准的达标率为 95% 以上。圆满地完成了"烟尘控制区"的创建任务。

（3）扎实推进"扬尘污染控制区"创建

2008 年，城桥镇开展创建"扬尘污染控制区"的各项工作，采取签订工作目标责任书以及与相关单位干部年终报酬挂钩的形式，加大了创建工作的力度。同时，县环保局也加强现场执法督查力度，并在城桥镇所有的扬尘污染单位，包括建设工地、拆房工地、管线施工工地、绿化建设、道路保洁作业等单位以多种形式进行宣传，从源头上加强扬尘防治的普及工作。2008 年，崇明县成功创建 10.8 km² 扬尘污染控制区。

2010 年世博会期间，崇明县又重点开展扬尘污染整治，制定了《崇明县世博期间扬尘污染整治联合执法检查实施计划》，并继续创建了"扬尘污染控制区"，扩大扬尘控制区范围，完成了崇明新城区域（湄洲路—团城公路—绿海路—长江南堤）6.8 km²"扬尘污染控制区"的新一轮创建工作。通过创建与整治，创建区域内的平均降尘量为 7.31 t/（km²·月），低于上海市区域降尘 8.00 t/（km²·月）的水平，从而有效地保障了上海世博会的顺利进行和城乡居民的良好居住环境。

此外，崇明县加强了日常空气环境治理监测，实施实时监控，建立日报制度，并在政府网站和市环保局网站发布空气质量日报，及时让群众了解崇明空气环境质量现状和变化情况。

四、崇明县固废污染防治

1. 固废定义

固体废弃物也称固体废物，指人们在生产过程中和生活活动中产生的固体和泥状物质。按其来源不同，主要分为生活垃圾、工业固体废物、危险固体废物等。固体废物的管理主要是指控制其污染和实行资源化。随着生产的扩大，生活水平的提高，固体废物的成分日益复杂，排放量逐年增多。它已成为世界公认的一大公害。

我国正面临经济高速增长、环境状况严峻、资源相对缺乏，环境问题是摆在我们面前的一个十分严峻的问题。据有关资料反映，我国每年产生的固体废物可利用而未被利用的资源价值 250 多亿元。发达国家再生资源综合利用率达到了 50%～80%，而我国只有 30%，并且固体废物无害化处置与发达国家相比相差甚远。为此，我国专门制定了一系列环境保护法规，各级环境保护机构在长期对固体废弃物，特别是城市固体废弃物管理过程中，积累了大量经验，建立了较为完善的管理体制。但是由于我国人口多，固体废弃物生产量、堆积量大，已占用了大量的农田，而固体废弃物的处理方面的制度十分欠缺，而且公众对环境保护意识较低，对于固体废弃物回收利用及分类处理知识缺乏较强的认识。所以，回收利用固体废弃物并将其投入资源化、产业化，从废弃物的源头减少，然后在废弃物处理中回收利用其价值，是我国甚至是全世界都需要积极解决的重要问题。

中华人民共和国第十届全国人民代表大会常务委员会第十三次会议于 2004 年 12 月 29 日修订通过了《中华人民共和国固体废弃物污染环境防治法》，本法是防治固体废物污染环境、保障人体健康、维护生态安全、促进经济社会可持续发展的法律保障。自 2005 年 4 月 1 日起施行。

2. 崇明县固废污染防治实践

为贯彻落实市环保局的相关要求，进一步完善崇明县危险废物的管理体制和工作机制，强化产生源日常监管，县环保局制定并印发了《崇明县危险废物转移计划备案和联单管理试点工作方案》，于 2012 年 7 月组织召开了崇明县危险废物转移备案和联单管理试点工作培训会议。会议传达了市环保局关于转移备案和联单管理下放的有关要求；强调了危险废物规范化管理的重要意义和必要性；重点传达了转移备案和联单管理试点工作的具体事项，包括组织结构、职能分工、具体实施步骤等。

崇明县固体废弃物处置近期目标，至 2014 年前完成崇明三岛生活垃圾固废处置基地处置量达 900 t/d，并进一步完善生活垃圾收运系统及其分类管理，继续推进工业固体废弃物处置及综合利用。在危险固体废弃物方面，相关责任单位加强监管力度，建立危险废物产生、收集转运及处置信息化监管系统，建设危险废物焚烧处置系统（6 000 t/a），危险废物专区填埋库（库容 9 000 t），加强危险废物规范化整治。

第八章　生态示范建设

　　生态示范创建工作，一直是国家推进区域生态环境保护和可持续发展的重要抓手。自 20 世纪 90 年代中期到 21 世纪初，先后开展了"生态示范区建设试点"（1995 年）、"国家环境保护模范城市"（1997 年）、"生态省、生态市、生态县"（2000 年）、"全国环境优美乡镇"（2002 年）、"生态文明建设试点"（2008 年）等一系列生态示范建设工作。2010 年 1 月 28 日，国家环境保护部发布了《关于进一步深化生态建设示范区工作的意见》（环发[2010]16 号），提出了进一步深化生态建设示范区工作的总体要求和意见。

　　上海市历来重视生态示范建设工作，并把生态示范建设作为推动区域生态环境保护工作的重要抓手，积极组织开展国家级生态区、生态县、生态镇、生态村等创建示范工作。早在 2000 年，上海市崇明县就获得第一批全国生态示范区的命名。2006 年，闵行区又被命名为首个"国家生态区"（环发[2006]84 号）。目前，全市成功创建国家生态区 1 个，在创 3 个；全国环境优美乡镇（国家级生态镇）53 个；国家级生态村 3 个；国家级生态工业园区 3 个、批准建设 4 个（图 8-1）。

图 8-1 上海市生态示范创建地区分布示意图

第一节 国家级生态区（县）建设

2000 年，原国家环保总局推出创建国家级生态省、市（区）、县的活动。上海市积极响应，2006 年，闵行区成功创建为全国第一个国家级生态区。同时，浦东新区、青浦新区也积极开展了生态区创建活动，崇明县则正在积极创建国家级生态县。

表 8-1　国家生态市（区、县）名单（截至 2010 年）

国家生态市	国家生态区	国家生态县
江苏省张家港市	上海市闵行区	浙江省安吉县
江苏省常熟市	广东省深圳市盐田区	北京市密云县
江苏省昆山市		北京市延庆县
江苏省江阴市		
江苏省太仓市		
山东省荣成市		

一、闵行生态区建设

闵行区位于上海中心城区的西南部，地处上海市行政区域的中心，是一个兼具中心城区和郊区发展特色的城郊结合区域。作为上海市重要的研发制造业基地、现代服务业中心和生态居住休闲区，闵行区经济实力雄厚，城区面貌日新月异，在社会经济发展的同时，始终坚持可持续发展战略，高度重视环境保护和生态建设工作，自 2003 年起，闵行区委、区政府就明确提出"生态优先"的原则，在生态区创建过程中，探索出一条经济发展与环境保护相协调的可持续发展之路。一个集生态环境、生态经济、生态文化于一体的"立体生态"新城区初步成型，并先后获得多项荣誉称号：2001 年获"中国人居环境范例奖"，2002 年获得"联合国迪拜改善居住环境良好范例奖"，2003 年成功创建为"国家园林城区"、"国家卫生区"。

据统计，"十五"期间，闵行区环保投资指数年均超过 3%，建成四大污水管网系统，实现污水收集处理率 72%；建成基本无燃煤区 74.5 km²，实现天然气化率 94.2%；建成闵行体育公园、浦江生态片林、旗忠森林体育城等一批大型公共绿地、道路绿化带和水源涵养林，实现绿化覆盖率 39%，人均公共绿地面积 15 m²。经过综合整治，全区河道水质改善率达 23.5%，水质优于相邻区域，空气环境质量优良率连续三年稳定在85%以上。

在此基础上，区域经济发展呈现出"由内而外"的勃勃生机。经过不断调整、优化产业结构，以信息、机电、航天设备、生物医药、新能源、新材料为代表的先进制造业和研发产业迅速发展，并在实践中实现了 GDP 和工业污染物之间的反向增长。区内通过 ISO 14001 环境管理体系认证和清洁生产审核的企业已突破200家，认证数量位居全国前列。上海富士施乐有限公司主动推行"废弃物零排放"，通过循环使用纸板包装箱、利用余热蒸汽造职工浴室等，实现公司废弃物循环利用率达99.5%以上。而上海焦化有限公司实施产品结构调整，最大限度地减少废水、废气产生量，利用周边公司产生的炭黑尾气作为焦炉原料气，一个以焦化公司为核心的循环经济产业链就此成型。

生态意识不仅体现于大地之绿，更融进了市民日常生活中。全区 9 个镇中有 7 个创建成"国家环境优美镇"。绿色小区、绿色学校、绿色医院、绿色商场遍布全区。区政府认购绿电 2 万 kW·h，率先开展绿色办公。

"水更清了，鱼虾游得更欢了！"这是马桥镇彭渡村十八组村民徐美华的深切感受。自从全村 3 000 多村民自发承诺使用无磷洗涤剂以来，不仅该村生活用水愈加清澈，更大大改善了取水口中下游的水质。同样，越来越多的闵行人习惯了"一水多用"、自带环保购物袋、使用无磷洗涤剂等。全区含磷洗衣粉销售比例已降至 20%。目前，全区 13 家大卖场已全部销售无磷洗涤用品。

"建设生态城区的根本目的是要改变原先轻环境重经济的发展方式，推动整个社会走上生产发展、生活富裕、生态良好的文明发展道路"，区委书记黄富荣如是说。作为闵行的品牌和无形资产，生态的辐射效应也逐步体现。近几年，区经济增长率年均超过 20%，吸引外资年均超过 10 亿美元，世界 500 强中有 62 家抢先入驻于此。

图 8-2　上海市闵行区生态文明试点

二、崇明生态县建设

崇明县位于长江入海口，由崇明、长兴、横沙三岛组成，区域内生态环境良好，区位优势显著，是上海市重要的生态服务功能区。

崇明县历来重视环境保护与生态建设工作，在长期的可持续发展实践过程中，逐步确立了生态立县的发展之路，并提出了建设生态岛的目标。对此，党中央、国务院高度关注，2004 年 7 月，胡锦涛总书记亲临崇明视察工作，并指出："崇明建设生态岛，要按照岛域总体规划，认认真真地做下去，只要认准了方向，就不要动摇。"2005 年 10 月，《崇明三岛总体规划》正式出台，确定了要将崇明建设成为环境和谐优美、资源集约利用、经济社会协调发展的现代化生态岛区。2007 年，崇明县委、县政府从战略和全局的高度出发，进一步提出创建国家生态县的目标，并将此作为建设生态岛的近阶段目标。

近些年来，在县委、县政府的领导下，崇明县认真贯彻市委、市政府关于"建设崇明世界级生态岛"精神，以国家环境保护部创建国家生态县的 5 项基本条件和 22 项考核要求为目标，按照"上下联动、条块结合、分工负责、稳步推进"的原则，精心组织，滚动实施，夯实基础，防治并举，生态立岛，深入扎实地开展了创建活动。通过开展全国绿化模范县、全国环境优美乡镇、国家级生态村和生态文明村等的创建以及新农村建设、万河整治行动、百路千点、百镇千村、迎世博600天等一系列环境综合整治工作,城乡面貌焕然一新,为成功创建国家生态县打下了良好的基础。

2010年10月,崇明县顺利通过了生态县创建市级验收,生态县建设取得阶段性成果。

图 8-3　上海市崇明县一景

第二节 全国环境优美乡镇（生态镇）建设

随着我国环境保护工作的不断深入推进，目前城郊、乡镇地区的环境保护工作逐渐受到了广泛的重视，并成为当前和今后环保工作的重点领域。1999 年和 2000 年，国务院先后制定颁布了《全国生态环境建设规划》和《全国生态环境保护纲要》；2001 年原国家环保总局编制的《国家环境保护"十五"计划》中提出了关于加强小城镇环境保护规划的生态环境保护措施；2002 年，原国家环保总局提出了创建环境优美乡镇的号召，得到了全国各地的积极响应。创建工作已成为推动农村与小城镇环境保护、实现经济发展与环境保护"双赢"的重大措施和重要载体，也是促进小城镇环境建设，提升其生态文明水平的重要组织形式。2010 年，国家环保部又下发了《关于进一步深化生态建设示范区工作的意见》（环发[2010]16 号），将原来全国环境优美乡镇创建工作进一步深化为生态乡镇的创建。为此，各省、自治区、直辖市也正积极响应，布置各项工作任务。

上海市积极响应国家环保部关于全国环境优美乡镇创建活动，自 2004 年以来，先后有 36 个镇获得全国环境优美乡镇命名。目前，按照环发[2010]16 号文件要求，进一步深入开展生态镇的创建工作。

表 8-2 上海市获得命名的全国环境优美乡镇名单

命名序列	乡镇名称	数量
第二批（2004 年 4 月）	闵行区莘庄镇、闵行区七宝镇、嘉定区安亭镇	3
第三批（2004 年 12 月）	闵行区虹桥镇	1
第四批（2006 年 1 月）	嘉定区徐行镇、嘉定区马陆镇、宝山区高境镇、闵行区梅陇镇、闵行区马桥镇、闵行区颛桥镇	6
第五批（2006 年 5 月）	闵行区浦江镇	1
第六批（2007 年 1 月）	宝山区顾村镇、嘉定区黄渡镇、浦东新区花木镇、浦东新区金桥镇、浦东新区张江镇、青浦区赵巷镇、青浦区朱家角镇	7

命名序列	乡镇名称	数量
第七批（2008 年 4 月）	松江区泗泾镇、青浦区徐泾镇、奉贤区南桥镇、浦东新区唐镇、嘉定区江桥镇、浦东新区高东镇、南汇区航头镇、浦东新区曹路镇、金山区枫泾镇、浦东新区北蔡镇	10
第八批（2010 年 3 月）	崇明县横沙乡、崇明县绿华镇、崇明县陈家镇、青浦区重固镇、南汇区新场镇、宝山区庙行镇、浦东新区高行镇、浦东新区合庆镇	8
2011 年 10 月 13 日	浦东新区康桥镇、浦东新区惠南镇、浦东新区川沙新镇、崇明县港沿镇、崇明县建设镇、崇明县三星镇、崇明县竖新镇、崇明县新村乡、崇明县中兴镇、崇明县向化镇、崇明县庙镇、崇明县城桥镇、崇明县港西镇、崇明县堡镇、崇明县新河镇、奉贤区庄行镇、青浦区练塘	17
合计		53

　　2010 年，按照国家环保部要求，上海市环保局将全国环境优美乡镇创建工作更名为国家级生态镇创建工作，并下发《关于印发〈上海市生态乡镇申报及管理规定（试行）〉的通知》（沪环保自[2010]432 号），组织开展上海市生态镇创建工作，以此作为创建国家级生态镇的前提。截至目前，全市有 53 个乡镇通过国家级生态镇（含原国环境优美乡镇）考核验收，生态乡镇创建工作成为上海市加强各乡镇环境保护与生态建设的有效抓手。

　　生态村建设是各级生态建设的细胞工程，是推进社会主义新农村建设、做好农村生态环境保护工作的有力抓手。上海市高度重视农村环保，大力推进生态村创建工作。2008 年 4 月，上海市闵行区旗忠村、崇明县前卫村被国家环保部命名为全国第一批生态村。此后奉贤区杨王村也组织开展国家级生态村建设，并通过国家级生态村验收考核。

一、崇明县前卫村

　　前卫村位于长江入海口的中国第二大岛，素以风清、水沽、地净遐迩闻名的 21 世纪国际级标准的现代化生态岛区崇明岛中北部。前卫村于 1969 年从一片滩涂中围垦诞生，目前全村面积约 2.5 km²，人口 753 人，共 284 户，将来规划建设扩展到 10 000 亩。行政上隶属于上海市崇明县竖新镇。

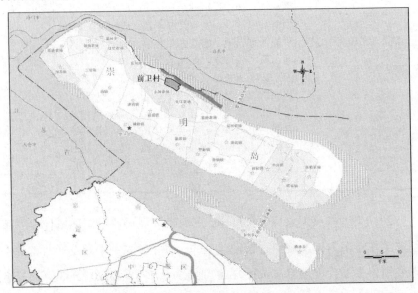

图 8-4　上海市崇明岛前卫村地理区位图

前卫村建村伊始，努力贯彻可持续发展战略，特别自改革开放以来，更加坚定不移地走"生态、环保、可持续发展"之路，积极探索生态农业发展之路、努力实现资源合理开发利用，不断加强环境保护和生态建设，在生态经济、环境保护、精神文明、社区建设等方面取得了骄人的业绩，得到了中央和市领导的充分肯定，在上海树起了一面循环型生态农业的旗帜。曾先后获得联合国"生态环境全球 500 佳提名奖"、"全国造林绿化千佳村"、"全国科普教育基地"、"全国精神文明建设先进单位"、"全国生态农业旅游示范点"、"全国文明村"和"上海市生态环境教育基地"等 40 多项国家级和市级荣誉。吴邦国、温家宝、黄菊、朱镕基、尉健行、李铁映、徐匡迪、宋健等党和国家领导人先后来到前卫村视察，特别是 2007 年 7 月 27 日，时任中共中央总书记、国家主席胡锦涛冒着酷暑、跨江过海专程到前卫村视察，并作出了"一定要抓住这个特色，打好生态发展这张牌"的重要指示，给前卫村的社会主义新农村建设指明了方向。

前卫村成名于生态，并早在 20 世纪 90 年代便确立了建设生态村的发展目标。如今，为了积极响应并落实胡总书记嘱托，进一步贯彻落实《国务院关于落实科学发展观 加强环境保护的决定》和《国家农村小康环保行动计划》精神，把前卫生态村建设更好，按照国家环保总局《关于印发〈国家级生态村创建标准（试行）〉的通知》（环发[2006]192 号）文件要求，前卫村干部群众总结多年来在生态村建设实践过程中的经验得失，决定进一步开展创建国家级生态村活动。

前卫村以创建国家级生态村为契机，以建设"前卫村循环型生态农业示范区"为重点，通过构建生态农业循环链、完善村内环境基础设施、加强河道整治与村容整治，并积极探索各类垃圾废物资源化利用途径以及太阳能、风能、沼气等清洁能源的利用模式，前卫村已呈现出环境优美、生态和谐、经济循环、资源有效利用的生态村风貌。2008 年，前卫村被列入第一批国家级生态村名单中，荣获"国家级生态村"称号，成为全国新农村环境建设的新典范。

图 8-5　上海市崇明岛前卫村一景

二、闵行区旗忠村

上海市闵行区马桥镇旗忠村地处上海西南角，素有"华东第一村"美誉，邓小平、江泽民、朱镕基、胡锦涛都曾到旗忠村视察，并对旗忠村改革开放的成果给予了高度评价。乘着改革开放的东风，旗忠人成功走出了一条"农业安家、副业起家、工业发家、文化兴家"的农村发展新路子，一跃成为上海第一个亿元村，并被评为"上海市红旗单位"、"上海市文明村"、"全国村民自治示范村"等。村内现有 50 m² 的村史陈列室，展示了旗忠村的发展史以及 100 多幅党和国家领导人在该村视察的照片，对市民实行免费参观。村内可以为青少年举行 18 岁成人仪式、入团（队）仪式等活动免费提供场地和帮助。

图 8-6　上海市闵行区马桥镇旗忠村一景

2002 年，旗忠村提出创建国家级生态村目标，并着手相关创建工作。2005 年，正式成立创建工作小组，通过规划先行、宣传发动、全村参与、资金投入等措施，各项创建工作有序开展。期间，重点完善全村污水收集管网,解决农村生活污水问题,对镇村二级河道进行了全面整治,大力推进了清洁能源提替代工作,大力推进环境噪声控制工作,并推广生态住宅,同时加强了生态文明建设,提高全村村民素质。2008 年,旗忠村成功创建全国首批国家级生态村。

三、奉贤杨王村

杨王村位于奉贤区南桥镇东南 3 km,东与金汇港相依,南邻柘林镇东方红村,西与六墩村毗连,北与曙光村隔河相望。村域面积5.75 km²,常住人口约 7 000 人。近些年,社会经济文化事业的蓬勃发展,先后获得"全国民主法制示范村"、"中国特色村"、"上海市文明村"、"中国幸福村"、"中国十佳小康村"、"上海市生态村"等荣誉称号。2010 年,为了进一步贯彻落实《国务院关于落实科学发展观　加强环境保护的决定》,杨王村提出开展国家级生态村创建目标。

为了做好生态村创建工作,杨王村成立了由村党总支书记孙跃明任组长的生态村创建领导小组,由村党总支副书记、村委会主任盛斌任副组长,分管农业、规划、宣传、爱卫、财务等部门的负责人为组员,同时下设生态村创建办公室,具体负责创建计划的推进、协调、实施等工作,从组织上保证了生态村创建计划的落实。

2011 年年初,杨王村委托相关资质单位,编完成制了《上海市奉贤区杨王生态村建设规划研究报告》,各项创建工作全面展开。投入资金1 600 万元,完善村污水收集管网,使全村生活污水和工业污水得到有效处理;创办了《新杨王》导刊,设立了四个宣传画廊,加强对村民和员工的环境保护等各领域的宣传教育;通过农村宅基地置换工作,杨王村建成了村民集中居住的杨王苑小区,各项环节卫生基础设施完善;淘汰多家劣势企业,实现产业结构优化,实现产值能耗大幅下降;通过社区绿化、园区企业绿化、道路绿化、河道绿化等多种方式,杨王村新增绿化面积 46 210 m²,合理配置全村绿化布局,全村绿化覆盖率达到

27.6%。2012年上半年，杨王村成功通过国家级生态村（省）市级验收通过。

图8-7 上海市奉贤区杨王村一景

第三节 生态文明试点建设

继物质文明、精神文明、政治文明之后，党的十七大将"建设生态文明"作为一项战略任务写入了报告，成为我国全面建设小康社会奋斗目标的新要求。报告提出："建设生态文明，基本形成节约能源资源和保护生态环境的产业结构、增长方式、消费模式。循环经济形成较大规模，可再生能源比重显著上升。主要污染物排放得到有效控制，生态环境质量明显改善。生态文明观念在全社会牢固树立。"为落实党的十七大指示精神，2008年5月14日，国家环境保护部颁发了《关于开展生态文明建设试点工作的通知》（环发[2008]36号），积极推动全国生态文明建设工作，确定了六个首批全国生态文明建设试点地区。生态文明建设在全国正式铺开。

闵行区的生态建设与环境保护工作一直走在上海乃至全国前列。

2006 年成功创建为全国生态区之后，2007 年成功创建为"全国绿化模范城区"，并获得"中华宝钢环境优秀奖"、"中国最佳投资环境区县 20强"、"跨国公司最佳投资的城市"等称号。为进一步巩固和提升"国家生态区"建设成果，树立"生态闵行"的品牌形象，深入学习科学发展观，积极响应国家生态文明的建设要求，2008 年年底，闵行区政府提出了开展生态文明试点建设的目标。2009 年 6 月，闵行区生态文明建设工作被国家环保部列入第二批全国生态文明建设试点名单（环函[2009]135号），成为全国 18 个生态文明试点之一，也是目前全国唯一的城区级生态文明试点。

为更好指导生态文明建设工作，2009 年，闵行区政府委托相关专业机构，组织编制《上海市闵行区生态文明建设规划》。2010 年 3 月，国家环保部组织对《上海市闵行区生态文明建设规划》进行了评审。该规划获得评审专家组和领导的较高评价，并顺利通过。该规划的编制实施，为闵行区全面铺开生态文明建设工作奠定了基础，指明了目标和方向，并明确了具体措施。目前随着各项措施的落实，生态文明试点建设效益逐步显现，主要体现在以下几个方面。

1．产业结构得到调整。"十一五"以来，闵行全区关停、外迁或淘汰环境劣势的工业企业和生产线上百家，腾出环境空间和容量，向先进制造业和现代服务业转型，同时推进传统农业向都市型农业转型，促进产业融合发展，逐渐形成二、三产业共同支撑区域经济发展的态势。全区已形成紫竹科学园区、漕河泾出口加工区、莘庄工业区等高新技术产业集群，技术创新对经济发展的驱动作用不断增强。

2．产业布局不断优化。闵行区进一步明确了全区环境准入的产业要求，明确了工业向园区集中、项目向基础设施完备区域集中、商业向非环境敏感区域集中的"三集中"要求。同时，积极推进区内工业园区生态化改造。

3．循环经济有序推进。全区于 2008 年编制完成《闵行区循环经济发展规划》并颁布实施。截至 2009 年上半年，全区已累计培育企业、园区、社区、学校等不同层面循环经济试点 38 个，其中国家级试点 1 个，上海市试点 3 个，循环经济已逐渐形成了以点带面的发展态势。

4. 生态环境安全体系基本构建。闵行全区建成吴闵北排、春元昆、中北片及浦东地区四大污水管网收集系统，并不断完善。2009 年全区污水收集处理率达 83%。此外，对无纳管条件的地区，采取地埋式污水渗滤技术对生活污水进行就地处理，达标排放。全区建立了专业化、社会化服务的垃圾收集清运体系，积极关闭农村简易垃圾滩地，取缔农村垃圾堆放点，全区生活垃圾无害化处理率由 2005 年年底的 78%提高到 2008 年的 96%。全区还建成一批大型公共绿地、区级、镇级公园、交通干线两侧绿化带、主要河道两侧涵养林。2008 年年底，全区绿化覆盖率达 39.3%，人均公共绿地面积达 16.5 m^2，此外，2008 年闵行区在全市率先启动实施立体绿化建设工作，开创了上海市大规模实施垂直绿化的先河。自 2000 年以来，全区累计完成 1 500 余台燃煤炉窑灶的清洁能源改造，并实施了煤锅炉达标改造工程，全区居民燃气化率 100%，莘庄工业区和吴泾工业区的集中供热设施覆盖能力超过 50%，有效推进环境污染防治。全区近三年全区环境空气质量优良率稳定在 90%左右。

第九章 生态保护的管理与保障体系

第一节 生态保护组织管理体系

一、生态保护组织机构

上海市的生态保护工作，主要由上海市环保局、上海市绿化和市容管理局（包含上海市林业局）、上海市水务局（包含上海市海洋局）、上海市农委等政府单位承担。其中，上海市环保局、上海市绿化和市容管理局是承担上海市生态保护工作职责的主要政府组织机构。

上海市环保局总共编制110人。生态保护方面环保局具体的业务分管处室为水环境和自然生态保护处。生态保护方面的主要职责为：监督对生态环境有影响的自然资源开发利用活动、重要生态环境建设和生态破坏恢复工作；协调、监督自然保护区以及风景名胜区、森林公园环境保护工作；协调、监督生物多样性保护、野生动植物保护、湿地环境保护工作；监督生物技术环境安全；指导农村生态环境保护、生态示范区和生态农业建设。具体工作内容包括：负责农村环境保护、生态保护规划；负责拟定生态保护、农村环境保护政策、技术规范和标准、有关立法草案；负责农村生态环境保护、监督管理；监督对生态环境有影响的自然资源开发利用活动；牵头负责生物多样性保护和生物安全管理工

339

作；指导、协调和监督自然保护区、风景名胜区、森林公园环境保护工作；指导和监督生态破坏恢复整治、湿地环境保护、野生动植物保护工作；指导全市生态示范创建和生态农业建设。

上海市绿化和市容管理局机关行政编制为 185 名。其中，局长 1 名、副局长 5 名、总工程师 1 名，正副处级领导职数 50 名。非领导职数按照《公务员法》有关规定设置。主要职责包括：绿化、林业的建设、监测与管理；野生动物植物资源调查、监测和管理工作；本市湿地保护的组织协调；风景名胜区的建设与管理。具体工作内容包括：贯彻执行有关绿化、林业的法律、法规、规章和方针、政策；研究起草有关绿化、林业的地方性法规、规章草案和政策，并组织实施；编制绿化、林业专业规划，重大建设项目建议书和可行性研究报告及地方性标准、规范、规程；负责对绿化、林业的行业管理，负责行业领域内公共突发事件应急预案的制定，并组织实施；负责组织、指导本市陆生野生动植物资源的保护和合理开发利用；组织本市陆生野生动植物资源调查、监测和管理工作；依法拟订本市重点保护的陆生野生动植物名录，报市政府批准后公布、实施；会同市有关部门，组织开展自然生态修复和生物多样性保护工作；组织、协调本市湿地的保护；指导本市野生动植物、湿地类型自然保护区的建设和管理；负责本市绿化和林业资源管理工作；负责绿化和林业资源的调查评估、动态监测、统计分析工作；会同市有关部门，研究提出本市林业产业发展的有关政策，制定发展规划；负责林业苗木种子等行业管理；负责林木、绿地有害生物的预测预报、防治和检疫工作；会同市有关部门，组织、协调本市护林防火工作；负责公园管理工作，制定并组织实施公园、风景名胜区分级分类管理办法；依法审批公园、风景名胜区规划方案、调整方案；负责古树名木及其后续资源保护和管理工作，制定古树名木保护等级标准，并组织资源调查；负责本市绿化、市容环境卫生、林业和城管执法方面的普法教育和社会宣传工作，组织、协调社会参与绿化、市容环境卫生管理的相关活动；承担上海市绿化委员会的日常工作。主要的业务部门包括公共绿地处、林业处（市护林防火办公室）、野生动植物保护处和景观管理处。

上海市水务局（含上海市海洋局）在海洋生态保护中承担主要职责。上海市水务局（含上海市海洋局）主要负责海洋生态保护工作，包括滩涂湿地生态保护、海洋生态保护等内容。上海市水务局、上海市海洋局机关行政编制为 120 名。其中，局长 1 名、副局长 5 名、总工程师 1 名，正副处级领导职数 35 名。具体职责主要是：贯彻执行海洋生态保护有关的法律、法规、规章和方针、政策；研究起草海洋生态的地方性法规、规章草案和政策，并组织实施；制定海洋功能区划、海区海洋资源环境等规划；监督管理海洋自然保护区，负责海洋生态环境保护。其具体的业务管理部门包括滩涂海塘处、海域海岛管理处、海洋环境保护处等。

上海市农业委员会在农村生态工作中承担主要职责任务。上海市农业委员会主要承担农村生态建设的协助管理工作。根据其政府职能，具体的农村生态工作方面职责包括：协助管理生态环境建设；负责推进畜禽污染、化肥农药减量等农业面源污染治理工作；协同市有关部门推进农村绿化建设。主要的相关业务部门为种植业管理办公室、畜牧兽医办公室等。

二、生态保护管理机制

上海市的生态保护管理体系，主要有多部门分工协作完成。

一方面基于上海市环境保护和环境建设协调推进委员会，设立了生态保护与建设专项工作组，统筹协调全市生态建设推进工作；另一方面，各有关部门分工管理各自工作内容。各相关部门的生态保护工作任务分工见图 9-1、表 9-1。

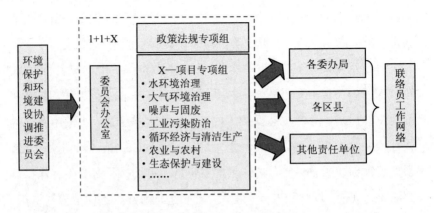

图 9-1　上海市环境保护协调推进机制示意图

表 9-1　上海市生态保护工作职责任务部门分工

主要工作项目	生态保护工作职责任务分工			
	上海市环境保护局	上海市绿化和市容管理局（上海市林业局）	上海市水务局（上海市海洋局）	上海市农业委员会
绿化与林业建设	绿化、林业的建设、监测与管理	贯彻执行有关绿化、林业的法律、法规、规章和方针、政策；研究起草有关绿化、林业的地方性法规、规章草案和政策，并组织实施；编制绿化、林业专业规划，重大建设项目建议书和可行性研究报告及地方性标准、规范、规程；负责对绿化、林业的行业管理，负责行业领域内公共突发事件应急预案的制定，并组织实施；负责本市绿化和林业资源管理工作；负责绿化和林业资源的调查评估、动态监测、统计分析工作；负责林木、绿地有害生物的预测预报、防治和检疫工作		

主要工作项目	生态保护工作职责任务分工			
	上海市环境保护局	上海市绿化和市容管理局（上海市林业局）	上海市水务局（上海市海洋局）	上海市农业委员会
滩涂湿地保护	指导和监督湿地环境保护工作	组织、协调本市湿地的保护	管理滩涂资源，组织编制滩涂开发利用和保护的规划、年度计划并监督实施	
生物多样性保护与生物安全	牵头负责生物多样性保护和生物安全管理工作	会同市有关部门，组织开展生物多样性保护工作		
野生动植物保护	指导和监督野生动植物保护工作	负责组织、指导本市陆生野生动植物资源的保护和合理开发利用；组织本市陆生野生植物资源调查、监测和管理工作；依法拟订本市重点保护的陆生野生动植物名录，报市政府批准后公布、实施		
森林公园、风景名胜区建设	指导、协调和监督自然保护区、风景名胜区、森林公园环境保护工作	负责公园管理工作，制定并组织实施公园、风景名胜区分级分类管理办法；依法审批公园、风景名胜区规划方案、调整方案；负责古树名木及其后续资源保护和管理工作，制定古树名木保护等级标准，并组织资源调查		
自然保护区建设		组织、协调本市湿地的保护；指导本市野生动植物、湿地类型自然保护区的建设和管理	监督管理海洋自然保护区	
生态示范建设	指导全市生态示范创建和生态农业建设			

主要工作项目	生态保护工作职责任务分工			
	上海市环境保护局	上海市绿化和市容管理局（上海市林业局）	上海市水务局（上海市海洋局）	上海市农业委员会
农村生态建设	负责农村生态环境保护、监督管理			协助管理生态环境建设；负责推进畜禽污染、化肥农药减量等农业面源污染治理工作；协同市有关部门推进农村绿化建设
自然资源开发	监督对生态环境有影响的自然资源开发利用活动、重要生态环境建设和生态破坏恢复工作			
生态系统修复	指导和监督生态破坏恢复工作	会同市有关部门，组织开展自然生态修复和生物多样性保护工作		
海洋生态保护			贯彻执行海洋生态保护有关的法律、法规、规章和方针、政策；研究起草海洋生态的地方性法规、规章草案和政策，并组织实施。制定海洋功能区划、海区海洋资源环境等规划；监督管理海洋自然保护区，负责海洋生态环境保护	

第二节 生态保护法规政策体系

一、生态保护法规

针对自然生态保护，上海市出台了一系列地方法规。

1997 年 3 月 2 日，为了加强金山三岛海洋生态自然保护区的管理，保护其自然环境和自资源，根据《中华人民共和国自然保护区条例》和有关法律、法规，上海市人民政府第 38 号令发布了《上海市金山三岛海洋生态自然保护区管理办法》，并于 1997 年 5 月 1 日起施行。

为了加强崇明东滩鸟类自然保护区的建设和管理，保护鸟类及其赖以生存的自然环境，根据《中华人民共和国自然保护区条例》和有关法律、法规的规定，2003 年 3 月 31 日上海市人民政府第 3 次常务会议审议通过、2003 年 4 月 3 日上海市人民政府令第 2 号发布《上海市崇明东滩鸟类自然保护区管理办法》，并于 2003 年 5 月 1 日起施行。

为保护上海九段沙湿地自然生态资源，2003 年 9 月 29 日市政府第 20 次常务会议通过、2003 年 10 月 15 日发布了《上海市九段沙湿地自然保护区管理办法》，并于 2003 年 12 月 1 日起施行。

2004 年 6 月 29 日，为加强对微生物菌剂使用环境安全的管理，保护生态环境，保障人体健康，海市人民政府令第 31 号发布了《上海市微生物菌剂使用环境安全管理办法》，并于 2004 年 8 月 1 日起施行。

2005 年 3 月 15 日，为加强长江口中华鲟自然保护区的管理，保护中华鲟及其赖以栖息生存的自然生态环境和自然资源，根据有关法律和《中华人民共和国自然保护区条例》等法规，上海市人民政府令第 48 号发布了《上海市长江口中华鲟自然保护区管理办法》，并于 2005 年 4 月 15 日起施行。

饮用水水源保护关系到人民群众的身体健康和社会稳定，是构建和谐社会的重要组成部分。长期以来，市委、市政府高度重视饮用水水源保护工作，早在 1985 年，本市颁布了《黄浦江上游水源保护条例》。1987年，市政府发布了《黄浦江上游水源保护条例实施细则》，划分了黄浦江上游水源保护区范围，本市成为全国最早划定水源保护区的省市之一。通过此条例颁布实施，黄浦江上游水源水质长期保持稳定，在全市经济高速发展的同时，保障了全市人民生产生活需要，黄浦江上游也成为本市水环境质量最好的区域之一。2008 年，全国人大修订了《水污染防治法》，要求必须建立饮用水水源保护区制度，进一步强调了对保护区的管理要求，城市的持续发展对水源地建设和保护提出了更高要求，在此情况下，结合国家要求的提高和本市社会经济发展及现实加强保护的需要，在市人大的主持下，上海市进一步修订了《上海市饮用水水源保护条例》，2009 年 12 月 10 日上海市十三届人民代表大会常务委员会第十五次会议通过《上海市饮用水水源保护条例》，并于 2010 年 3 月 1日起施行。

二、生态补偿政策

上海市委、市政府高度重视建立健全生态补偿机制工作，把这项工作放在上海贯彻落实科学发展观、统筹城乡协调发展、确保经济社会可持续发展的战略高度加以推进。

早期，上海市主要就水源地的保护制定了相关生态补偿政策。早在第二轮环保三年行动计划时期中，为进一步加强黄浦江上游水源地保护、加快郊区污水收集管网建设，上海市出台相应的生态补偿政策，主要是对黄浦江上游水源保护区污水处理厂运行费和郊区污水管网建设，按照一定标准实行资金补贴。此外，上海对黄浦江上游水源保护区范围内的畜禽牧场的关闭和搬迁也制定相应的补偿政策。

2009 年，由市委副书记、市长韩正主持召开的上海市政府常务会议，原则同意《关于上海市建立健全生态补偿机制的若干意见》和《生态补偿转移支付办法》两个文件。会议要求，要通过建立和完善生态补偿转移支付的办法，形成导向明确、公平合理的激励机制，提高区县进一步开展生态建设和保护工作的积极性，进一步优化全市生态环境。韩正强调，市、区县要形成合力，把这一机制落到实处、逐步完善。

2009 年第四季度，上海市五部委共同发布的《生态补偿转移支付办法》（沪财预[2009]108 号），上海市生态补偿政策正式出台。上海市在建立健全生态补偿机制工作过程中，先从建立基本农田、公益林、水源地的生态补偿机制入手，逐步扩大范围、完善方式、健全机制。市政府印发的《关于上海市建立健全生态补偿机制的若干意见》包括公共财政投入、扶持产业发展、市场运作和相关制度保障 4 个方面内容，明确了生态补偿"政府为主、市场为辅"的基本原则，提出了"综合运用行政、法律、市场等手段，建立相应的生态补偿机制，调整相关各方的利益关系，促进生态保护地区健康、协调、可持续发展"的目标。

根据 2009 年上海市五部委共同发布的《生态补偿转移支付办法》（沪财预[2009]108 号）和 2011 年《生态补偿转移支付办法》（2011 年修订）（沪财预[2011]49 号）文件内容，上海市水源地生态补偿政策在运作模式上总体上属于基于政府财政转移支付的纵向补偿模式。

生态补偿制度的建立和完善，对上海市基本农田、生态林和饮用水水源地生态保护工作产生了重要的推动作用，也产生了良好的社会影响，有利于推动"环境有价"、"生态有价"理念的社会认同。同时，作为经济杠杆，保证了生态保护区所在地区环境基础设施的完善和绿色发展。

第三节　生态保护工作成效

一、公共绿化水平显著提升

新建公共绿地较快增长。大型公共绿地及外环生态专项建设成效显著，相继建成辰山植物园、世博园区绿地、滨江森林公园、新江湾城公共绿地、临港新城环湖绿地等一大批大型公共绿地。"十一五"期间，新增绿地面积约 6 600 hm², 其中公共绿地面积 3 000 hm², 城市建成区绿化覆盖率达 38.15%, 人均公共绿地达 13 m²。

城市绿化空间持续拓展。加强了河道、铁路线、轨道线沿线的绿化建设，推动了屋顶绿化、垂直绿化、悬挂绿化和阳台绿化等立体绿化建设。"十一五"期间，共完成新建屋顶绿化面积 49 hm², 完成老公园改造 68 座，调整改造绿地 823 hm², 优化绿化景观 2 830 hm²。继续推进了公园免费开放。

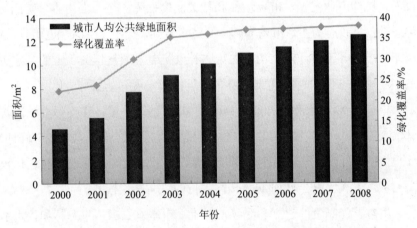

图 9-2　上海市历年人均公共绿地面积与绿化覆盖率变化情况

图 9-3　徐家汇公园

图 9-4　黄浦江滨江大道

图 9-5　凯桥绿地

图 9-6　延中绿地

图 9-7　闵行体育公园

二、生态林地建设快速推进

（1）林业面积稳中有增。大力推进了沿海防护林、水源涵养林、通道防护林、防污隔离林等生态公益林和经济果林建设。先后建成松江佘山、崇明东平、上海海湾、上海共青 4 个国家级森林公园。"十一五"期间，全市新增林地面积 18 万亩，经济果林种植面积稳定在 38 万亩左右，森林覆盖率提高到 12%。

（2）林木保护扎实推进。林业有害生物得到有效防控，全市建立了由 7 个国家级中心测报点、13 个市级中心测报点和各区县监测点组成的三级监测网络体系。林业审核审批进一步规范。

图 9-8　佘山国家森林公园

图 9-9　崇明东平国家森林公园

图 9-10　上海海湾国家森林公园

图 9-11　上海共青国家森林公园

三、重要生境得到有效保护

上海市通过大力建设自然保护区、水源保护区、地质公园、湿地、森林公园等重要生态保护区，从而加强重要生境和生物多样性的保护。

为保护生物多样性和重要的生态功能区，上海建立了崇明东滩鸟类自然保护区和九段沙湿地自然保护区，并于 2005 年被命名为国家级自然保护区。此外，上海市还建成了长江口中华鲟和金山三岛 2 个省级自然保护区。全市自然保护区面积约 938 km²，占上海市域面积的 14.8%。

2006 年起，启动了崇明东滩和九段沙两个国家级自然保护区管护系统的完善工作。2008 年 7 月，两个国家级自然保护区通过了环境保护部组织的自然保护区检查，管理水平为优。同时，为防止外来生物入侵，保护生物多样性，崇明东滩国家级自然保护区启动了外来入侵物种——互花米草的生态治理工程，互花米草入侵形势得到有效控制和治理。

2007 年，上海市首个由区人民政府划建的禁猎区——南汇东滩野生动物禁猎区成立。2008 年，上海首个国家地质公园崇明岛国家地质公园建成开园。继崇明东滩之后，长江口中华鲟自然保护区被指定为国际重要湿地。

图 9-12　崇明东滩国家级自然保护区　　图 9-13　黑脸琵鹭——国家一级保护鸟类

表 9-2　上海市重要生态保护区一览表

保护区类别	保护区名称
自然保护区	崇明东滩鸟类自然保护区
	九段沙湿地自然保护区
	长江口中华鲟自然保护区
	金山三岛海洋生态自然保护区
禁猎区	南汇东滩野生动物禁猎区
水源保护区	黄浦江上游水源地
	长江陈行水源地
	长江青草沙水源地
	崇明东风西沙水源地
重要湿地	崇明东滩国际重要湿地
	中华鲟自然保护区国际重要湿地
	长兴岛国家重要湿地
	横沙岛国家重要湿地
地质公园	崇明岛国家地质公园
森林公园	共青国家森林公园
	东平国家森林公园
	海湾国家森林公园
	佘山国家森林公园

四、崇明生态岛建设全面启动

从 2006 年开始，崇明全面启动了国家生态县创建计划，重点推进了崇明环境基础设施建设任务，建成了万亩有机农业示范基地、制订了崇明环境保护规划与建设计划，完成了崇明生态环境保护关键技术研究和污染源普查、生态环境本底调查等工作，并于 2010 年发布了《崇明生态岛建设纲要》。

污水处理厂及配套管网建设取得重大突破。城桥污水处理厂（2.5 万 m³/d）、长兴岛污水处理厂（2.5 万 m³/d）和陈家镇人工湿地处理一期工程（0.2 万 m³/d）投入正常运行，新河污水处理厂（0.5 万 m³/d）

和堡镇污水处理厂（1 万 m³/d）主体工程基本建成，此外还建成了 11 个集镇污水处理设施（0.55 万 m³/d），全县城镇污水处理率达到 80.6%。建成了崇明集中式生活垃圾无害化处理处置系统。崇明本岛农村生活垃圾收集系统实行县、镇、村三级管理的机制，生活垃圾集中收集处置实现了全覆盖，无害化处理率达到 98% 以上。

建成了万亩有机农业示范基地和上实现代农业园区的中意合作生态农业示范基地；完成污染源普查任务，制订了重点污染源治理计划，在日排放污水 100 m³ 以上的 9 家企业安装了在线监测设备；制订了崇明生态环境保护规划与建设计划，并由县政府统一印发；完成了崇明岛生态环境本底监测任务；发布了崇明生态岛建设纲要，提出了生态环境类控制性指标，制定了生态环境监测网络方案；开展了崇明生态环境保护等关键技术研究。

此外，崇明还积极推进了生态村创建工作。2008 年，前卫村成功创建为首批国家级生态村。全县共建设成市级生态文明村 25 个。

五、绿色世博理念充分体现

在世博园区规划、建设过程中，积极倡导可持续发展理念，建设完善了绿地系统，大量采用了环保节能技术，推广了绿色生态建筑，并通过编制发布世博会绿色指南、世博会环境报告等，进一步宣传低碳生态模式，引领城市未来的发展方向。

各类绿地系统是世博园区规划的重点，世博园区建成了三大公园，是世博绿地系统的重要组成部分。其中，后滩公园地处浦东原后滩地区，濒临黄浦江，是世博园区的核心绿地之一，总面积约 13.9 hm²；世博公园北临黄浦江、南至浦明路，总面积 30.88 hm²，与世博中心、世博轴、演艺中心等紧密结合，构成了世博园区内滨江的核心景观区域；白莲泾公园位于世博园区浦东段的北侧，北接黄浦江、南至雪野路桥，西起世博园区浦东中心绿地"世博公园"，东接世博园区世博村及配套设施，规划设计用地面积约 12 hm^2。注重自然与人文的结合，重点突出了完善生态功能、提高景观多样性、延续文化特征并赋予新的内涵等功能。

绿色能源与节能技术。世博园区内大规模采用了太阳能光伏发电技术，总规模超过 4MW，并实现与上海市主电网并网发电。世博园采用了江水源热泵及冰蓄冷空调系统，作为空调冷热源，有效降低能源消耗。世博园区内的景观照明，大量使用半导体照明技术，路灯、草坪灯、公园照明等也大量使用太阳能照明技术，以节约能源。此外，世博园区内综合考虑了各种控温降温措施。

节约用水设计。世博会的场馆设施充分考虑了节约用水的要求，采用了大量节水设施，包括节水型卫生洁具、节水型绿化灌溉设施。同时，园区内大量采用透水性地面，降低城市暴雨径流。世博会核心区域的世博中心、演艺中心、主题馆、中国馆 4 大永久场馆和世博轴景观顶棚，都建设了屋面雨水利用系统，对雨水加以收集利用。

绿色交通工具。上海世博会设定了"园区交通零排放，周边区域低排放"的目标，各类新能源汽车得到了广泛的应用。新能源汽车总数超过 1 000 辆。这些新能源汽车的使用，有效减少了汽车尾气排放，促进园区环境质量的改善。

绿色建筑。世博园区内的永久场馆都按照绿色建筑的要求进行规划建设，大力推广了江水源热泵·调控室温、生态绿墙、保温隔热、节能节水等绿色技术的应用。其中世博中心于 2008 年 8 月 4 日率先获得中国绿色建筑最高级认证——建设部"三星级绿色建筑设计评价标识"证书，属中国首批。世博中心也是世博会有史以来第一个申请美国 USGBC LEEDNC 2.2 金奖标准的世博会建筑，也是获奖和正在申请的建筑中体积最大的公共建筑（总建筑面积 14.2 万 m^2）。世博中心采用了兆瓦级太阳能发电设备、冰蓄冷系统、江水源空调系统、LED 照明和雨水收集等节能环保技术，并严格要求设计、施工和运营。其建筑节能率将达到 62.8%，有 52%的生活热水可通过太阳能热水系统提供，而非传统水源的利用率也达到了 61.3%。

六、生态示范创建成绩斐然

上海积极组织开展了国家级生态区、国家级生态县、生态镇（全国环境优美乡镇）、国家环境保护模范城区及生态文明示范建设等创建工作，通过各级政府的努力，浦东新区荣获"国家环境保护模范城区"称号，闵行区被命名为首个"国家生态区"（环发[2006]84 号）。青浦区的国家生态区建设实施计划也正在制定和落实中。2009 年，闵行区被列为全国生态文明建设试点地区之一，编制完成了闵行区生态文明建设规划。目前，全市成功创建国家生态区 1 个（闵行），在创 3 个（浦东、崇明、青浦；全国环境优美乡镇（国家级生态镇）53 个；国家级生态村 3 个（前卫、旗忠、杨王）。国家级生态工业区正式命名 3 家（张江、莘庄、金桥），批准建设 4 家（闵行、漕河泾、市北、上海化工区）。